# 脊椎动物学野外实习指导

胡　杰　主编



四川省精品课程配套教材
四川省“高等教育质量工程”教材建设项目（川教函［2011］580号）
四川省教改项目（Z11102）

科学出版社

北　京

## 内 容 简 介

本教材以培养学生野外实践综合能力、有效开展科研训练为宗旨，在总结多年脊椎动物学野外实习教学经验和结合西南地区脊椎动物资源特点的基础上，系统地介绍了脊椎动物学野外实习的基本知识与组织管理、实习典型生境类型与代表动物、不同脊椎动物类群（鱼类、两栖类、爬行类、鸟类和兽类）的实习方法、实习论文的撰写以及脊椎动物标本的制作方法等内容。

本教材语言简洁、流畅，图文并茂，前沿性、实用性、代表性和拓展性强，因此既可作为相关院校生物科学专业、野生动物与自然保护区管理专业和生物技术专业的实习指导用书，也可作为相关专业研究生、保护区工作人员、中学生物教师及动物学业余爱好者的参考资料。

**图书在版编目(CIP)数据**

脊椎动物学野外实习指导/胡杰主编. —北京：科学出版社，2012

ISBN 978-7-03-034778-7

Ⅰ.①脊… Ⅱ.①胡… Ⅲ.①脊索动物门-教育实习-高等学校-教材
Ⅳ.①Q959.3-45

中国版本图书馆 CIP 数据核字（2012）第 123227 号

责任编辑：王玉时 席 慧 孙 青／责任校对：李 影
责任印制：张 伟／封面设计：北京科地亚盟图文设计有限公司

科学出版社出版
北京东黄城根北街 16 号
邮政编码：100717
http://www.sciencep.com
北京厚诚则铭印刷科技有限公司 印刷
科学出版社发行 各地新华书店经销

*

2012 年 6 月第 一 版 开本：B5（720×1000）
2023 年 7 月第八次印刷 印张：13 1/4
字数：266 000

**定价：49.80 元**

（如有印装质量问题，我社负责调换）

## 《脊椎动物学野外实习指导》编委会名单

**主　　编**　胡　杰

**编　　委**（按姓氏笔画排列）

李艳红　杨志松　张泽钧
周材权　黄　燕　曾　燏
廖文波　黎大勇

**学术顾问**　胡锦矗

# 前　言

教育、科技、人才是全面建设社会主义现代化国家的基础性、战略性支撑。必须坚持科技是第一生产力、人才是第一资源、创新是第一动力，深入实施科教兴国战略、人才强国战略、创新驱动发展战略，开辟发展新领域新赛道，不断塑造发展新动能新优势。

脊椎动物学野外实习是一门实践性很强的生命科学专业基础课程。它既是培养学生综合实践能力的重要环节，同时也为学生开展科研训练提供了平台。本教材的出版既填补了长期以来西南地区高校无专门的脊椎动物学野外实习教材的空白，同时也是新形势下四川省精品课程"脊椎动物学"课程教学改革与建设的需要。本教材已被列为 2011 年度四川省"高等教育质量工程"教材建设项目。

本教材具有以下 4 个特点。①前沿性：教材在编写过程中参考了脊椎动物分类学和脊椎动物研究方法的新进展，反映了学科发展的新动向，如鸟类的分类系统参考了《中国鸟类分类与分布名录》（第二版）（郑光美，2011），兽类分类系统参考了 *Mammal Species of the World* （3rd ed）（Wilson and Reeder，2005），两栖类分类系统参考了《中国两栖动物彩色图鉴》（费梁等，2010）。②实用性：本教材列出了实习常见各动物类群的分类术语与检索表，并配有丰富的图片，有利于读者对脊椎动物多样性的认识，同时书后还附有国家重点保护野生动物名录、中国鸟类特有种、中国特有兽类名录，便于读者参考。③代表性：本教材针对西南地区特殊的自然环境，介绍了典型的脊椎动物学实习生境，并在此基础上介绍了有代表性的脊椎动物种类，使学生进一步加深对动物与环境关系的认识。④拓展性：本教材在理论联系实际的基础上，进一步拓展了实习的内涵（如扩展了实习论文题目的设计和写作方面的介绍），有助于学生科研、创新能力的培养。

本教材共分 8 章。主要内容包括野外实习基本知识及组织管理，主要实习生境和代表动物，脊椎动物实习标本的采集、鉴定与制作，常见动物的野外识别，脊椎动物数量调查方法以及实习论文的写作等。

本教材的编写情况如下：第 1 章李艳红、黎大勇，第 2 章李艳红，第 3 章曾燏、周材权，第 4 章黄燕，第 5 章胡杰、杨志松，第 6 章廖文波、胡杰，第 7 章胡杰、张泽钧，第 8 章黄燕、胡杰。

本教材的编写得到胡锦矗教授的指导，张铭先生、江建平研究员等为本教材提供了大量精美的照片，特此表示衷心的感谢！

由于作者的水平所限，疏漏和不当之处在所难免，敬请读者批评指正。

胡　杰

2012 年 2 月于南充

# 目　录

# 第1章　野外实习基本知识及组织管理

脊椎动物学是一门实践性很强的生命科学基础课程，教学过程包括理论教学、实验教学和野外实习三个重要的环节。脊椎动物学野外实习为学生理论联系实际提供了广阔的空间，成为学生初步掌握科学的研究方法，锻炼独立工作能力，增强生物多样性保护意识，培养热爱祖国、热爱大自然、团结协作等良好品德的一个契机。因此，加强对学生野外实习的指导，充分调动学生实习的主动性与能动性，是达到脊椎动物学野外实习目的、完成教学任务的必然要求。

## 1.1　野外实习的目的

通过脊椎动物学野外实习，要求达到以下目的。

(1) 巩固理论知识，增强学生的实践能力。通过野外实习，使学生在实践中对课堂上讲授的脊椎动物形态学、分类学知识有进一步的认识。

(2) 加深学生对脊椎动物与环境之间关系的认识。

(3) 掌握标本的采集、制作和物种鉴定方法。

(4) 掌握脊椎动物学野外工作的基本方法。

(5) 提高学生对生物多样性保护的意识。

## 1.2　野外实习必备的仪器及用具

### 1.2.1　实习仪器与工具

#### 1. 双筒望远镜

1) 常用参数　　双筒望远镜常用的参数有放大率、聚光度和视野。

(1) 放大率。放大率指通过望远镜将观察物体扩大的倍数。一般鸟类观察所使用的望远镜规格为8×30或10×42，前面的数字即表示望远镜的放大率（8倍或10倍）；后面的数字表示望远镜物镜的直径（30mm或42mm）。人们经常误认为望远镜放大率越高看得越远，越清楚。但事实上，放大率过高的望远镜通常存在以下三个方面的缺陷：一是比较笨重，观察者难以长时间握持；二是景像稳定性差，很难在手握的情况下获得稳定的景像；三是景位较暗，不容易进行颜色的分辨。

（2）聚光度。聚光度是指望远镜的物镜直径除以放大倍数的值。例如，10×42 的望远镜，它的聚光度为 42÷10=4.2；8×30 的望远镜，它的聚光度为 30÷8=3.75。聚光度越高进光量越大，在观察鸟类时，越容易看清羽毛的颜色。7×50 的望远镜一般可以在光线较弱的傍晚使用。

（3）视野。视野是指在 1000 码，即 914.4m 的距离内，通过望远镜所能看到的宽度。在统计大群鸟类或者在草丛中寻找目标时，视野大小显得十分重要。一般来说，放大率越低，视野越开阔。

2）*使用方法*　观察时，将绳带套于颈上，双手握持。焦距的调节可按以下步骤进行：首先，右眼闭住，左眼看左目镜，慢慢旋动中间调焦旋钮，直至看清某一静止目标（如树、电线杆等）为止。然后，左眼闭住，右眼看右目镜，慢慢转动右目镜上的视差平衡旋钮，直到看到同一物体的清晰景像。这时，睁开左眼，此刻双眼所得到的景像都非常清晰。之后，要看不同距离物体时，只要睁开双眼，接近目镜，调节中央调焦旋钮即可。此外，还可通过扳动两镜筒，使目镜角度变大或变小，直至左右镜内视野范围完全重合为止。

### 2. 单筒望远镜

一般单筒望远镜的放大率比双筒望远镜高，所以要配三脚架，否则图像会剧烈晃动。由于野外携带器具的数量有限，所以在挑选单筒望远镜时，大小和质量应是主要考虑的因素。一般而言，一架理想的单筒望远镜，其放大率在 30 倍左右（即可将肉眼看到的物体放大 30 倍），物镜直径为 60～75mm（以确保有较大的聚光度和视野）。有些单筒望远镜具有变焦功能，其放大率为 20～60 倍。

使用时可先用低倍数、大视野的设置寻找目标，然后再转换成高倍数仔细观察。当然，随着放大倍数的增加，景像会变暗，视野也会变窄。因为只用一只眼睛观看，所以不存在两眼平衡的问题，只要对准目镜，调节调焦旋钮即可。

### 3. 数码照相机

数码照相机就是用成像芯片代替胶片来感光成像的相机，可分为数码一体相机和数码单反相机。若为一般记录用，选用数码一体相机即可；若摄影中有一定的创作要求，则可选用数码单反相机。数码相机的最大优点是经济、快捷（立拍立现）、方便，图片易进行后期技术处理和保存。下边以单反相机为例，说明数码照相机的重要参数。

1）*机身的主要参数*

（1）快门。快门是通过开合的快慢来控制相机进光量的装置。快门的技术参数有最高快门速度、准确的闪光联动。一般单反相机的最高快门速度为0.000 25s，最高闪光同步速度可达 0.005s；专业相机最高快门速度可达 0.000 125s，最高闪光同步速度可达 0.004s。

(2) 光圈。光圈由镜头中一组可以调节圆孔大小的金属薄片构成，它是通过控制圆孔的大小来控制进入镜头的进光量，还决定照片的景深。光圈系数越大，镜头的光圈孔越小（进光量越小），照片的景深范围越大。整级光圈系数（$f$）为：1、1.4、2、2.8、4、5.6、8、11、16、22、32、45、64，两个相邻光圈的通光量相差 2 倍。

2）*镜头的主要参数*　镜头的主要参数是最大光圈和焦距。在同样的条件下采用较大光圈能用较快的速度照相；焦距决定照相的视觉，焦距越大成像越大。镜头按焦距是否可变分为：定焦镜头和变焦镜头两类。定焦镜头成像质量好，变焦镜头的焦距可以变动。一只变焦镜头相当于几只定焦镜头，使用灵活方便，也可减轻野外的负重。按焦距的长短镜头可分为以下三种。①短焦镜头，又可细分为鱼眼镜头（8～10mm）、超广角镜头（12～24mm）、广角镜头（24～38mm）。短焦镜头能将较大范围的景观收入镜头。②标准镜头（50mm），因为标准镜头的焦距与人眼的焦距差不多，所以用标准镜头拍摄的照片没有形变。③长焦镜头，70～300mm 为普通望远镜头，300mm 以上为超望远镜头，用于拍摄距离远、不易接近的野生动物。按对焦方式可分为手动对焦（MF）镜头和自动对焦（AF）镜头两类。

3）*常用术语*

(1) 景深。景深与光圈、镜头焦距和对焦距离有关（景深与之成反相关系）。通常镜头上都有景深表。一般来说拍摄风景应该景深大，而拍摄动物景深要小。所以拍摄风景等景观用短焦镜头、尽可能小的光圈（为了保持稳定用三脚架），而拍摄动物特写要用中长焦镜头、大光圈。

(2) ISO（感光度）。ISO 主要影响拍摄速度和成像噪点。为了提高拍摄的快门速度，可以提高 ISO 值。在同样光圈下，ISO 数值越大，快门速度越高，但数码相机随着 ISO 的提高，拍出照片的噪点也会增加，所以两者应平衡控制。数码相机可以很方便地调节。

(3) 光圈优先和快门优先。在光线充足的情况下，想拍出景深效果不同的照片，可用光圈优先方式；在拍摄运动物体或光线较弱情况下，可用快门优先来确定拍摄必需的速度。

**4. 摄像机**

摄像机是一种将景物光学图像转变为电信号的装置。应用摄像机，能记录野外考察活动，记录野生动物的行为和声音。清晰度和信杂比为摄像机的主要技术参数。

(1) 清晰度。摄像机的清晰度指摄像机能记录拍摄对象的清晰程度，以摄像机能记录拍摄清晰度测试卡上的线数表示。一般清晰度 600 线以上的摄像机为广播级。现在一般数码摄像机的清晰度可达 500 线。

(2) 信杂比。信杂比表示摄像机记录的视频信号与干扰杂波之比。信杂比低的画面清晰度和稳定性差。一般信杂比高于 50dB 的摄像机为好摄像机。

照相、摄影器材的保养：①防摔、防磕。在野外工作时，应将照相机、摄像机斜挎在肩上或挂在脖子上，并且要防止树叶、树枝擦伤镜头，防止照相机碰上树干或岩石。特别是在茂密的灌草丛中行走时，最好将照相机、摄像机等放入背包内。②防尘。使用后，要及时为照相机、摄像机的镜头除尘。除尘时，最好使用气吹除尘，不到万不得已时，不要用镜头纸擦拭镜头。③防潮。在野外考察时，要配备防雨套或塑料密封袋防止照相机、摄像机淋雨，造成损失。在潮湿的季节，照相机、摄像机应注意防霉。在野外应将其放在干燥通风处；使用后回到室内应及时放在防潮箱里或有硅胶的密封塑料袋里保存，并适时烘干吸湿的硅胶。

**5. GPS 接收仪**

广义的 GPS 包括美国 GPS、欧洲伽利略、俄罗斯 GLONASS、中国北斗等全球卫星定位系统（也称 GNSS）。狭义的 GPS，即指美国的全球定位系统(global positioning system，GPS)。全球定位系统由导航卫星、地面台站和用户接收设备三部分组成。GPS 的用户接收设备简称 GPS 接收仪，它由天线、接收器、信号处理器和显示器组成。我们在野外常用的是手持式接收仪。

全球定位系统的主要特点为：①全天候；②全球覆盖；③定位高精度，单机定位精度小于 10m，采用差分定位，精度可达厘米级和毫米级；④快速、高效；⑤应用广泛、多功能。

GPS 的主要功能如下。

1）定位　可满足对考察地点、样本采集地等位置的精确定位。

2）测距　在野外考察中，将样线的起点和终点定位后，很容易计算出样线的直接距离。如果要测定样线的实际长度，则可开启自动定位功能，即样线的实际长度等于样线中一系列定位点的折线长度之和。测距功能还用于动物足迹链、取食痕迹及动物活动轨迹的跟踪调查，以及进一步分析动物的活动范围。

3）测速　GPS 还可以用来测步行或车辆行驶速度，速度测定范围为 0.5～42.5m/s。野外工作者可以通过 GPS 显示的信息获得自己及跟踪对象的运动速度。

4）海拔　GPS 接收仪可以根据卫星信息算出 GPS 接收仪当时所在位置的海拔，然而在山地或密林中卫星信号不好时，GPS 不能对海拔进行精确定位，误差常达 20m 或更大。

5）导航　GPS 可以对设定的目标位点进行导航。

6）*面积测定*　GPS 有两种测面积方法：一种是面积计算器，即航线测面积法，它能够测出由航线上的所有航点组成的多边形的面积；另一种是航迹测面积法，它所测的面积是由航迹所围成的区域的面积。

影响 GPS 接收仪定位效果的主要因素是能够接收到信号的卫星个数和信号强度。只有出现 3D 定位的信息后，才能获得有效的数据。

**6. 海拔仪**

海拔仪是根据大气压随海拔的增加而减小这一原理而设计的。海拔与大气压的这种线性反比关系是海拔仪将气压值转换成海拔值的基本原理。海拔仪的基本组成部分包括密封气室、指针、刻度盘和外壳。为了消除天气变化产生的误差，每天使用时，都应在一个已知高程的标准点上进行核对。

使用时，从海拔仪的刻度盘读取海拔读数时要注意刻度盘表示的正确读数。有的海拔仪，指针只能旋转一周，整个刻度范围从 0m 到最高海拔（如 5000m）全部印在刻度盘上；而有的海拔仪，指针可旋转一周以上两周以下，但刻度盘只印出了第一周的海拔读数，如 0～3000m；3000m 以上就需要使用者自己换算，即将第一圈的读数加上第二圈的读数。当某海拔仪测量范围为 0～4500m 时，但刻度盘上只显示了 0～3000m 的刻度，所以 3000m 以上就需要用指针读数加上 3000m。如果已知该地的海拔不超过 3000m，那么指针读数为 790m；如果已知该地的海拔超过 3000m，那么指针所指的海拔为 3000m＋790m＝3790m。

在没有其他的明显地物作参考的情况下，海拔可能成为正确定位的唯一依据。例如，在一个山头上，我们可以通过测量海拔来确定它在地形图上对应哪个山头。在深谷中，由于找不到明显地物，因此可用海拔来帮助我们判断所在位置。另外，海拔仪还可用来测量点高，绘制地形草图。

**7. 罗盘**

尽管 GPS 的功能基本能够代替罗盘，但是在峡谷、隧道和山洞中，或森林稠密的地带，GPS 会完全失去作用，在野外工作中，即使有 GPS，最好每个小组也要带上一个罗盘，以备在特殊情况下使用，因此，了解罗盘的功能和使用方法是非常必要的。

罗盘读数叫做罗盘方位或磁方位。要注意的是，指向地球北极的指针实际上是磁针南极，而罗盘刻度读数是按与磁针实际方向相反的方式标定的，因而可以在表盘上直接读取磁方位。在用罗盘测定方位时，最好将罗盘用双手捧在胸前，双臂紧靠身体，尽量保持罗盘稳定，并尽可能使用瞄准装置（视镜或瞄准线）。

**8. 其他测量工具**

其他测量工具包括电子天平、测距仪、圆规、直尺、钢卷尺、游标卡尺及皮尺等。

**9. 采集工具**

采集工具包括鼠铗、撒网、刺网、兜网、蛙袋、迷网、塑料桶等。

**10. 解剖及标本制作用具**

解剖及标本制作用具包括骨剪、解剖刀、眼科剪、大小镊子、解剖针、解剖盘、各种型号的铁丝、竹签、棉花、白布、注射器等。

**11. 参考书**

常用的参考书有《中国鸟类野外手册》、《中国兽类野外手册》、《中国两栖动物彩色图鉴》、《中国动物志》相关各卷、《四川兽类原色图鉴》、《四川鸟类原色图鉴》、《四川两栖类原色图鉴》、《四川爬行类原色图鉴》、《四川鱼类志》、《贵州鱼类志》、《云南鱼类志》（上、下册）等。

### 1.2.2 实习生活用具

实习生活用具包括小背包、帽子、胶鞋或登山鞋、布袜子、水壶、雨具、手电筒等。

### 1.2.3 实习药品

**1. 处理脊椎动物标本常用药品**

野外实习中常用到的处理脊椎动物标本的药品主要是甲醛（福尔马林）和乙醇。

**2. 野外防护药品**

野外防护药品主要包括创可贴、清凉油或风油精、防暑药（如人丹）、蛇伤药、一般治疗药品及消毒药品等。

## 1.3　野外实习的组织与实施

成立野外实习领导小组，由学院党政负责人、教研室主任、班主任、指导教师和学生代表组成，具体落实野外实习工作和安全保障。在实习开始之前，野外实习领导小组要召开实习动员大会，介绍实习的目的、意义，实习的内容、要求及日程安排，并强调实习安全；在实习过程中，有时以班为单位（如在标本制作时），这时班长或学习委员负责本班的组织与协调工作；有时以小组为单位，将学生分若干小组，每个小组设正、副组长各1名，由男、女生分别担任，负责本小组实习的组织、管理和协调工作。

## 1.4　野外实习守则

（1）积极参加野外实习中的各项活动，学会野外实习的基本方法，培养野外工作的能力。

（2）严格执行野外实习纪律，做到令行禁止。外出采集，不得擅自行动（至少3人以上）。按时作息，不得无故缺席、迟到和早退。未经允许不得擅自离开实习地点。

（3）自觉遵守社会公德、大学生行为准则和实习单位规章制度。讲文明，讲礼貌，协调好与实习、驻地单位的群众关系。

（4）发扬团结、协作精神，积极完成各项实习任务。

（5）爱护公共财物，遗失或损坏公物，应照价赔偿。

（6）实习过程中，认真听讲、做好笔记。

（7）爱护生态环境。不得随意丢弃垃圾；不采摘花卉、苗木和损坏农作物；不在野外随便使用火种，发现火患及时向有关部门报告。

（8）尊重当地风俗习惯和宗教习俗。

## 1.5　实习成绩的评定

脊椎动物学野外实习成绩的评定采用五级计分制。综合学生的实习表现（10%）、野外笔记（20%）、标本的制作（40%）及实习论文（30%）来评定优秀、良好、中等、及格和不及格。

1）优秀　能自觉遵守实习守则，实习态度积极认真，组织纪律性强。具有很强的团队协作精神。认真做好实习笔记，善于思考，勇于实践，出色地完成相关的实习任务，按时提交实习论文且质量高。

2）良好　能自觉遵守实习守则，实习态度积极认真，组织纪律性较强。具有较强的团队协作精神。能较好地完成相关实习任务，认真做好实习笔记，按时提交实习论文且质量较高。

3）中等　基本遵守实习守则，实习态度较认真，组织纪律性较好，团队协作精神较好。能按要求完成实习任务，笔记完整，按时提交实习论文，考核成绩能达到规定的标准。

4）及格　基本遵守实习守则，实习态度一般，能遵守纪律，有一定的团队协作精神。基本能按要求完成实习任务，笔记基本完整，能按时提交实习论文，基本符合要求，考核成绩基本达到规定标准。

5）不及格　不认真遵守实习守则，实习态度不端正，实习纪律松懈。未能完成实习任务或完成的质量不符合要求。笔记不完整，未能按时提交实习论文，或提交的实习论文不符合要求，考核成绩未能达到规定的标准。

# 第2章　主要实习生境类型和代表动物

## 2.1　湿　　地

根据《关于特别是作为水禽栖息地的国际重要湿地公约》的定义，湿地是指不问其为天然或人工、长久或暂时之沼泽地、湿原、泥炭地或水域地带，带有静止或流动、为淡水、半咸水或咸水水体者，包括低潮时水深不超过 6m 的水域。湿地是地球上具有多种独特功能的生态系统，它不仅为人类提供大量食物、原料和水资源，而且在维持生态平衡、保持生物多样性和珍稀物种资源以及涵养水源、蓄洪防旱、降解污染、调节气候、补充地下水、控制土壤侵蚀等方面均起到重要作用。很多珍稀水禽的繁殖和迁徙离不开湿地，因此湿地被称为“鸟类的乐园”。湿地具有强大的生态净化作用，因而又有“地球之肾”的美名。中国湿地面积占世界湿地面积的 10%，位居亚洲第一位，世界第四位。

### 2.1.1　内陆主要湿地类型

西南地区位于内陆，下面就其主要的湿地类型进行介绍。

#### 1. 湖泊湿地

湖泊是指面积在 $8km^2$ 以上，永久性或季节性的静水水体。根据湖水的营养水平可将湖泊分为三种类型。

1）贫营养型　　这类湖岸陡，水深 30～50m，透明度超过 4～5m，水草少、底栖动物贫乏，浮游植物生物量低于 2mg/L，浮游动物生物量低于 1.5mg/L，如马湖（四川）、泸沽湖（四川、云南）。

2）中营养型　　水深 10～25m，透明度 1～4m，水草和底栖动物较多，浮游植物生物量 2～5mg/L，浮游动物生物量 1.5～3mg/L，如邛海（四川）、草海（贵州）。

3）富营养型　　湖岸较倾斜，水浅（10m 以下），透明度只有几十厘米，浮游植物生物量 5mg/L 以上，浮游动物生物量在 3mg/L 以上，水草和底栖动物丰富，常出现绿藻或蓝藻水体，如滇池（云南）。

#### 2. 河流湿地

河流通常是指陆地表面上经常或间歇有水流动，形成的线形天然水道。河流具有河身长，水体不断流动，水温上下相近，溶氧量高的特点。沿着河流纵向可以分为上游、中游和下游三个部分，三部分在流速、底质和水量上都有明显不同。上游流速最大，水的侵蚀和搬运作用最为强烈，侵蚀作用使河床的深度逐渐加深。上游的底质通常由石砾构成。中游水流速度减慢，因而沉积作用加强，同时由于有支流的汇入，水量增多。下游流速最弱，河水中的泥沙在这里大量沉积，形成浅滩、深槽和三角洲等，通常沿着河长交替分布着浅滩和深槽，在河口出现三角洲。

河道一般包括两种基本类型的栖息地结构：内部栖息地和边缘栖息地。内部栖息地相对来说是更稳定的环境，生态系统可能会在较长的时期仍然保持着相对稳定的状态。边缘地区是两个不同的生态系统之间相互作用的重要地带。边缘栖息地处于高度变化的环境梯度之中，与内部栖息地环境相比，拥有着更多的物种组成和个体数量。

平原地区河流附近的生境如图 2-1 所示。主要包括：①河槽，即常年有水的河床；②河漫滩，夏季河水上涨时淹没，洪水过后成为河槽两侧的沙滩，远离河槽处，杂草丛生；③灌木林或人工林；④农田；⑤居民点。不同的生境中栖息着不同的动物。

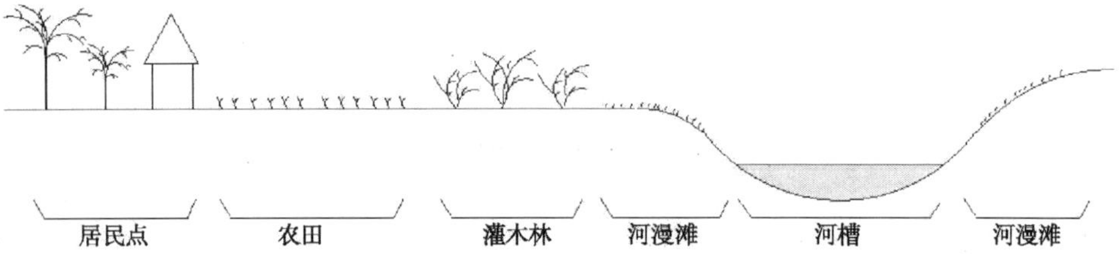


图 2-1　河岸生境示意图

### 3. 沼泽湿地

沼泽湿地包括沼泽和沼泽化草甸。沼泽的特点是地表经常或长期处于湿润状态，具有特殊的植被和成土过程，有的沼泽有泥炭积累，有的则没有泥炭。位于川西高原的若尔盖是中国最大的高原沼泽区，也是国际重要湿地。

### 4. 人工湿地

人工湿地是指由人为因素形成的湿地，如稻田、水库、运河及鱼塘等。

## 2.1.2　湿地环境常见动物

### 1. 鱼类

我国淡水水域中以鲤科鱼类为主，约占淡水鱼类总数的 50%，鲇科和鳅科鱼类共占淡水鱼类总数的 25%。根据鱼类的生活习性，可将鱼类划分为以下 5 种生态类群。

1）水体中上层生活的类群　常见的有宽鳍鱲（*Zacco platypus*）、马口鱼（*Opsariichthys bidens*）、草鱼（*Ctenopharyngodon idellus*）、餐类（*Hemiculter*）、近红鲌类（*Ancherythroculter*）、红鲌类（*Culter*）、鲢（*Hypophthalmichthys molitrix*）、麦穗鱼（*Pseudorasbora parva*）、乌鳢（*Ophiocephalus argus*）等。

2）水体中下层生活的类群　常见的有鳑鲏鱼类（*Rhodeus*）、鲫（*Carassius auratus*）、鲤（*Cyprinus carpio*）和大眼鳜（*Siniperca kneri*）等。

3）水体底层生活的类群　常见的有沙鳅类（*Botia*）、薄鳅类（*Leptobotia*）、鲴类（*Xenocypris*）、中华倒刺鲃（*Spinibarbus sinensis*）、䱻类（*Hemibarbus*）、黑鳍鳈（*Sarcocheilichthys nigripinnis*）、嘉陵颌须鮈（*Gnathopogon herzensteini*）、吻鮈类（*Rhinogobio*）、棒花鱼（*Abbottina rivularis*）、鳅鮀类（*Gobiobotia*）等。

4）吸着生活的类群　平鳍鳅科（Homalopteridae）和鮡科（Sisoridae）的鱼类适应于急流乱石滩的环境，胸、腹鳍平扁向水平方向扩展，与平扁的头、胸腹面一起，形成一个大吸盘，有很强的吸附力，身体呈流线型，鳞片、背、尾鳍条粗而硬，能抵御冲刷。栉鰕虎鱼类（*Ctenogobius*）为小型鱼类，体形指状，左右腹鳍在中线上愈合成一吸盘，并前移至躯干部腹面，尾柄尾鳍发达，适应短距离急促游泳，能迅速捕食周围活动的小虾、小虫。主要生活在浅静水或缓流水底。

5）洞穴生活的类群　常见的有南方鲇（*Silurus meridionalis*）、鲇（*Silurus asotus*）、粗唇鮠（*Leiocassis crassilabris*）、大鳍鳠（*Mystus macropterus*）、泥鳅（*Misgurnus anguillicaudatus*）、黄鳝（*Monopterus albus*）等。大部分种类，在冬春季水体透明度很大时，白天隐蔽洞穴中，夜间外出觅食或繁殖，夏秋季水体浑浊时则昼夜都有活动。

### 2. 两栖类

根据其生活习性，可将两栖类分为水栖、陆栖和树栖三种生态类群。

1）水栖型　成体经常在水域附近或长期栖息在水中的两栖动物。水栖型又可分为两类。①静水型：如泽陆蛙（*Fejervarya limnocharis*）、黑斑侧褶蛙

（*Pelophylax nigromaculata*）、沼水蛙（*Hylarana guentheri*）、饰纹姬蛙（*Microhyla ornata*）、倭蛙（*Nanorana pleskei*）等在静水水中产卵的类型。②溪流类型：如大鲵（*Andrias davidianus*）、山溪鲵（*Batrachuperus pinchonii*）、西藏山溪鲵（*Batrachuperus tibetanus*）、棘腹蛙（*Rana boulengeri*）、双团棘胸蛙（*Paa yunnanensis*）、绿臭蛙（*Odorrana margaretae*）、棕点湍蛙（*Amolops loloensis*）等在溪流内产卵的类型。

2）陆栖型　成体一般在陆地上生活，昼伏夜出，非繁殖期很少在水域活动的两栖动物，如大凉疣螈（*Tylototriton taliangensis*）、蟾蜍类（*Bufo*）、四川狭口蛙（*Kaloula rugifera*）等。

3）树栖型　成体经常在树上、灌草丛生活，卵产在静水水域或水边泥窝内或水塘上空的树叶上，主要包括雨蛙（*Hyla*）和树蛙（*Rhacophorus*）两类，常见的有华西雨蛙（*H. annectans*）、斑腿树蛙（*R. megacephalus*）等。

### 3. 爬行类

水域环境的爬行类可分为半水栖类型和水栖类型。半水栖类型主要包括大多数腹链蛇属（*Amphiesma*）的种类；水栖类型主要包括乌龟（*Chinemys Reevesii*）、中华鳖（*Pelodiscus sinensis*）和华游蛇（*Sinonatrix percarinata*）等种类。

### 4. 鸟类

水域环境的鸟类主要是游禽、涉禽和其他一些依赖于水环境的鸟类。常见的游禽有绿头鸭（*Anas platyrhynchos*）、绿翅鸭（*Anas crecca*）、斑嘴鸭（*Anas poecilorhyncha*）、赤麻鸭（*Tadorna ferruginea*）、普通秋沙鸭（*Mergus merganser*）、凤头潜鸭（*Aythya fuligula*）、普通鸬鹚（*Phalacrocorax carbo*）、小䴙䴘（*Tachybaptus ruficollis*）、白骨顶（*Fulica atra*）、红嘴鸥（*Larus ridibundus*）等；常见的涉禽有夜鹭（*Nycticorax nycticorax*）、牛背鹭（*Bubulcus ibis*）、白鹭（*Egretta garzetta*）、池鹭（*Ardeola bacchus*）、苍鹭（*Ardea cinerea*）、矶鹬（*Actitis hypoleucos*）、金眶鸻（*Charadrius dubius*）、长嘴剑鸻（*Charadrius placidus*）、凤头麦鸡（*Vanellus vanellus*）等；其他的鸟类常见的有普通翠鸟（*Alcedo atthis*）、冠鱼狗（*Megaceryle lugubris*）、褐河乌（*Cinclus pallasii*）、白顶溪鸲（*Chaimarrornis leucocephalus*）、红尾水鸲（*Rhyacornis fuliginosus*）、白鹡鸰（*Motacilla alba*）、灰鹡鸰（*Motacilla cinerea*）等。

### 5. 兽类

西南地区的淡水水域无水生兽类分布，但一些山区分布有半水栖的兽类，如水獭（*Lutra lutra*）、蹼足鼩（*Nectogale elegans*）、喜马拉雅水麝鼩（*Chimar-*

*rogale himalayica*）等。

## 2.2 森　林

森林是野生动物的重要栖息地，西南地区的森林资源相当丰富。下面以实习中可能遇到的森林类型进行简要介绍。

### 2.2.1 针叶林

针叶林是以针叶树为建群种所组成的各类森林的总称，包括针叶林和针阔混交林。下面介绍两种较重要的类型。

**1. 亚高山针叶林**

亚高山针叶林是分布于亚热带地区有一定高度的山地垂直带谱中上部，由耐寒的针叶树种为优势种组成的具有垂直地带性意义的植被类型，是亚热带山地寒温性气候条件下的顶级森林群落。亚高山针叶林主要分布在海拔2500～3400m的地区，主要的树种为冷杉属（*Abies*）和云杉属（*Picea*）的种类。

**2. 针阔混交林**

以针叶树种，如麦吊云杉（*Picea brachytyla*）、华山松（*Pinus armandii*）、铁杉（*Tsuga chinensis*）等，以及阔叶树种，如红桦（*Betula albo-sinensis*）、椴树（*Tilia tuan*）、糙皮桦（*B. utilis*）等为优势种组成的针阔混交林。主要分布在海拔2000～2500m的山区。

针叶林中的代表性动物包括三趾啄木鸟（*Picoides tridactylus*）、黑啄木鸟（*Dryocopus martius*）、旋木雀（*Certhia familiaris*）、黑冠山雀（*Parus rubidiventris*）、褐冠山雀（*P. dichrous*）、斑尾榛鸡（*Bonasa sewerzowi*）、白马鸡（*Crossoptilon crossoptilon*）、蓝马鸡（*C. auritum*）、雉鹑（*Tetraophasis obscurus*）、四川雉鹑（*T. szechenyii*）、血雉（*Ithaginis cruentus*）、红腹角雉（*Tragopan temminckii*）等鸟类；有大熊猫（*Ailuropoda melanoleuca*）、川金丝猴（*Rhinopithecus roxellana*）、扭角羚（*Budorcas taxicolor*）、白唇鹿（*Przewalskium albirostris*）、马熊（*Ursus arctos pruinosus*）、小熊猫（*Ailurus fulgens*）、猞猁（*Lynx lynx*）、中华鬣羚（*Capricornis milneedwardsii*）、川西斑羚（*Naemorhedus griscus*）等国家重点保护兽类。

## 2.2.2 阔叶林

阔叶林是以阔叶树种为优势种或建群种的森林植被类型，在不同的地理环境和水热条件下，常常组成常绿阔叶林、常绿与落叶阔叶混交林、落叶阔叶林等类型。

### 1. 常绿阔叶林

它是水平地带性和垂直地带性（基带）的典型代表类型。在四川，壳斗科（Fagaceae）和樟科（Lauraceae）的一些常绿树种是常绿阔叶林的主要成分，也是识别各种常绿阔叶林类型的主要标志。

常绿阔叶林中分布于川西南山地的高山栲（*Castanopsis delavayi*）林、滇青冈（*Cyclobalanopsis glaucoides*）林和多变石栎（*Lithocarpus variolosus*）林等，由于分布区的气候特点是干湿季明显、日照长、云雾少，土壤为山地红壤和山地红棕壤，这些树种能适应偏干的气候条件，并具耐干燥的生态特性，称为偏干性常绿阔叶林。其他数量众多的常绿阔叶林类型，主要分布于川东盆地，尤其是盆周山地。由于分布区气候常年湿润、雨量丰沛、湿度大、云雾多、日照少，土壤为黄壤、紫色土、山地黄壤及山地黄棕壤，森林树种具有适应阴湿环境的生态特性，这类森林称为偏湿性常绿阔叶林。

### 2. 常绿、落叶阔叶混交林

常绿、落叶阔叶混交林是落叶阔叶林与常绿阔叶林之间的过渡类型。这类森林通常由温带的落叶成分和较耐寒的常绿阔叶树种组成，树种复杂，一般无明显的优势种。常绿阔叶树种主要有壳斗科的多种青冈（*Cyclobalanopsis*）、包果柯栎（*Lithocarpus cleistocarpus*）、扁刺栲（*Castanopsis platyacantha*）、巴东栎（*Quercus engleriana*）等耐寒种类。落叶树种主要是水青冈（*Fagus longipetiolata*）、连香树（*Cercidiphyllum japonicum*）、多种桦木（*Betula* sp.）、椴树、槭属（*Acer*）及其他科属的落叶阔叶树种。

### 3. 落叶阔叶林

在西南地区，多数落叶阔叶林为次生性类型。组成落叶阔叶林的树种有壳斗科的栎属（*Quercus*）、水青冈属（*Fagus*）和栗属（*Castanea*），胡桃科（Juglandaceae）的化香属（*Platycarya*）和山核桃属（*Carya*），槭树科（Aceraceae）的槭属（*Acer*），桦木科（Betulaceae）的鹅耳枥属（*Carpinus*）、桤木属（*Alnus*），榆科（Ulmaceae）的榆属（*Ulmus*）等。

阔叶林中的代表动物主要有中国林蛙（*Rana chensinensis*）、中华蟾蜍（*Bufo gargarizans*）等两栖类，有大眼斜鳞蛇（*Pseudoxenodon macrops*）、横斑锦蛇（*Elaphe perlacea*）、翠青蛇（*Cyclophiops major*）、锈链腹链蛇（*Amphiesma craspedogaster*）等爬行类；有黄腹山雀（*Parus venustulus*）、暗绿绣眼鸟（*Zosterops japonica*）、红嘴蓝鹊（*Urocissa erythrorhyncha*）、灰头绿啄木鸟（*Dendropicos spodocephalus*）、小嘴乌鸦（*Corvus corone*）、黑枕黄鹂（*Oriolus chinensis*）、乌鸫（*Turdus merula*）、噪鹃（*Eudynamys scolopacea*）、点斑林鸽（*Columba hodgsonii*）、白鹇（*Lophura nycthemera*）、白冠长尾雉（*Syrmaticus reevesii*）等鸟类；有果子狸（*Paguma larvata*）、毛冠鹿（*Elaphodus cephalophus*）、野猪（*Sus scrofa*）、青鼬（*Martes flavigula*）、藏酋猴（*Macaca thibetana*）等兽类。

## 2.3 灌　丛

灌丛由灌木组成，灌木与乔木的区别在于：①无明显主干；②分枝低矮；③高度一般在5m以下。一般认为，灌木丛与灌丛同义，但前者常指较高的而后者则指较为低矮的。西南地区的灌丛类型十分繁多，组成灌木林的主要树种，因地区不同而有差异。以四川为例，在西部高山地区主要有杜鹃花属（*Rhododendron*）、蔷薇属（*Rosa*）、悬钩子属（*Rubus*）、鲜卑花属（*Sibiraea*）、金露梅属（*Dasiphora*）、绣线菊属（*Spiraea*）、栒子属（*Cotoneaster*）、锦鸡儿属（*Caragana*）、柳属（*Salix*）、小檗属（*Berberis*）、栎属中的高山栎组（Sect. Suber）、圆柏属（*Sabina*）和箭竹属（*Sinarundinaria*）等属种。其中在西北部干旱河谷则多白刺花（*Sophora davidii*）、鞍叶羊蹄甲（*Bauhinia brachycarpa*）、角柱花（*Ceratostigma Plumbaginoides*）和对节刺（*Horaninovia ulicina*）等耐旱而喜温暖的种类；在东部中低山和丘陵地区主要有黄荆属（*Vitex*）、马桑属（*Coriaria*）、火棘属（*Pyracantha*）、算盘子属（*Glochidion*）、栎属、荚蒾属（*Viburnum*）等；在盆地北缘则多毛黄栌（*Cotinus coggygria*）和箬竹（*Indocalamus tessellatus*）；在西南部中低山主要有乌饭树属（*Vaccinium*）、扁核木属（*Prinsepia*）、杜鹃花属、厚皮香属（*Ternstroemia*）、山麻黄属（*Psilopeganum*）和车桑子属（*Dodonaea*）等；在干热河谷则多麻风树（*Jatropha curcas*）、蓖麻（*Ricinus communis*）和余甘子（*Phyllanthus emblica*）等耐旱喜暖热的植物。

灌丛中活动的代表动物主要有画眉科（Timaliidae）、雉科（Phasianidae）的鸟类；有马麝（*Moschus sifanicus*）、岩松鼠（*Sciurotamias davidianus*）、赤腹松鼠（*Callosciurus erythraeus*）、社鼠（*niviventer confucianus*）、针毛鼠（*N. fulvescens*）等兽类；有翠青蛇、虎斑颈槽蛇（*Rhabdophis tigrina*）、蓝尾石龙

子（*Eumeces elegans*）、铜蜓蜥（*Sphenomorphus indicus*）等爬行类；有斑腿树蛙、日本林蛙（*Rana japonica*）、峨眉角蟾（*Megophrys omeimontis*）等两栖类。

## 2.4 草　　甸

草甸是指分布在气候和土壤湿润、无林地区或林间地段上的多年生中生草本植物群落。按草甸优势植物的生态特性，可以分为：典型草甸、草原化草甸、沼泽化草甸、盐生草甸和高寒草甸。这里主要介绍四川分布较广的高寒草甸。

高寒草甸：一般分布在海拔3500～5000m。分布界线从北向南逐渐升高。高寒草甸的地势高，日照强，风力大，气温低，最热月份也有时出现霜冻。土层薄，在一定的深度下存在着永冻层，因此，高寒草甸植物的根系盘结，形成坚实的“地毯式”草皮层，耐践踏。草层低矮盖度大。密丛型短根茎的小形蒿草属（*Kobresia*）植物是这里的优势种，如矮生蒿草（*Kobresia humilis*）、线叶蒿草（*K. capillifolia*）、禾叶蒿草（*K. graminifolia*）等。黑褐薹草（*Carex atrofusca*）、珠芽蓼（*Polygonum viviparum*）、圆穗蓼（*P. macrophyllum*）、高山龙胆（*Gentiana algida*）、美丽风毛菊（*Saussurea superba*）以及异花针茅（*Stipa aliena*）等是常见的伴生种。这些植物大都具有低矮、被毛茸和营养繁殖力强等适应高寒气候的生态习性。

在高寒草甸上典型的代表动物有喜鹊（*Pica pica*）、达乌尔寒鸦（*Corvus dauuricus*）、高山兀鹫（*Gyps himalayensis*）、胡兀鹫（*Gypaetus barbatus*）、百灵属（*Melanocorypha*）等鸟类，有川西鼠兔（*Ochotona gloveri*）、长尾仓鼠（*Cricetulus longicaudatus*）、高原鼢鼠（*Myospalax baileyi*）、喜马拉雅旱獭（*Marmota himalayana*）、高原兔（*Lepus oiostolus*）、赤狐（*Vulpes vulpes*）等兽类，有高原林蛙（*Rana kukunoris*）、倭蛙、西藏山溪鲵等两栖类，有高原蝮（*Gloydius monticola*）等爬行类。

## 2.5 农田和居民点

农田属人为景观，包括各种类型的耕地。与周围的其他生境相比，农田植物群落单纯，隐蔽条件较差，但有较好的食物供应，这是吸引某些食谷鸟类群集和某些鼠类大量繁殖的原因之一。同时，由于农作物的耕作有着明显的季节性，因此，居住在农田地区的动物也有着季节性变换栖息地的现象。

常见的农田动物有白腰文鸟（*Lonchura striata*）、珠颈斑鸠（*Streptopelia chinensis*）、棕背伯劳（*Lanius schach*）等鸟类，有黑线姬鼠（*Apodemus agrarius*）、社鼠、微尾鼩（*Anourosorex squamipes*）等兽类；有黑眉锦蛇（*Elaphe taeniura*）、乌梢蛇（*Zaocys dhumnades*）、赤链蛇（*Dinodon rufozonatum*）及北草蜥（*Takydromus septentrionalis*）等爬行类，有黑斑侧褶蛙、泽陆蛙、饰纹姬蛙、中华蟾蜍等两栖类。

居民点也属人为景观，包括住宅、桥梁、工厂等各种类型的建筑物。居民点中人类储备的粮食、蔬菜、丢弃的食物残渣等，都为动物的生存提供了有利条件。同时，建筑物内温度适宜，也为部分动物提供了隐蔽场所。

居民点中常见的有麻雀（*Passer montanus*）、白头鹎（*Pycnonotus sinensis*）、鹊鸲（*Copsychus saularis*）、金腰燕（*Hirundo daurica*）、家燕（*Hirundo rustica*）等鸟类，有无蹼壁虎（*Gekko swinhonis*）、黑眉锦蛇等爬行类，有褐家鼠（*Rattus norvegicus*）、黄胸鼠（*Rattus tanezumi*）、山蝠（*Nyctalus noctula*）等兽类。

# 第3章　鱼类实习

世界上现存的鱼类有27 977种（Nelson，2006），我国记录有4023种（李明德，1997）。西南地区的鱼类非常丰富，据初步统计，该区约有644种，占全国鱼类总数的22.7%。通过鱼类实习，要求达到以下目的：①初步掌握鱼类资源调查的基本方法；②了解鱼类与环境的相互关系；③掌握鱼类标本的制作方法。西南地区高校多以淡水鱼类实习为主，因此，这里重点介绍淡水鱼类的实习内容和方法。

## 3.1　鱼类生活环境调查

水文、水体理化因子和水生生物在很大程度上决定了该流域鱼类的群落结构。因此，在鱼类实习过程中，应当首先对实习水域的环境状况进行调查。

### 3.1.1　非生物因子的测定

非生物因子的测定主要通过温度计、黑白透明度盘、pH试纸、水质分析仪、水深测量仪、流速仪等测量鱼类生活的非生物环境，如水温、透明度、酸碱度（pH）、溶氧量、水深、流速等，并记录其他的一些重要因子，如水色、河床底质、污染状况等（表3-1）。

**表3-1　实习水域非生物因子观测记录表**

| 采样地点 | 市乡(镇) | 小地名 | | 断面编号 | |
|---|---|---|---|---|---|
| 采样断面 | 经度： | 日期 | 年　月　日 | 时间 | |
| GPS位点 | 纬度： | 测定人 | | 记录人 | |
| 水温/℃ | 上层：　中层：　下层： | 流速/(m/s) | | 水色 | |
| 透明度/cm | | 水深/m | | 河床底质 | |
| pH | | 溶氧量/(mg/L) | | 污染状况 | |
| 备注 | | | | | |

### 3.1.2　生物因子的测定

浮游生物（包括浮游植物和浮游动物）和底栖动物是水体中重要的生物因子，更是鱼类的重要饵料来源，直接影响鱼类的种类和数量。其种类组成和数量变动不仅反映了水环境的特征，同时也与该水体的鱼类种类多寡和渔业生产力高低有密切联系。

**1. 浮游植物的调查**

浮游植物是指具有叶绿素，能够进行光合作用，营自养生活的浮游藻类（不包括固着或附生藻类）。它们大多为单细胞或群体，绝大多数只能在显微镜下才可看到它们的形态特征。淡水中的浮游植物种类很多，其中种类最多、分布最普遍的是绿藻门（Chlorophyta）、硅藻门（Bacillariophyta）和蓝藻门（Cyanophyta）的藻类。浮游植物的调查可结合植物学实习进行，具体的调查方法可参见相关文献（周云龙，1984；章宗涉和黄祥飞，1991）。

**2. 浮游动物的调查**

浮游动物是一类体形细小，且缺乏或仅有微弱的运动能力，主要以漂浮的方式生活在各类水体中的动物总称。常见的淡水浮游动物包括：原生动物门（Protozoa）、担轮动物门（Trochelminthes）和节肢动物门（Arthropoda）的种类。浮游动物的调查，可结合无脊椎动物学实习进行，具体方法可参见相关文献（章宗涉和黄祥飞，1991）。

**3. 底栖动物的调查**

底栖动物是指生活史的全部或大部分时间生活于水体底部的水生动物群。常见的淡水水域底栖动物包括：节肢动物门、软体动物门（Mollusca）和环节动物门（Annelida）等。底栖动物的调查可结合无脊椎动物学实习进行，具体方法可参见相关文献（蔡永久等，2010）。

## 3.2　鱼类的采集、测量与记录

### 3.2.1　鱼类采集方法

鱼类采集是指通过多种方法在特定时间对特定水域进行鱼类标本的收集过程，它是鱼类学研究工作的基础。鱼类实习中常用的采集方法有以下几种。

### 1. 请当地渔民依据实习要求有目的地采集

该方法可以方便、快捷地收集不同种类、数量和年龄的群体，但费用一般较高。

### 2. 利用自备的小型渔具进行捕捞

该方法可以采集到一些小型、非经济鱼类，以及不同年龄组的群体。学生通过在江河湖泊中进行实地捕捞，既丰富了采集的种类，又能增强团体合作精神。常用的小型渔具有撒网和条网。下面对渔具形态、使用方式和适应水域进行简单介绍。

1）撒网　撒网也称手网、掩网。撒网的主要捕捞对象多样，有鲤、鲫、鲢及各种小杂鱼类等。撒网由网衣、网索和沉子等组成。网呈圆锥形，顶端系有手纲，网衣下缘装有沉子纲和沉子，网衣底部向内折转，并通过吊纲与网衣相连接，形成集鱼的网兜。撒网由于捕鱼对象和捕捞环境不同，网目大小、网口周目数和网身长度各有不同。作业时，将手纲端眼套在左手腕上，把网并拢，将网身上部折叠几次和提起的小部分网兜握在左手，再将剩余的网兜依次整理好，两手分握，站立于高处，两脚分开，对准下网地点，转身 60°～180°将网撒出。撒网时，应尽量使网口张开，扩大网罩范围；待沉子纲全部着底后，拉动手纲并摆动网衣，轻轻提拉网身以缩小网的罩口，驱赶鱼进入网兜；然后收回手纲、身网和网兜，取出渔获物。

2）条网　条网也称拦河网、刺网。作业时，将长带形网列拦截于鱼类游动的通道上，使鱼缠于网上而达到捕捞的目的。捕捞对象根据网目大小的不同而异。条网由网衣、钢索、浮子和沉子装配组成。作业方式是几人沿河道站成一排将条网拉直，注意保持网形一致，上纲在上面，往下依次为网衣和沉子。并在上纲绳索端系一石块，向与河道垂直方向用力抛入河中。放网完毕后，将另一端系于岸上固定位置处，等待 1～2h 起网，如果有鱼群缠于网上，肉眼可以直接观察到。起网时先拉起固定在岸上网一端的上纲，依次收拨上纲和网衣，叠好放于岸上。网收拾完毕后再摘取网上的渔获物。

注意：网具使用后，应清洁网具，然后晾干、保存。

### 3. 市场购买

乡镇集市往往有不同大小和种类的野生鱼类出售，也是鱼类标本的重要来源地，可提前与商贩联系。

### 3.2.2 鱼类的测量与记录

**1. 清洗鱼体和记录体色**

把收集到的鱼类样本，先用清水洗涤干净。注意洗涤时不要破坏鱼体的体形结构及附属组织（鳞片、鳍条、珠星等）。洗涤时候如发现有寄生虫，要小心取下放入瓶内，并加70%乙醇保存，同时加以标签注明采集编号。体色是鱼类重要的鉴别特征，一些鱼类的体色会在死亡或浸泡之后发生变化，因此要趁鱼体鲜活时仔细对体色进行描述记录，如有条件最好同时拍摄下电子照片，以备后续查找。

**2. 编号**

将洗涤干净且记录过体色的鱼类样本，放置在工作台上或解剖盘里，依据采集顺序依次登记编号。每一个样本均需一个标签，拴在鱼体胸鳍基部。标签一般用棉条布（4cm×1.2cm）制作而成，上用不溶于水的墨汁编好号。编号内容一般包括时间、地点和采集顺序等，如编号“南充20110506001”表示2011年5月6日在南充采集到的编号为001的标本。

**3. 鱼体测量和性状计数**

鱼体测量内容包括体重、全长、体长、体高、尾长、眼径、眼间距、眼后头长、尾柄长、尾柄高、口裂长、背鳍基长、尾鳍基长等；性状计数内容包括侧线鳞数、侧线下鳞数、侧线上鳞数、鳍条数等。常用的工具有电子秤（精度为0.01g）、量鱼板、手术刀、医用镊子、直角圆规、直尺等。以上测量数据和性状计数数据填入鱼类形态野外测量记录表内，并同时存一份电子文档。下面对有关术语和测量方法进行简单介绍。

**全长**：自吻端至尾鳍末端的长度。

**体长**：由吻端至尾鳍基部的长度。

**体高**：躯干部最高处的垂直高。

**头长**：由吻端至鳃盖骨后缘（不包括鳃膜）的长度，无鳃盖的鱼类至最后一鳃孔止。

**躯干长**：由鳃盖骨后缘（有鳃盖的鱼类），或由最后一鳃孔（无鳃盖的鱼类）到肛门的长度。

**尾长**：由肛门至尾髓末端的长度（也可至最后一个脊椎骨或尾柄与尾鳍交界处）。

**吻长**：由上颌前端至眼前缘的长度。

**眼径**：眼的最大直径。

**眼间距**：两眼间的垂直距离。

**口裂长**：吻端至口角的长度。

**眼后头长**：眼后缘至鳃盖骨后缘的长度。

**尾柄长**：臀鳍基部后端至尾鳍基部的长度。

**尾柄高**；尾柄最低处的垂直高度。

**胸部**：即喉部后方，胸鳍前方的部分。

**鳞式**：侧线鳞的数目（侧线上鳞的数目/侧线下鳞的数目）。

**侧线鳞数目**：从鳃盖上方直达尾部的一条带孔鳞的数目。

**侧线上鳞数目**：从背鳍起点斜列到侧线鳞的鳞数。

**侧线下鳞数目**：从臀鳍起点斜列到侧线鳞的鳞数。

**鳍式**：一般用罗马数字表示鳍棘数目用阿拉伯数字表示软鳍条数目。背鳍、臀鳍、尾鳍、胸鳍、腹鳍分别简写为D、A、C、P、V。式中的半字线代表鳍棘与软鳍条相连，逗点表示分离，罗马字母或阿拉伯数字中间的一字或表示范围。

**咽喉齿**：鲤科鱼类的咽喉齿是分类的依据之一。咽喉齿的形状和行数随种类而异。咽喉齿1～4行。通常用咽喉齿式来表示其咽喉齿的组成。例如，鲤鱼的咽喉齿式为1·1·3-3·1·1，表示其咽喉齿共3行，左侧咽喉齿每行的数目从外至内依次为1枚、1枚和3枚，右侧咽喉齿每行的数目从内到外，依次为3枚、1枚和1枚。

**鳃耙数**：为第一鳃弓外侧或内侧的鳃耙数。

将上述测量数据填入鱼类形态野外测量记录表内（表3-2）。

**表3-2　鱼类形态野外测量记录表**

| | | | |
|---|---|---|---|
| 种名 | | 编号 | |
| 采集地点 | 市乡(镇) | 小地名 | |
| GPS位点 | 经度： | 采集日期 | 年　月　日 |
| | 纬度： | 采集人 | |
| 采集方法 | | 测量与记录人 | |
| 全长/mm | | 体重/g | |
| 体长/mm | | 体高/mm | |
| 头长/mm | | 眼后头长/mm | |
| 躯干长/mm | | 尾柄长/mm | |
| 尾长/mm | | 尾柄高/mm | |

续表

| | |
|---|---|
| 吻长/mm | 鳞式 |
| 眼径/mm | 侧线鳞数目 |
| 眼间距/mm | 侧线上鳞数目 |
| 眼后距/mm | 侧线下鳞数目 |
| 口裂长/mm | 鳍式 |
| 咽喉齿式 | 鳃耙数 |
| 备注 | |

# 3.3 西南地区鱼类分目、科的检索

## 3.3.1 西南地区鱼类分目检索

**西南地区鱼类分目检索表**

1（2）体披硬鳞或裸露；尾歪形 ………………………… 鲟形目 ACIPENSERIFORMES
2（1）体披栉鳞、圆鳞或裸露；尾一般为正尾形
3（6）体呈鳗形
4（5）有胸鳍；左右鳃孔分离 ………………………………… 鳗鲡目 ANUILLIFORMES
5（4）无胸鳍；左右鳃孔在喉部相连 …………………… 合鳃鱼目 SYNBRANCHIFORME
6（3）体不呈鳗形
7（10）具韦伯氏器
8（9）无颌齿 ……………………………………………………… 鲤形目 CYPRINIFORMES
9（8）有颌齿 ………………………………………………………… 鲇形目 SILURIFORMES
10（7）无韦伯氏器
11（12）有脂鳍 ……………………………………………………… 鲑形目 SALMONIFORMES
12（11）无脂鳍
13（14）背鳍一般有发达的鳍棘 ……………………………… 鲈形目 PERCIFORMES
14（13）背鳍无发达的鳍棘
15（16）有侧线；上下颌正常 ………………………… 鳉形目 CYPRINODONTIFORMES
16（15）无侧线；上下颌延长如针 ……………………… 颌针鱼目 BELONIFORMES

## 3.3.2　西南地区鲤形目鱼类分科及亚科检索

**鲤形目鱼类分科及亚科检索表**

1 (6) 下咽齿 1 行，数目多，超过 8 枚
2 (5) 背鳍基部长度一般，分枝鳍条数目 30 根以下
3 (4) 头部和身体前部侧扁或圆筒形；偶鳍不扩大，位置正常 ………………… 鳅科 Cobitidae
4 (3) 头部和身体前部扁平；偶鳍扩大，向腹面两侧平展 …… 平鳍鳅科 Homalopteridae
5 (2) 背鳍基部很长，分枝鳍条 50 以上 ………………………… 胭脂鱼科 Catostomidae
6 (1) 下咽齿 1～4 行，每行数目最多不超过 8 枚………………………… 鲤科 Cyprinidae
7 (18) 臀鳍分枝鳍条通常在 7 根以上
8 (17) 臀鳍分枝鳍条在 14 根以下；腹部无或有不完全腹棱
9 (16) 体延长，稍侧扁，雌鱼生殖季节无产卵管
10 (15) 口腔内无螺旋形鳃上器；鳃膜与鳃峡相连
11 (14) 下颌无发达的角质边缘；背鳍末根不分枝鳍条不为硬刺
12 (13) 下眶骨大，至少前三枚大；侧线鳞在 50 枚以下 ………………… 𬶐亚科 Danioninae
13 (12) 下眶骨通常较小，仅第四块较大；侧线鳞一般在 50 枚以上（除草鱼、青鱼、赤眼鳟属外）…………………………………………………… 雅罗鱼亚科 Leuciscinae
14 (11) 下颌有发达的角质边缘；背鳍末根不分枝鳍条为硬刺 …… 鲴亚科 Xenocyprinae
15 (10) 口腔内具螺旋形鳃上器；鳃膜不与鳃峡相连 …… 鲢亚科 Hypophthalmichthyinae
16 (9) 体卵圆形或长椭圆形，甚侧扁；雌鱼生殖季节具长产卵管 ……………………………………………………………………………… 鳑鲏亚科 Acheilognathinae
17 (8) 臀鳍分枝鳍条 14 根以上（除𩷶属外），腹部具发达的腹棱 …… 鲌亚科 Cultrinae
18 (7) 臀鳍分枝鳍条为 5～6 根
19 (28) 臀鳍末根不分枝鳍条一般柔软，如为硬刺其后缘具细锯齿
20 (23) 臀鳍分枝鳍条通常为 6 根，下咽齿 1～2 行（个别为 3 行），无吻须
21 (22) 具 1 对口角须或缺如，无颏须 ……………………………… 𬶋亚科 Gobioninae
22 (21) 具须 4 对，其中颏须 3 对，口角须 1 对 ………………… 鳅鮀亚科 Gobiobotinae
23 (20) 臀鳍分枝鳍条一般为 5 根，下咽齿多为 3 行（少数为 2 行），具须 1 对或缺如
24 (27) 体被有较大的鳞片，大小几无显著差异，无臀鳞
25 (26) 无内口前室；咽突的后突侧侧扁，背鳍通常具硬刺…………… 鲃亚科 Baribinae
26 (25) 具内口前室；咽突的后突特化成扁平状；背鳍无硬刺 …… 野鲮亚科 Labeoninae
27 (24) 体被细鳞或裸露无鳞，肛门和臀鳍基部两侧各有一列臀鳞 …………………………………………………………………………… 裂腹鱼亚科 Schizothoracinae
28 (19) 臀鳍最后一根不分枝鳍条为硬刺，其后缘具发达锯齿 …… 鲤亚科 Cyprininae

## 3.4 西南地区常见鱼类的识别

下面对西南地区常见鱼类的识别特征作一简介（表3-3）。

**表3-3 西南地区常见鱼类的识别**

| 种名 | 主要特征 | 生活习性 |
|---|---|---|
| **一、鲟形目 ACIPENSERIFORMES** | | |
| **（一）鲟科 Acipenseridae** | | |
| 达氏鲟 *Acipenser dabryanus*<br>俗名：鲟鱼、沙腊子、小腊子、长江鲟<br> | • 全长230～1300mm，体被5列纵行大骨板，尾歪形，吻短，须2对<br>• 幼鱼皮肤粗糙；头较小，背鳍较高，胸鳍长，尾柄较细<br>• 鳃耙呈三角形，呈薄片状，排列紧密，数目较多，25～54枚 | 分布于长江干支流及沿江大型湖泊。主食底栖无脊椎动物。春季常在水流湍急，底质为卵石的河滩上产沉黏性卵 |
| 中华鲟 *Acipenser sinensis*<br>俗名：鲟鱼、腊子、大腊子、癞子鱼<br> | • 全长250～4000m，体被5列纵行大骨板；尾歪形，吻短，须2对<br>• 幼鱼皮肤光滑，头大，背鳍短小，胸鳍短，尾柄粗短<br>• 鳃耙呈棒状，排列稀疏，数目较少，13～29枚 | 主要分布于长江干流。为洄游性、底层鱼类。幼鲟主食各类底栖动物，成鱼食昆虫幼虫、硅藻及腐殖质。秋季上溯至江河上游水流湍急、底为砾石的江段繁殖，产卵期在10月上旬至11月上旬，为沉黏性卵 |
| **（二）匙吻鲟科 Polyodontidae** | | |
| 白鲟 *Psephurus gladius*<br>俗名：扬子江白鲟、象鲟、象鱼、象鼻鱼、箭鱼、琴鱼<br> | • 全长350～7000mm，体裸露无鳞<br>• 吻部甚长，剑状，须1对<br>• 鳃耙48～56枚 | 主要分布于长江干流各江段。栖息于江河中下层，有时进入大型湖泊。善游泳，性凶猛，主食鱼类，也食虾、蟹等。春季在长江上游产沉黏性卵。目前数量稀少，濒临灭绝 |

续表

| 种名 | 主要特征 | 生活习性 |
| --- | --- | --- |
| **二、鲑形目 SALMONIFORMES** | | |
| 鲑科 Salmonidae | | |
| 川陕哲罗鲑（虎嘉鱼）<br>*Hucho bleekeri*<br>俗名：大口鱼、猫儿鱼、花鱼<br> | • 全长 418～2000mm；体长形，稍侧扁，腹部圆；吻较短，稍钝；口大，端位，口裂长，向后延伸至眼球中部或后缘的下方；颌骨、犁骨和舌骨均具较多的粗壮牙齿，无须<br>• 具脂鳍；体被圆鳞，头部无鳞；侧线完全，平直 | 冷水性鱼类，通常栖息于水质清澈，水温较低的水域中。主要以各种鱼类和水中其他动物的腐肉为食。西南地区主要分布于大渡河、岷江和青衣江上游。生殖季节约在惊蛰到春分季节。卵无黏性。目前数量稀少，濒临灭绝 |
| **三、鳗鲡目 ANGUILLIFORMES** | | |
| 鳗鲡科 Anguillidae | | |
| 鳗鲡 *Anguilla japonica*<br>俗名：青鳝、白鳝<br> | • 全长 300～800mm，体延长成圆筒状，上、下颌和犁骨均具细齿，舌明显<br>• 有胸鳍，无腹鳍；奇鳍彼此相连，鳞退化，埋于皮下呈线状 | 降河性洄游鱼类。喜欢流水、弱光、穴居。以动物性食物为主。过去曾分布于长江干流、金沙江、嘉陵江、岷江等水系，但目前由于各级水电站的修建，鳗鲡已很难上溯至长江上游 |
| **四、鲤形目 CYPRINIFORMES** | | |
| **（一）胭脂鱼科 Catostomidae** | | |
| 胭脂鱼 *Myxocyprinus asiaticus*<br>俗名：黄排、火烧编<br> | • 全长 155～1134mm；体侧扁，背部在背鳍起点处特别隆起；吻钝圆；口下位；无须<br>• 背鳍无硬刺，基部很长，延伸至臀鳍基部后上方；臀鳍短，尾柄细长，尾鳍叉形<br>• 鳞大，侧线完全 | 分布于长江干流及其支流如嘉陵江、岷江等的下游。为中下层鱼类，主要以底栖无脊椎动物为食。生殖期在 3～4 月。在水流湍急、多砾石的乱石滩上产黏性卵 |

续表

| 种名 | 主要特征 | 生活习性 |
|---|---|---|
| **（二）鳅科 Cobitidae** | | |
| 长薄鳅* *Lepturichthys fimbriata*<br>俗名：薄鳅、花鳅<br>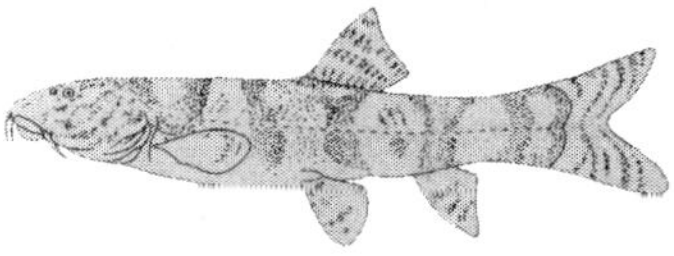 | • 全长 119～258mm；体长，尾柄高而粗壮；头侧扁而尖，头长大于体高；口亚下位；具须 3 对：吻须 2 对，口角须 1 对<br>• 鳞片细小，侧线完全，平直<br>• 背鳍和臀鳍均短小，没有硬刺；背鳍位于体的后半部；胸、腹鳍短，胸鳍基部具有一个长形的皮褶；尾鳍深叉状 | 分布于长江干流及金沙江下游、岷江、嘉陵江、沱江、渠江和涪江水系的中下游。属凶猛性底栖鱼类，生活于水流较急的河滩处，以鱼、虾、水生昆虫等为食。生殖期在 3～5 月，卵黏附在石上孵化 |
| 泥鳅 *Misgurnus anguillicaudatus*<br>俗名：鳅鱼<br> | • 全长 90～150mm。体长圆柱形，口下位；具须 5 对，较短，其中，吻须 2 对，口角须 1 对，颏须 2 对<br>• 鳞片细小，埋于皮下；侧线不完全；尾柄上有皮质棱，与尾鳍相连；尾柄长大于尾柄高；尾鳍圆形；肛门靠近臀鳍 | 广泛分布于江、河、湖泊、水库、稻田等水体，尤以静水环境较多。为杂食性鱼类。一般 4～5 月开始产卵，为分批产卵型。受精卵略带黏性，黏附在水草或泥层上发育孵化 |
| **（三）鲤科 Cyprinidae** | | |
| **1. 鿕亚科 Danioninae** | | |
| 马口鱼 *Opsariichthys bidens*<br>俗名：桃花鱼、山鳡、桃花板<br>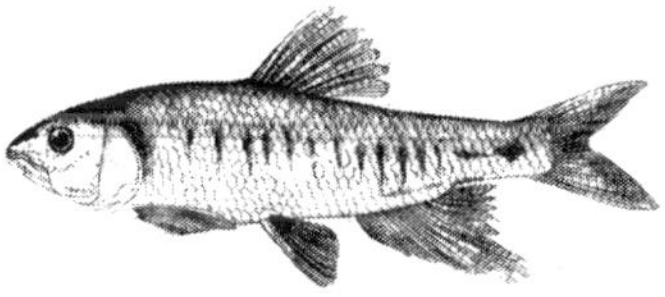 | • 全长 100～200mm；口裂宽大，端位，向下倾斜；上颌两侧边缘各有一个缺口，正好为下颌的突出物所嵌，形似马口，故名“马口鱼”；口角具 1 对短须<br>• 鳞细密，侧线在胸鳍上方显著下弯，沿体侧下部向后延伸，于臀鳍之后逐渐回升到尾柄中部；侧线鳞 41～47 | 是一种小型凶猛鱼类。喜生活在水质较清新的溪流或清水池塘中，常以小鱼和水生昆虫为食。生殖期在 5～6 月。生殖季节雄鱼的头部，胸鳍及臀鳍上均具有珠星，臀鳍第 1～4 根分枝鳍条特别延长；体色较为鲜艳 |
| 宽鳍鱲 *Zacco platypus*<br>俗名：桃花鱼、双尾鱼、红车公<br> | • 全长 106～156mm；头短，吻钝，口端位，稍向上倾斜；口略大，上下颌两侧无缺刻<br>• 鳞较大，略呈长方形；侧线完全，在腹鳍处向下微弯，过臀鳍后又上升至尾柄正中；侧线鳞 44～47 | 西南地区广泛分布。杂食，但主食无脊椎动物和小鱼。生殖期在 4～6 月。生殖季节雄鱼臀鳍第 1～4 根分枝鳍条延长达尾鳍基部，头部和臀鳍上均出现珠星。体色鲜艳。急流中产卵 |

续表

| 种名 | 主要特征 | 生活习性 |
|---|---|---|
| **2. 鲴亚科 Xenocyprinae** | | |
| 方氏鲴（宜宾鲴）*Xenocypris fangi*<br>俗名：红尾凡子、泥凡、凡子<br>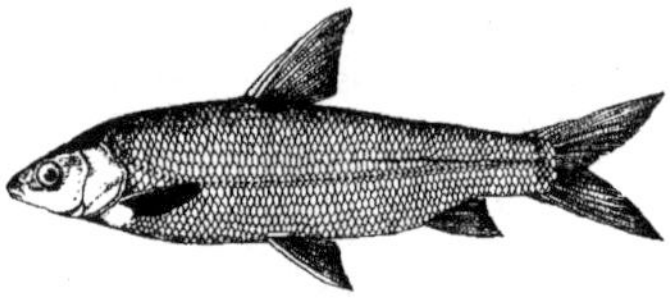 | • 全长 141～191mm；体长而侧扁。口下位，下颌前缘有发达的角质边缘；无须<br>• 侧线完全，在胸鳍处显著向下弯曲，往后至尾柄正中平直；侧线鳞 70～79；尾鳍分叉深，下叶稍比上叶长，下叶鲜红色<br>• 肛门前腹棱不达肛门至腹鳍基间距离的一半 | 多栖息于支流中、上游河段的中、下层。以藻类和有机碎屑为食。生殖季节在 4～6 月，常在流水中产黏性卵 |
| **3. 雅罗鱼亚科 Leuciscinae** | | |
| 青鱼 *Mylopharyngodon piceus*<br>俗名：青棒、螺蛳青、钢青<br> | • 全长 150～550mm；体长而略呈圆筒形，体呈青黑色，腹部乳白色；头部稍平扁，口端位，无触须，下咽齿 1 行，呈臼齿状<br>• 鳞片较大，侧线完全，在腹鳍上方稍弯曲呈弧形，侧线鳞 39～46<br>• 背鳍无硬刺，其起点与腹鳍起点相对，至吻端的距离与至尾鳍基部的距离相等 | 西南地区主要分布于长江干流及其干支流中。为底栖性鱼类，主要以螺、蚌、虾、蟹及昆虫等为食。生殖季节在 5～6 月。卵沉性，随水漂流发育 |
| 草鱼 *Ctenopharyngodon idellus*<br>俗名：草棒<br>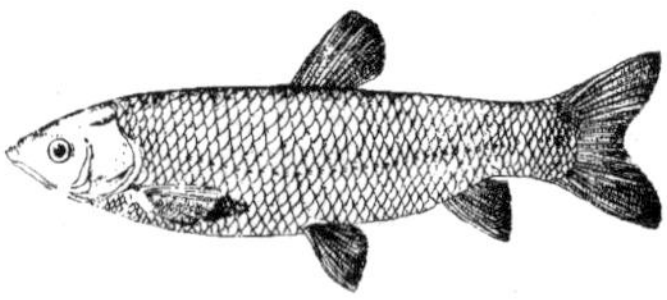 | • 全长 200～430mm；体延长，略呈圆筒形，后部稍侧扁，腹部圆；下咽齿 2 行，侧扁，呈梳状；无须<br>• 鳞片大，圆形，腹部鳞稍小；侧线完全，从鳃孔后上角延伸到尾柄的中轴，在腹鳍上方微向下弯，呈弧形；侧线鳞 39～46<br>• 背鳍无硬刺，其起点约与腹鳍起点相对稍前，至吻端的距离大于至尾鳍基部的距离 | 西南地区主要分布于长江干流及其支流中。栖息于水体中下层，性活泼，游泳迅速，成鱼主要以水草为食。生殖季节在 4～5 月，产卵场一般在水流湍急、流态复杂的江段 |

续表

| 种名 | 主要特征 | 生活习性 |
| --- | --- | --- |
| 鳡 *Elopichthys bambusa*<br>俗名：鳡棒<br> | • 全长 350～1260mm；体圆筒形。头锥形，吻尖长，略呈喙状；下颌前端有一突起，与上颌的凹陷相吻合；无须；下咽齿 3 行，侧扁，顶端略呈钩状<br>• 鳞片较小，侧线完全，前段稍向腹面弯曲，以后延伸至尾柄正中；侧线鳞 108～115<br>• 背鳍较短小，其起点在腹鳍起点之后，至吻端的距离大于至尾鳍基的距离 | 分布于长江干支流及其相通的湖泊等水体。生活于水体的中上层。游泳能力极强，性凶猛，属典型的掠食性鱼类。性成熟为 3～4 龄，4～6 月在江河急流中产漂流性卵 |
| **4. 鲢亚科 Hypophthalmichthyinae** | | |
| 鲢 *Hypophthalmichthys molitrix*<br>俗名：白噬、鲢子、扁鱼<br> | • 体长 339～506mm；体侧扁，呈银白色，无斑纹；下咽齿 1 行，4-4，勺形；鳃耙呈海绵状，有螺旋形的鳃上器；头长约为体长的 1/4<br>• 鳞小，侧线完全，前端向腹面弯曲，至腹鳍后延至尾柄正中。侧线鳞 108～120<br>• 从胸部到肛门之间有发达的腹棱 | 广泛分布于我国各大水系。喜生活在水体的中、上层，性活泼。幼鱼以浮游动物为食，成鱼则主要摄取浮游植物。生殖季节在 4～7 月，产漂流性卵 |
| 鳙 *Aristichthys nobilis*<br>俗名：花鲢、胖头鱼、黑鲢<br>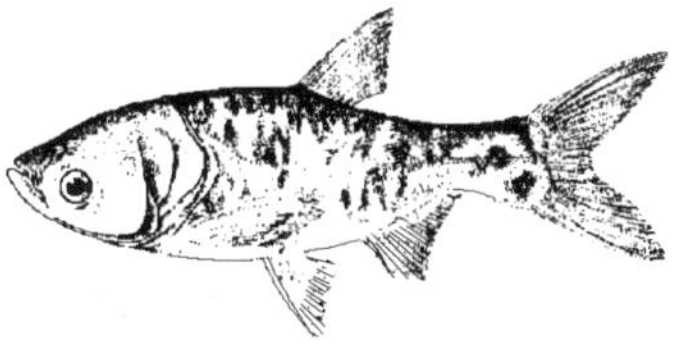 | • 全长 450～600mm；头大而圆，头长约为体长的 1/3，鳃耙细密但互不相连，呈叶状；有发达的鳃上器；下咽齿 1 行，4-4<br>• 腹棱不完全，仅自腹鳍基部至肛门前<br>• 胸鳍较长，后伸远超过腹鳍基部<br>• 鳞小，侧线完全，前段稍弯向腹面，至臀鳍后较平直，向后延至尾柄正中，侧线鳞 96～110 | 在长江干流及其支流中有分布。多生活于流水或较大静水水体的中上层，主要以浮游动物、植物为食。生殖季节一般为 5～6 月。产漂流性卵 |

续表

| 种名 | 主要特征 | 生活习性 |
| --- | --- | --- |
| **5. 鲤亚科 Cyprininae** | | |
| 岩原鲤 *Procypris rabaudi*<br>俗名：岩鲤、黑鲤鱼、墨鲤<br>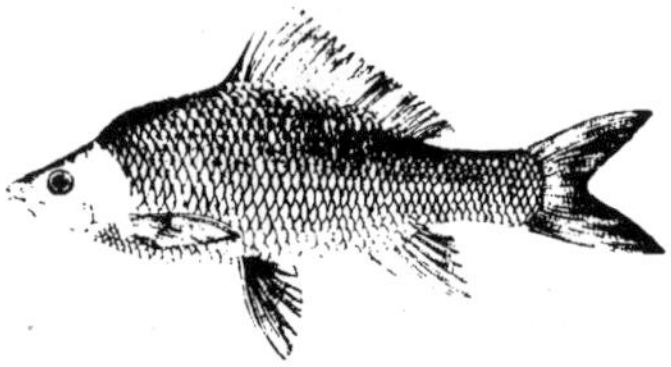 | • 全长 137～650mm，体侧扁。头短小，呈锥形；吻短而钝；口小，亚下位；具 2 对发达的须。下咽齿 3 行，呈匙形<br>• 背鳍与臀鳍中最长的棘后有锯齿。D. Ⅳ-16～21，A. Ⅲ-5<br>• 侧线鳞 42～45 | 分布于长江上游干支流。大多栖息在水流较缓、底质多岩石的水体底层。为杂食性鱼类。主食底栖无脊椎动物，其次是腐烂的高等植物碎片。2～4 月繁殖，分批产卵，卵具黏性，常黏附在石砾上孵化 |
| 鲤 *Cyprinus carpio*<br>俗名：鲤拐子、鲤鱼<br>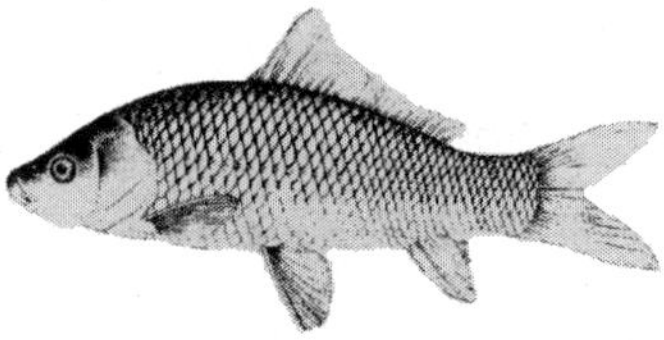 | • 全长 100～350mm，口部有 2 对须，咽喉齿 3 行<br>• 背鳍与臀鳍中最长的棘后有锯齿；D. Ⅲ-15～22，A. Ⅲ-5<br>• 侧线鳞 33～39 | 广泛分布于江河、水库及湖泊等水体。属底栖、杂食性鱼类，生殖季节为 3～5 月。属分批产卵型，卵具黏性，黏附在水草或其他物体上发育孵化 |
| 鲫 *Carassius auratus*<br>俗名：鲫壳、鲫鱼<br>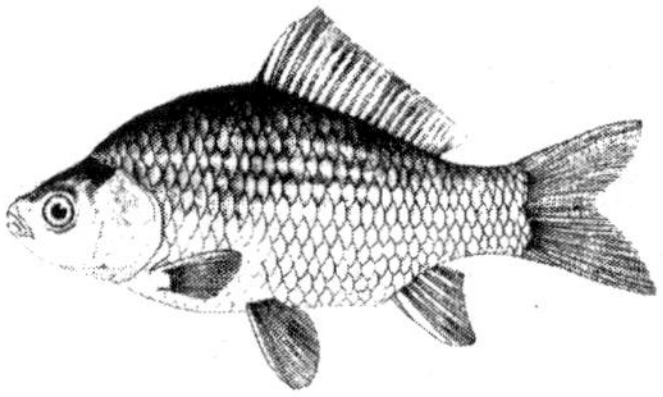 | • 全长 75～320mm；口端位，头部无须；咽喉齿 1 行<br>• 背鳍与臀鳍中最长的棘后缘有锯齿；D. Ⅲ-16～18，A. Ⅲ-5～6<br>• 侧线鳞 28～30 | 广泛分布于江河、水库及湖泊等水体。杂食性，主要摄取有机碎屑、藻类和水生维管束植物的嫩叶，也食枝角类、桡足类、摇蚊幼虫和虾等。生殖期主要在 3～4 月。黏性卵，黏附在水草上进行发育孵化 |
| **6. 鳑鲏亚科 Acheilognathinae** | | |
| 中华鳑鲏 *Rhodeus sinensis*<br>俗名：菜板鱼<br>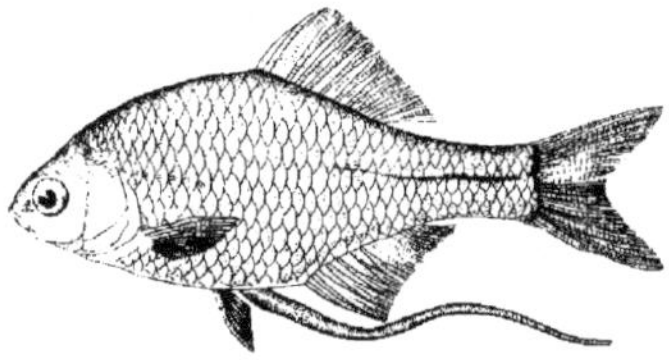 | • 全长 52～67mm；体侧扁，头小；标准长为体高的 2.3 倍以上；无须；下咽齿 1 行，齿面平滑<br>• 侧线不完全，仅前面的 3～7 片鳞上具侧线孔<br>• 生殖季节雄鱼色彩异常鲜艳，吻部及眼眶周缘具珠星。雌鱼具长的产卵管 | 广泛分布于长江、珠江等水系。常以藻类和植物碎屑为食，繁殖期为 4～5 月。卵产于蚌类的鳃瓣中孵化 |

续表

| 种名 | 主要特征 | 生活习性 |
| --- | --- | --- |
| 高体鳑鲏 *Rhodeus ocellatus*<br>俗名：鳑鲏<br>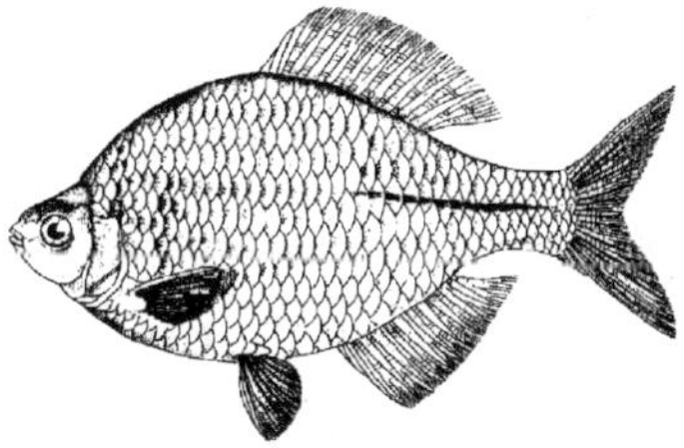 | • 全长 65～84mm；标准长为体高的 2～2.3 倍；体扁薄，呈卵圆形；无须；下咽齿 1 行，齿面平滑<br>• 侧线不完全，仅在前面 4～6 片鳞上具有侧线孔 | 主要分布于长江干流及其支流、水库、池塘等水体的浅水区。常以藻类和植物碎屑为食。繁殖期为 4～5 月，此期雄鱼色彩异常鲜艳，吻部及眼眶周缘具珠星。雌鱼具长的产卵管。卵产于蚌类的鳃瓣中孵化 |
| 兴凯鱊 *Acheilognathus chankaensis*<br>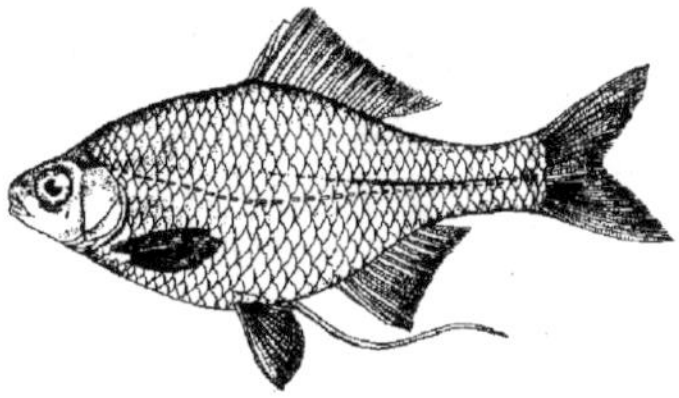 | • 全长 70～80mm；体高而侧扁，外形略呈长圆形；无须；下咽齿 1 行，5-5<br>• 侧线完全 | 西南地区见于岷江、安宁河、嘉陵江等水系，国内还广泛分布于东北、华北等地水域。食物主要是藻类、植物碎屑以及浮游动物等。生殖季节在 5～6 月。雌鱼有灰色产卵管，产卵季节产卵管变长，向后延伸，末端可超过尾鳍末端。雄鱼臀鳍外缘镶有较宽的深黑色饰边。卵产于蚌类的鳃瓣中孵化 |
| **7. 鲌亚科 Cultrinae** | | |
| 张氏餐（黑尾餐）*Hemiculter tchangi*<br>俗名：黑尾<br>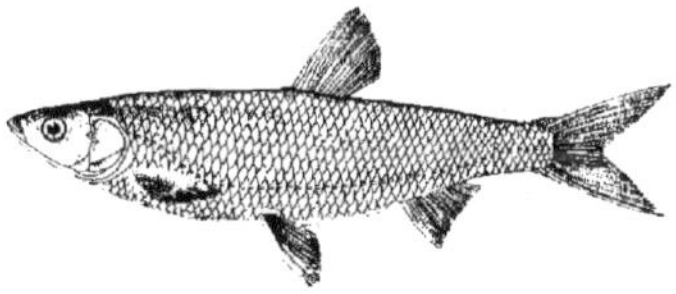 | • 全长 104～135mm；体长形，侧扁。腹棱自胸鳍基部后端至肛门前<br>• 侧线完全，在胸鳍上方显著向下弯曲。侧线鳞 49～51<br>• 背鳍外缘微凸，末根不分枝鳍条为光滑的硬刺；尾鳍边缘深黑色 | 广泛分布于长江水系。为中上层鱼类。食性杂，以藻类、植物碎屑、水生昆虫及甲壳类等为食。生殖季节在 5～7 月。卵具黏性 |
| 半餐 *Hemiculterella sauvagei*<br>俗名：蓝片子、蓝刀皮<br> | • 全长 80～146mm；体延长，侧扁；口端位；无须<br>• 侧线完全，在胸鳍上方显著向下弯曲；侧线鳞 51～56<br>• 从腹鳍至肛门前有明显的腹棱 | 分布于长江、珠江水系。中上层鱼类，食性杂 |

续表

| 种名 | 主要特征 | 生活习性 |
| --- | --- | --- |
| 翘嘴红鲌 *Erythroculter ilisaeformis*<br>俗名：翘壳、翘嘴巴、鸭嘴子<br>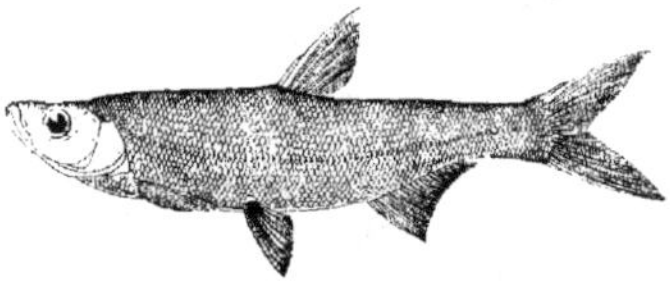 | • 全长 229～352mm；体长，侧扁，头后背部稍隆起；口上位，口裂几乎与体轴垂直<br>• 腹棱自腹鳍基至肛门；背鳍具硬刺<br>• 侧线完全，较平直；侧线鳞 83～93 | 分布于长江干流及其支流。为中上层鱼类，性凶猛，主要以鱼类为食 |
| 蒙古红鲌 *Erythroculter mongolicus*<br>俗名：红梢、红尾、齐嘴红梢<br>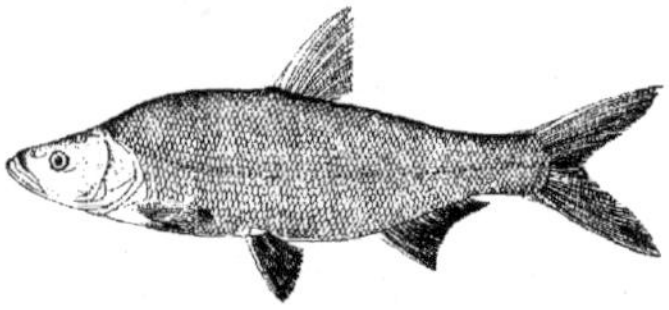 | • 全长 216～248mm；体长形，侧扁，头较长，背面平坦，头后背部稍隆起<br>• 腹鳍基部至肛门前有腹棱，口端位<br>• 侧线平直，侧线鳞 73～79；背鳍具光滑硬刺 | 分布于全国各主要水系。为中上层鱼类，生活于水流缓慢的河湾、湖泊。性凶猛，捕食小鱼和虾。5～7 月在流水中产卵。受精卵黏附在石块或其他物体上孵化 |
| 红鳍鲌 *Culter erythropterus*<br>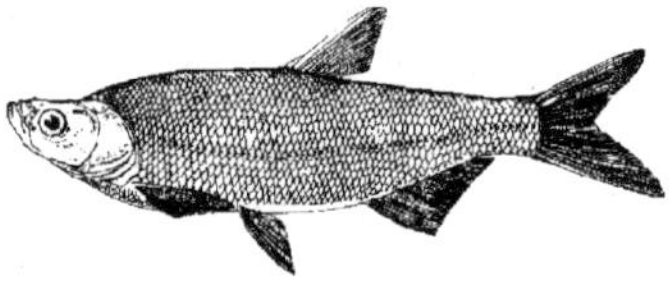 | • 全长 128～223mm；体长，侧扁，头后背部显著隆起；口上位<br>• 自胸鳍基部至肛门有明显的腹棱；背鳍具粗壮的硬刺<br>• 侧线完全，平直，中部略向下弯曲；侧线鳞 62～68 | 分布极广，全国主要水系均产。栖息于湖泊水草茂盛处或江河缓流区。肉食性，主要捕食小鱼，亦食无脊椎动物。产卵期 5～6 月，受精卵常黏附在水草上发育孵化 |
| 鳊 *Parabramis pekinensis*<br>俗名：鳊鱼，长春鳊，草鳊<br>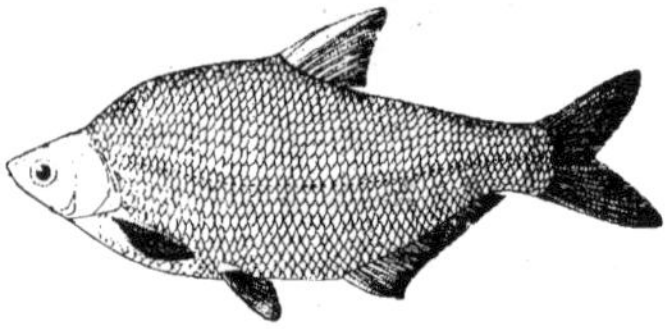 | • 全长 138～359mm；外形呈长菱形。腹棱完全；头短小，略呈三角形；口端位，口裂倾斜。眼较大，位于头侧前半部上方<br>• 背鳍起点在身体的最高处，末根不分枝鳍条为光滑硬刺<br>• 侧线完全，平直；侧线鳞 53～60 | 广布于国内各大水系。在静水或流水中都能生长，一般在生活于水体中、下层。为草食性鱼类，主要食物有水草、硅藻、丝状藻等，亦食少量浮游生物和水生昆虫。产卵盛期为 5～6 月，于流水中产浮性卵 |
| 厚颌鲂 *Megalobrame pellegrini*<br>俗名：三角鲂、三角鳊<br>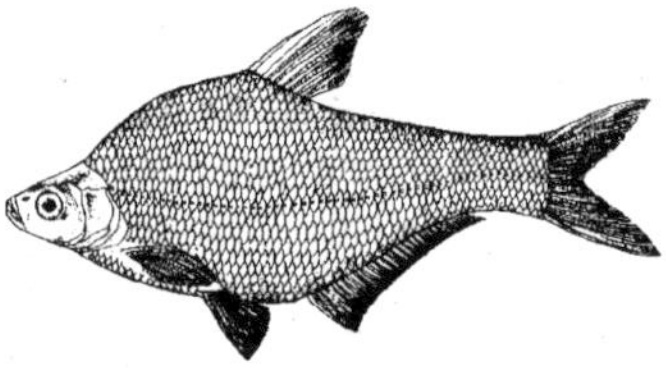 | • 体高，侧扁，体呈菱形；头小、口小，斜裂，口端位，上下颌表面角质化；腹棱自腹鳍基部至肛门；无须<br>• 背鳍最后 1 根不分枝鳍条为粗壮光滑的硬刺；臀鳍基部长，无硬刺<br>• 侧线完全，较直；侧线鳞 50～59 | 为长江上游地区的特有鱼类。属杂食性鱼类。生殖季节在 5～6 月，在有水草和微流水的近岸区或有石砾的河滩上产卵，卵具黏性，附着在水草或石砾上发育孵化 |

续表

| 种名 | 主要特征 | 生活习性 |
|---|---|---|
| **8. 鮈亚科 Gobioninae** | | |
| 唇䱻 *Hemibarbus labeo*<br>俗名：土风鱼、重唇鱼<br>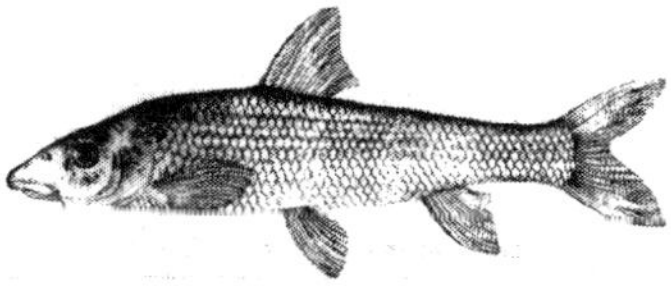 | • 全长 100～412mm；体稍侧扁，腹部圆；吻长显著大于后头长；口下位，呈马蹄形，下唇两侧叶宽阔；成鱼体侧无明显斑点；具须 1 对；下咽齿 3 行<br>• 侧线完全，平直；侧线鳞 47～50<br>• 背鳍末根不分枝鳍条为粗壮硬刺 | 分布于全国各主要水系。中、下层鱼类。生活在江河流水中。主食水生昆虫和软体动物，生殖季节在 4～5 月 |
| 麦穗鱼 *Pseudorasbora parva*<br>俗名：罗汉鱼<br>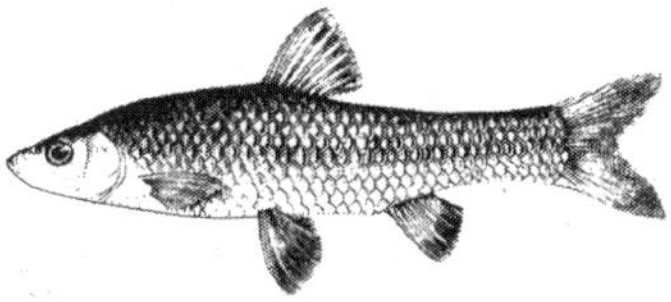 | • 全长 88～113mm；头小，略尖，吻部略平扁；口上位；无须；下咽齿 1 行<br>• 背鳍无硬刺，分枝鳍条 7 根<br>• 侧线完全，平直，侧线鳞 35～45 | 为江河、湖泊、池塘等水体中常见的小型鱼类。生活在浅水区。杂食，主食浮游动物。产卵期 4～6 月。卵椭圆形，具黏性，孵化期雄鱼有守护的习性 |
| 黑鳍鳈 *Sarcocheilichthys nigripinnis*<br>俗名：花鱼、花花媳妇<br>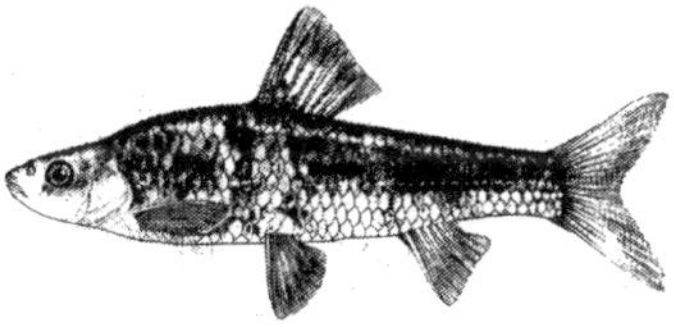 | • 全长 78～86mm；体稍侧扁；口下位；下颌角质边缘较薄，下唇两侧叶狭长，前伸几达下颌前缘；无须；下咽齿 2 行<br>• 背鳍无硬刺，分枝鳍条 6 根<br>• 侧线完全，平直，侧线鳞 38～40；背鳍起点至吻端距离较其至尾鳍基部距离短 | 分布于黄河以南各水系。为江河、湖泊中常见的小型鱼类。多栖息于水体中下层，以水生无脊椎动物和藻类为食。生殖期间雄鱼体色鲜艳，雌鱼产卵管延长 |
| 华鳈 *Sarcocheilichthys sinensis*<br>俗名：花鱼<br> | • 全长 137～145mm；体稍侧扁，体侧有 4 条垂直的宽黑斑；口下位；下颌前缘具发达的角质；下咽齿 1 行；口角具须 1 对<br>• 侧线完全，平直，侧线鳞 38～40 | 分布于全国各主要水系。为江河、湖泊中常见的小型鱼类。多栖息于水体中下层。食底栖无脊椎动物、着生藻类及植物碎屑。生殖季节雄鱼头部出现白色珠星，体色浓黑。雌鱼具短的产卵管。3～5 月产卵 |
| 棒花鱼 *Abbottina rivularis*<br>俗名：爬虎鱼、沙锤<br> | • 全长 88～136mm，体粗壮；口下位；唇厚，上唇的褶皱不显著；下唇侧叶光滑而较长，在口角处与上唇相连。下咽齿 1 行；口角须 1 对，短而粗<br>• 鳞片圆形，胸鳍基部前方裸露无鳞；侧线完全，较平直，侧线鳞 35～38 | 分布于全国各主要水系及湖泊、沟塘中。为小型鱼类，生活在静水或流水的底层。主食无脊椎动物。1 龄鱼性成熟，4～5 月繁殖，在沙底掘坑为巢，产卵其中，雄鱼有筑巢和护巢的习性 |

续表

| 种名 | 主要特征 | 生活习性 |
|---|---|---|
| 铜鱼 *Coreius heterodon*<br>俗名：尖头、水密子、尖头棒、尖头水密子、竹鱼<br> | • 全长 251～335mm；口下位；唇较厚，简单，光滑；须 1 对，粗长，超过前鳃盖后缘或达胸鳍基部；下咽齿 1 行<br>• 背鳍短小，外缘内凹，无硬刺，分枝鳍条 7 根<br>• 鳞片略小，侧线完全，较平直；侧线鳞 52～57 | 分布于长江和黄河水系。栖息于江河流水环境的下层，习惯于集群游弋。为杂食性鱼类。主食淡水壳菜、螺蛳等软体动物，也食高等植物碎片和硅藻。繁殖季节为 4～6 月。多在水流湍急的河滩上产漂流性卵 |
| 吻鮈 *Rhinogobio typus*<br>俗名：秋子、鳅儿棒<br> | • 全长 120～315mm；头长，呈圆锥形；吻长，显著向前突出；口下位，弧形；具须 1 对；唇厚，简单，无乳突；下颌无角质边缘；下咽齿 2 行<br>• 鳞片较小，侧线完全、平直。侧线鳞 47～49 | 主要分布于长江中上游干支流和闽江水系。为水体底层生活鱼类。主要以底栖无脊椎动物为食，也食藻类和有机碎屑。繁殖季节 3～4 月 |
| 蛇鮈 *Saurogobio dabryi*<br>俗名：船钉子<br>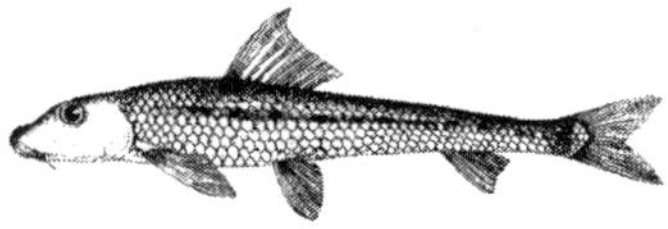 | • 全长 118～176mm；体圆筒形，尾柄显著延长；口下位；具须 1 对；下咽齿 1 行；唇发达，具显著小乳突，下唇后缘游离；吻长大于眼后头长<br>• 鳞片圆形；侧线完全，很平直，侧线鳞 47～49。胸部裸露 | 全国主要水系均产。生活于江河、湖泊的底层，食底栖无脊椎动物。繁殖期 4～6 月，产漂流性卵 |
| **9. 鲃亚科 Baribinae** | | |
| 中华倒刺鲃 *Barbodes sinensis*<br>俗名：青波、乌鳞<br> | • 全长 90～301mm；体略侧扁；口亚下位；有须 2 对<br>• 背鳍最后一根不分枝鳍条为粗壮的硬刺，后缘具锯齿；在背鳍起点处向前有一平卧的倒刺，埋于皮内<br>• 侧线鳞 29～34 | 分布于长江上游。栖息于底质多石的流水中。杂食性鱼类，多以高等植物的碎屑、藻类水生昆虫以及淡水壳菜等为食。4～6 月为繁殖季节。通常在水流湍急的江河底部产卵，卵具弱黏性 |
| **10. 野鲮亚科 Labeoninae** | | |
| 华鲮 *Sinilabeo rendahli*<br>俗名：青龙棒、桃花棒、野鲮鱼、青衣子<br> | • 全长 133～252mm；体长呈棒状，尾柄高且厚；口较宽、下位；下咽齿 3 行；须 2 对<br>• 背鳍最后一根不分枝鳍条无硬刺<br>• 侧线鳞 45～49 | 分布于长江上游干流、雅砻江、沱江、嘉陵江、岷江及乌江下游等水系。食物主要是藻类，也食高等水生植物嫩叶及有机碎屑，有时也食水生昆虫幼虫和甲壳动物。产卵期多在 3～5 月，常在急流的乱石环境中产卵，受精卵具黏性 |

续表

| 种名 | 主要特征 | 生活习性 |
|---|---|---|
| **11. 裂腹鱼亚科 Schizothoracinae** | | |
| 齐口裂腹鱼 *Schizothorax prenanti*<br>俗名：雅鱼、齐口、细甲鱼<br> | • 全长 74～305mm；口下位，下咽齿 3 行；有须 2 对，吻须较长，约等于眼径；下颌具发达的角质，边缘锐利<br>• 背鳍刺甚弱，臀鳍分枝鳍条为 5 根；颊部以后的腹部具鳞片；体被细鳞，肛门和臀鳍基部两侧各有一列大型臀鳞，在两列臀鳞之间的腹中线上形成一条裂缝，故名"裂腹鱼" | 分布于长江上游、金沙江、岷江、大渡河、乌江的下游、酉水和汉江任河的上游。属冷水性、底栖鱼类。常生活于水流湍急，含氧量高的山区河流中，刮食岩石上的着生藻类。生殖季节一般在 3～4 月，多在急流浅滩上产卵 |
| **12. 鳅鮀亚科 Gobiobotinae** | | |
| 宜昌鳅鮀 *Gobiobotia yichangensis*<br>俗名：沙婆子、石虎鱼<br>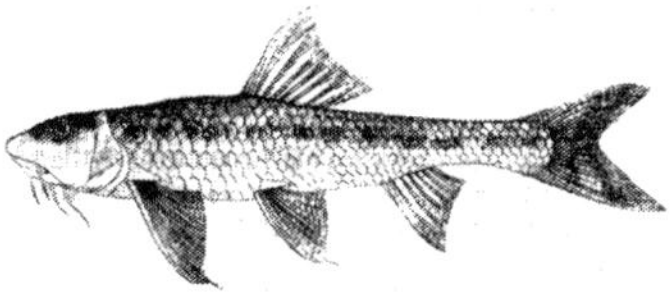 | • 全长 94～120mm；体长形，尾柄细长；口下位；须 4 对；下咽齿 2 行；眼较小，眼径小于眼间距<br>• 鳞片较大，圆形；侧线平直，侧线以上各鳞片均有棱脊；腹鳍基部之前的胸腹部裸露 | 分布于长江干流、沱江、岷江、嘉陵江、赤水河、大宁河等水系。栖息于江河的底层，主食无脊椎动物 |
| **（四）平鳍鳅科 Homalopteridae** | | |
| 犁头鳅 *Lepturichthys fimbriata*<br>俗名：长尾鳅、细尾鱼、铁扫把<br> | • 头部平扁，形似犁头；吻须 2 对，口角须 3 对；上、下唇均具流苏状乳突；体鳞细小，鳞片上一般具刺状疣突<br>• 尾柄特别细长，呈细鞭状；尾柄高度小于眼径<br>• 胸鳍较宽，呈扇形，平展，其起点在眼后缘垂直线之后，末端远不及腹鳍起点。尾鳍叉形 | 分布于长江干流及其支流。底栖性小型鱼类。以固生藻类为食。生殖季节在 4～6 月，在水流湍急的峡谷江段产漂流性卵 |

续表

| 种名 | 主要特征 | 生活习性 |
| --- | --- | --- |
| **五、鲇形目 SILURIFORMES** | | |
| **（一）鲇科 Siluridae** | | |
| 鲇* *Silurus asotus*<br>俗名：鲇巴郎、土鲇<br>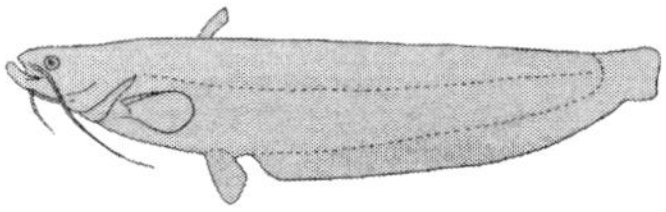 | • 全长147～523mm；吻短而宽圆，吻长显著小于眼后头长；口亚上位，口裂末端达眼前缘垂线；犁骨齿连成一带状；须2对<br>• 全身裸露无鳞，侧线完全，平直；无脂鳍；背鳍1个，甚小，呈丛状，无硬刺，鳍条4～6根；臀鳍长，具77～83根分枝的软鳍条，胸鳍前缘有明显锯齿 | 分布于长江干流及其支流。喜底栖，昼伏夜出。肉食性。产卵期在3～7月。卵具强黏性，于水草上、礁石上发育孵化 |
| 南方鲇 *Silurus meridonalis*<br>俗名：河鲇、鲇巴郎<br> | • 全长为203～393mm；口裂末端超过眼前缘垂线；犁骨齿不相连，分成2团；须2对<br>• 全身裸露无鳞；无脂鳍；背鳍1个，无硬刺，鳍条5～6根，臀鳍长，具76～81根分枝的软鳍条，胸鳍前缘粗糙或有微弱锯齿 | 分布于长江干流及其支流。肉食性，生长快，具有较大的经济价值。4～6月为产卵盛期。产卵场为急流浅滩，底质为砾石。卵沉性，具黏性，黏附在石块、砾石上发育 |
| **（二）鲿科 Bagridae** | | |
| 光泽黄颡鱼 *Pelteobagrus nitidus*<br>俗名：黄腊丁、尖嘴黄腊丁、白肚儿<br>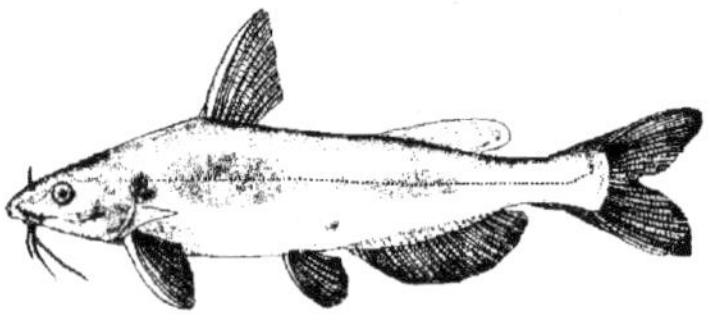 | • 全长124～126mm；口下位；上下颌及腭骨均具绒毛状细齿；须4对；体裸露无鳞<br>• 具脂鳍，背鳍具硬刺，其后缘具细锯齿；胸鳍具粗壮硬刺，前缘光滑，后缘锯齿发达；尾鳍深叉形，中央最短鳍条小于最长鳍条的1/2 | 分布于长江干流及其支流。中、下层生活。食水生昆虫和虾。4～5月在近岸浅水区产卵。生殖时，雄鱼在水底掘成锅底形圆穴，上面覆盖水草，雌鱼产卵于穴中，雄鱼守候穴旁保护鱼卵发育 |
| 长吻鮠 *Leiocassis longirostris*<br>俗名：江团、习鱼<br>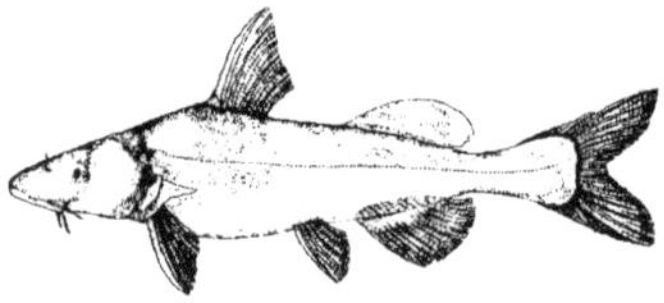 | • 全长222～405mm，体较粗壮；吻尖而突出；口下位；唇厚，上下唇在口角处联合；须4对<br>• 背鳍具发达硬刺，其后缘具锯齿；胸鳍有粗壮硬刺，前缘光滑，后缘具粗壮锯齿；具脂鳍<br>• 全身裸露无鳞，侧线较平直 | 国内分布于辽河、淮河、长江、闽江至珠江等水系。一般生活于江河的底层，觅食时也在水体的中、下层活动。为肉食性鱼类，主要食物为小型鱼类和水生昆虫。繁殖季节4～6月，多在底质为砂、砾石的缓流水滩上产卵，卵具黏性 |

续表

| 种名 | 主要特征 | 生活习性 |
|---|---|---|
| 大鳍鳠 *Mystus macropterus*<br>俗名：石板头，石扁头、江鼠<br>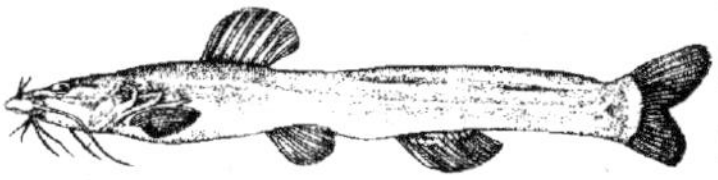 | • 全长 101～290mm，体延长。口亚下位，口裂宽；须 4 对；上下颌及腭骨均具绒毛状细齿；体裸露无鳞<br>• 背鳍具硬刺，后缘光滑；胸鳍刺发达，前缘具小锯齿，后缘具粗锯齿；尾鳍凹形，上叶稍长于下叶 | 广泛分布于长江干流及其支流。多在江河流水，底质多砾石的环境中生活。底栖、肉食性，主要以底栖无脊椎动物为食。6～7 月为生殖季节，流水滩上产黏性卵 |
| **（三）鮡科 Sisoridae** | | |
| 黄石爬鮡 *Euchiloglanis kishinouyei*<br>俗名：石爬子、石斑鮡、石爬鮡<br> | • 全长 152～235mm；全身棕黄色带浅绿色，腹部黄白色；头宽阔，扁平；口裂较宽，下位，横裂状；唇厚，肉质，其上有许多小乳突；须 4 对<br>• 背鳍短小，外缘截形，无硬刺；胸鳍发达，基部宽厚，肉质，末端圆形，后伸不达腹鳍起点；尾鳍呈截形；脂鳍较高而长，末端不与尾鳍相连<br>• 全身裸露无鳞，侧线完全、平直 | 分布于四川、云南、甘肃、陕西、青海等省的山区水域。属底栖性鱼类，常生活于多砾石、水流湍急的河段。主要以水生昆虫及其幼虫为食。生殖季节在 9～10 月，常在急流乱石滩上产黏性卵 |
| **六、合鳃鱼目 SYNBRANCHIFORME** | | |
| **合鳃鱼科 Synbranchidae** | | |
| 黄鳝* *Monopterus albus*<br>俗名：鳝鱼、血鳝<br>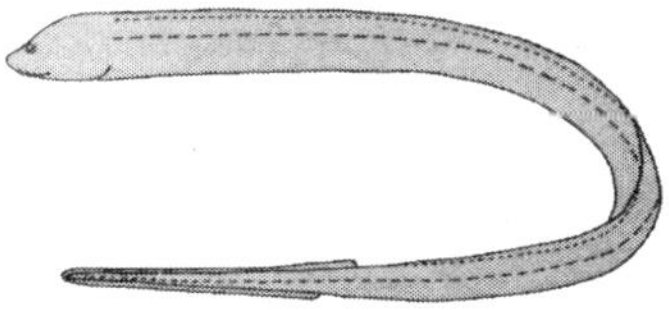 | • 全长 397～643mm；体细长呈蛇形，前段呈圆筒形；体表光滑无鳞<br>• 上、下颌及腭骨具细齿；左右鳃孔在腹面连合，呈一“V”字形裂缝<br>• 无偶鳍，奇鳍退化 | 广泛分布于长江干支流及稻田、湖泊、水库等水体。口腔及咽喉的黏膜上富有血管，能进行空气呼吸。肉食性鱼类，主要以水生无脊椎动物为食。4～8 月产卵，雌雄亲鱼有护卵的习性 |
| **七、鲈形目 PERCIFORMES** | | |
| **（一）鮨科 Serranidae** | | |
| 大眼鳜 *Siniperca kneri*<br>俗名：母猪壳、刺薄鱼、桂花鱼、鳜鱼<br> | • 全长 114～335mm；口大，端位，稍倾斜。下颌突出于上颌之前；上颌、下颌、犁骨、腭骨均具绒毛状细齿<br>• 背鳍两个，相连，前部约 2/3 为鳍棘，后部约 1/3 为鳍条组成；尾鳍后缘近截形<br>• 体被圆鳞，鳃盖上有小鳞 | 分布于长江流域及淮河中、下游地区。生活于江河水体的中、下层，性凶猛，主要猎食鱼、虾和水生昆虫。繁殖期 5～7 月，通常在沙砾底质处的流水中产卵 |

续表

| 种名 | 主要特征 | 生活习性 |
| --- | --- | --- |
| （二）鰕虎鱼科 Gobiidae | | |
| 子陵栉鰕虎 *Ctenogobius giurinus*<br>俗名：朝天眼、老虎鲨、肉棒棒鱼等<br>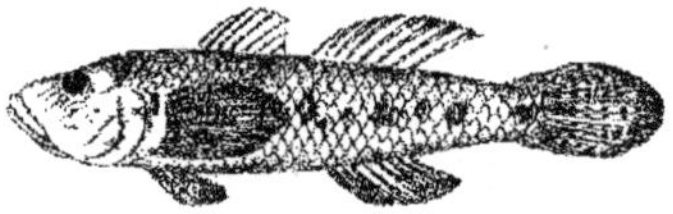 | • 全长 41～108mm；鱼体前部呈圆筒形，后部侧扁；吻钝，口大、斜裂，上下颌具数行细牙；眼上位<br>• 头部、胸部、颊部裸露无鳞，背部和腹部被圆鳞；余部被栉鳞<br>• 左右腹鳍愈合成吸盘，尾鳍圆形 | 广泛分布于全国各大水系。多生活于江河、小溪、水库、池塘、稻田等水体中。主要以水生昆虫、鱼卵等为食。4～6 月为繁殖期，受精卵以黏丝附着在石砾或其他硬物上孵化 |
| （三）鳢科 Channidae | | |
| 乌鳢 *Ophicephalus argus*<br>俗名：乌鱼、乌棒<br>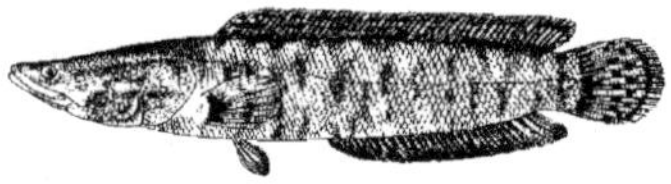 | • 全长 225～348mm；体略呈圆筒状；头尖，稍平扁；口裂斜伸至眼后；上下颌具尖齿；头部覆盖鳞片<br>• 背、臀鳍基部很长；胸鳍、尾鳍圆形，腹鳍小<br>• 侧线在臀鳍起点上方下弯或折断，前段在体侧上部，后段位于体侧中部 | 广泛分布于全国各大水系。营底栖性鱼类，通常栖息于水草丛生、底泥细软的静水或微流水中，遍布于湖泊、江河、水库、池塘等水域内。为凶猛的肉食性鱼类。产卵盛期为 5～6 月。产浮性卵 |

* 表示图片来自《中国淡水鱼类检索》（朱松泉，1995）；其余图片来自《四川鱼类志》（丁瑞华，1994）。

# 3.5　渔获物统计与分析

## 3.5.1　渔获物的统计

统计每次采样及单片网各种渔获物的质量和数量（表 3-4）。

**表 3-4　实习水域渔获物统计表**

| 日期： | | | 采集地： | | 渔具： | |
| --- | --- | --- | --- | --- | --- | --- |
| 天气： | | | 气温： | | 水温： | |
| 备注 | | | | | | |
| 种名 | 体长/mm | 质量/g | 占渔获物总质量的比例/% | 数量/条 | 占总渔获物数量的比例/% | 相对重要性指数（IRI） |
| | | | | | | |
| | | | | | | |

## 3.5.2 数据分析

### 1. 渔获物结构

1）种类组成　可以通过列出名录的方式，分析采集到的渔获物的种类组成。

2）优势种　可以采用相对重要性指数（IRI）来表示渔获物的优势程度。

$$IRI = (N + W)F$$

式中，$N$ 为渔获物中各种类的数量百分数；$W$ 为各种类的质量百分数；$F$ 为各种类在采样期间出现的频率。

### 2. 渔获物的多样性分析

1）Shannon-Wiener 指数　Shannon-Wiener 指数用于反映群落的复杂程度。计算公式如下：

$$H' = -\sum_{i=1}^{S} P_i \ln P_i$$

式中，$S$ 为总的物种数；$P_i$ 为第 $i$ 物种个体数与所有物种个体总数的比值；$H'$ 为物种多样性指数。

2）Pielou 指数　Pielou 指数反映了群落中物种间个体均匀分布的程度。计算公式如下：

$$J = H' / H'_{max}$$

式中，$H'$ 为物种多样性指数；$H'_{max}$ 为 $\ln S$，$S$ 为总的物种数。

# 第4章　两栖类、爬行类动物实习

全世界现存的两栖类约有 6771 种（Frost，2011），我国现有记录 355 种（费梁等，2010），其中西南地区的两栖类尤为丰富，据初步统计，西南地区约有 200 余种（费梁等，2010），占全国种数的 56% 以上。全世界现有爬行类 9000 种以上，我国约有 431 种，其中西南地区有 180 种以上，约占全国种数的 42%。通过两栖、爬行动物的野外实习，主要达到以下目的：①初步掌握两栖、爬行动物的采集与标本制作方法；②初步了解野外识别两栖、爬行动物的方法；③了解两栖、爬行动物与环境的相互关系。

## 4.1　两栖类、爬行类识别的形态学基础

### 4.1.1　两栖类的分类术语

#### 1. 有尾目（CAUDATA）分类术语

**犁骨齿**：着生在犁腭骨上的细齿，其齿列的位置、形状和长短均具有分类学意义。

**唇褶**：颌缘皮肤肌肉组织的帘状褶。通常在上唇侧缘后半部、掩盖着对应的下唇褶，如山溪鲵属的物种。

**颈褶**：存在于颈部两侧及其腹面的皮肤皱褶，通常作为头部与躯干部的分界线。

**肋沟**：是指躯干两侧、位于两肋骨之间形成的体表凹沟。

**角质鞘**：一般指四肢掌、蹠及指、趾底面皮肤的角质化表层，呈黑棕色，如山溪鲵。

**卵鞘袋**：成熟卵在输卵管内向后移动时，管壁分泌的蛋白质将卵粒包裹后产出，蛋白质层吸水膨胀形成鞘袋状物，卵粒在袋内成单行交错排列。

#### 2. 无尾目（ANURA）分类术语

1）成体

**吻棱**：指吻背面两侧的线状棱。

**上颌齿**：指着生于上颌骨和前颌骨上的细齿。

**犁骨齿**：着生在犁骨上的 1 排或 1 团细齿，位于鼻孔内侧或后缘。犁骨齿的

有无、位置、形状大小可作为分类特征之一。

**声囊**：大多数种类的雄性，在咽喉部由咽部皮肤或肌肉扩展形成的囊状突起，称为声囊。外表不能观察到的为内声囊，反之为外声囊。外声囊又分为：①单咽下外声囊（位于咽喉部腹面的皮肤皱褶形成的 1 个松弛的泡状突囊），如雨蛙和泽陆蛙；②咽侧下外声囊（位于两口角腹面的皮肤皱褶形成的 1 对袋状突囊），如滇侧褶蛙；③咽侧外声囊（也称颈侧外声囊，指在紧靠两口角下缘后侧之皮肤皱褶所形成的 1 对袋状突囊），如黑斑侧褶蛙。内声囊也分单咽内声囊（指位于咽喉部腹面的肌肉褶形成的 1 弧状突囊），如峨眉角蟾，以及咽侧内声囊（指位于两口角腹面之肌肉褶形成的 1 对袋状突囊），如峨眉树蛙（*Rhacophorus omeimontis*）、中国林蛙等（图 4-1）。

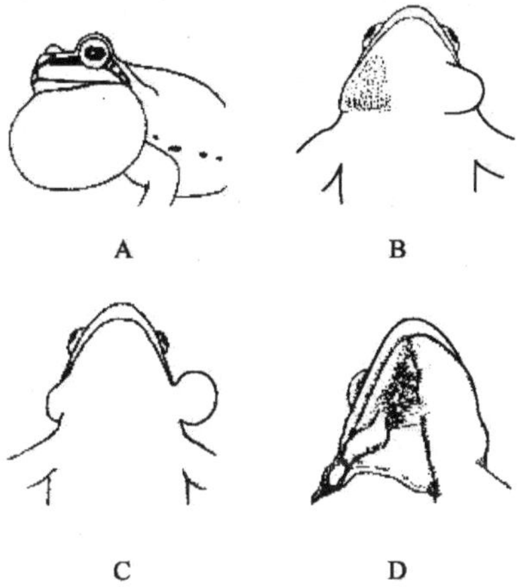


图 4-1　无尾两栖类的声囊
（费梁和叶昌媛，2001）
A. 单咽下外声囊（雨蛙）；B. 咽侧下外声囊（滇侧褶蛙）；C. 咽侧外声囊（黑斑侧褶蛙）；D. 咽侧内声囊（中国林蛙）

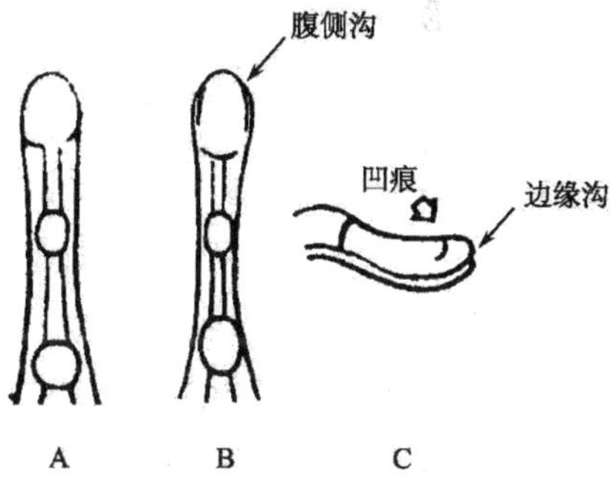


图 4-2　无尾两栖类指、趾端有或无沟
（费梁和叶昌媛，2001）
A. 指腹面无沟；B. 指腹面有腹侧沟；C. 趾端边缘沟和趾背面凹痕

**指、趾吸盘**：系指、趾末端扩大呈圆盘状，其底部增厚成半月形肉垫，可吸附于物体上。

**指、趾沟**：系指、趾吸盘腹面的凹沟，根据凹沟的位置，可分为：①边缘沟，凹沟位于吸盘边缘，从两侧缘一直贯通吸盘顶端，形成马蹄形，又称马蹄形沟，如雨蛙属、树蛙科（Rhacophoridae）的种类；②腹侧沟，凹沟位于吸盘腹面两侧，在吸盘顶端不贯通，如蛙科（Ranidae）中的臭蛙属、水蛙属的种类（图 4-2）。

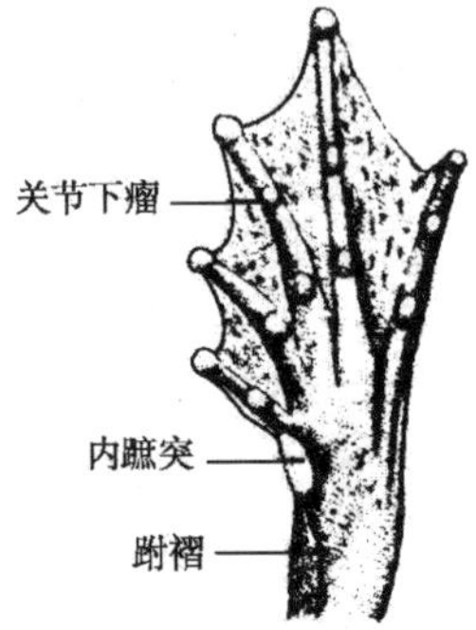

图 4-3　无尾两栖类的足部
（费梁和叶昌媛，2001）

**关节下瘤**：为指、趾底面的活动关节之间的褥垫状突起（图 4-3）。

**掌突与蹠突**：为掌和蹠底面基部的明显隆起，内侧者称为内掌突与内蹠突，外侧者称外掌突与外蹠突。其有无、形状大小及内外二者的间距，也是分类依据（图 4-3）。

**缘膜**：为指、趾两侧的膜状皮肤褶。

**蹼**：连接指与指或趾与趾之间的皮膜。指间一般无蹼，仅少数树栖的种类的指间有蹼，指间蹼主要以外侧 2 指，即第三指、第四指之间蹼的形态来区分。趾间一般都具蹼，蹼的发达程度因种类而异。趾间蹼以外侧 3 趾间蹼的形态来区分。

**雄性线**：雄体腹斜肌与腹直肌之间的带状结缔组织，呈白色、粉红色或红色；部分种类在背侧也有此线。大多存在于高等类群的种类中。

**颞褶**：自眼后经颞部背侧达肩部的皮肤增厚所形成的隆起。

**背侧褶**：在背部两侧，一般自眼后伸达胯部的 1 对纵走皮肤隆起。

**跗褶**：后肢跗部背、腹交界处的纵走皮肤隆起，分内跗褶和外跗褶（图 4-3）。

**耳后腺**：是指位于眼后至枕部两侧由皮肤增厚形成的明显的腺体。

**胸腺**：位于雄体胸部的 1 对扁平皮肤腺体；一般在繁殖季节明显，上面多被着生的棕褐或黑色角质刺团所掩盖。

**角质刺**：是皮肤局部角质化的衍生物，呈刺或锥状，多为黑色。其大小、强弱、疏密和着生部位因种而异。

**婚垫**：指雄体第一指基部内侧的局部隆起，少数种类的第二指、第三指内侧亦存在。

**婚刺**：指婚垫上着生的角质刺。

2）蝌蚪

**唇乳突**：口部周围具宽的薄唇，上唇、下唇两侧的会合处即为口角。唇游离缘上的乳突状小突起称为唇乳突（或唇缘乳突），唇乳突的多少及分布因类群不同而异（图 4-4）。

**副突**：位于口角内侧的若干小突起，称为副突（图 4-4）。

**唇齿及唇齿式**：上唇、下唇内侧一般具有横行的棱状突起，即唇齿棱，其上生长着密集的角质齿，称为唇齿。唇齿的行数和排列方式随种类的不同而有差异，可以用唇齿式来表示，如黑斑侧褶蛙蝌蚪的唇齿式为：Ⅰ：1＋1/1＋1：Ⅱ。斜线之上为上唇齿，第一排（外排）是完整的，用大写的罗马字母“Ⅰ”表示，第二排左右对称排列，各为 1 短行，即用“1＋1”表示。斜线之下为下唇齿，第一排（从内到外）是中央间断成左右两短行，用“1+1”表示；第二、三排是完整的，用大写的罗马字母“Ⅱ”表示（图 4-4）。

**角质颌**：指口部中央的上、下两片黑褐色角质结构，其游离缘有锯齿状突起（图 4-4）。

**舌前乳突**：位于口咽腔前部，即下颌片后方至舌原基前方之间的若干成对的小乳突。它们的形态（包括分枝）、数量及排列方式等均具有分类学意义。

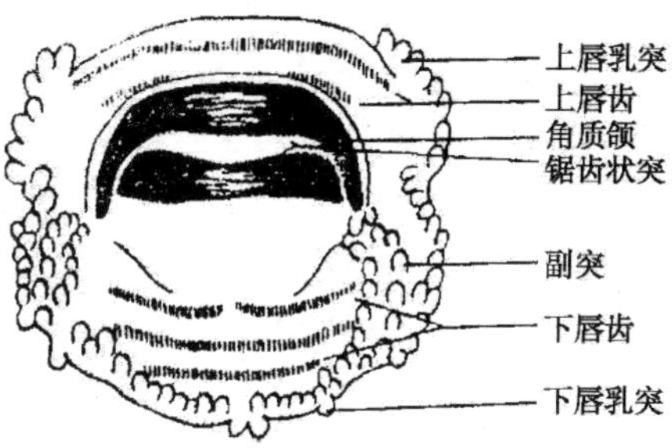


图 4-4　蝌蚪口部（黑斑侧褶蛙）
（费梁和叶昌媛，2001）

**出水孔**：指蝌蚪的外鳃被鳃盖褶包盖后，在体表保留的出水小孔，不同的类群其位置有所不同。例如，铃蟾科（Bombinatoridae）的种类其出水孔位于腹部中央，角蟾科（Megophryidae）和蛙科的种类其出水孔位于体的左侧，姬蛙科（Microhylidae）的种类其出水孔位于腹部后端中央。

尾末段的形态可分为 5 种类型：①细尖，如斑腿树蛙；②尖，如华西雨蛙；③钝尖，如宝兴树蛙；④钝圆，如隆肛蛙；⑤圆，如西藏蟾蜍（*Bufotibetanus*）。

3）两栖类的卵　这里简单介绍几种常见两栖类卵的类型（图 4-5）：①卵鞘袋，如小鲵科（Hynobiidae）种类的卵；②念珠状卵带，如大鲵的卵；③长管状胶质卵带，如中华蟾蜍的卵；④颗粒状群卵，如黑斑侧褶蛙的卵。

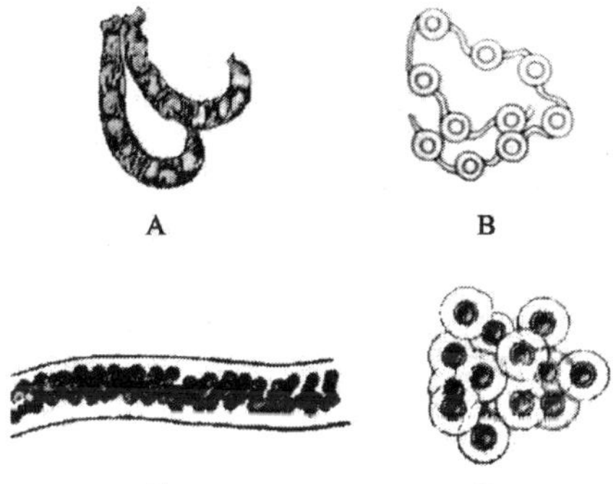


图 4-5　常见两栖类卵的类型
A. 小鲵科卵鞘袋；B. 大鲵念珠状卵带；
C. 蟾蜍卵带；D. 黑斑侧褶蛙卵

### 4.1.2　爬行类的分类术语

在野外实习过程中，最常见的是有鳞目（SQUAMATA）蜥蜴亚目（Lacertilia）和蛇亚目（Serpentes）的种类，因此，这里重点介绍与这两类相关的分类术语。

#### 1. 蜥蜴亚目的分类术语

蜥蜴鳞片的大小、形状、数目、排列和起棱情况，在不同的属、种有所不同，而且较为稳定。因此，根据鳞被的特征辅以其他外部形态结构（如鼻孔的位置、耳孔的大小、指趾的形态及结构，股窝、鼠蹊窝或肛窝的有无等）是通常鉴别蜥蜴属、种的方法。

1）头部的鳞片　　蜥蜴头部各鳞片的位置及名称如图 4-6 所示。

（1）头背的鳞片。

**吻鳞**：吻端中央的单片大鳞，一般比其两侧的上唇鳞宽而高，如较高时可从吻背看到。

**上鼻鳞**：紧接额鳞后方，左右鼻鳞之间的成对鳞片，有些种类无此鳞片。

**额鼻鳞**：吻鳞正后方的单枚鳞片，少数种类是成对的。

**前额鳞**：额鼻鳞后方的一对大鳞，彼此相接或分离，或多于一对，或为单枚。

**额鳞**：两眼之间的一枚长形大鳞，在额鼻鳞正后方。

**额顶鳞**：紧接额鳞后的一对大鳞。

**顶鳞**：额顶鳞之后的一对大鳞。

**顶间鳞**：额顶鳞与顶鳞之间的一枚大鳞，如有顶眼时，常位于此鳞上。

**颈鳞**：顶鳞后方一至数对宽大的鳞片，大于其后的背鳞。

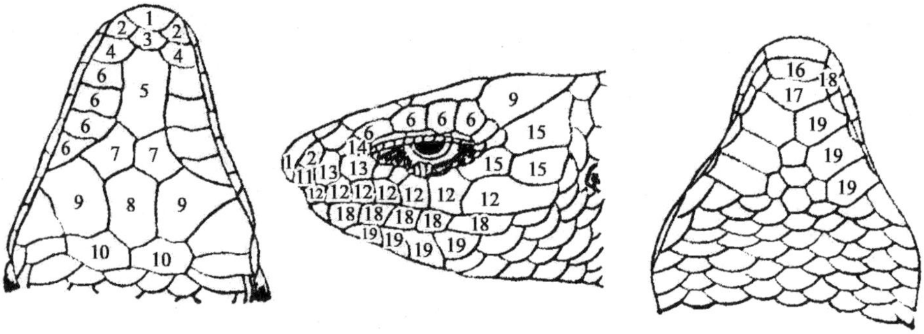


图 4-6　蜥蜴头部鳞被（四川省生物研究所两栖爬行动物研究室，1977）

A. 头部背面鳞被；B. 头侧面鳞被；C. 头腹面鳞被

1. 吻鳞；2. 上鼻鳞；3. 额鼻鳞；4. 前额鳞；5. 额鳞；6. 眶上鳞；7. 额顶鳞；8. 顶间鳞；9. 顶鳞；10. 颈鳞；11. 鼻鳞；12. 上唇鳞；13. 颊鳞；14. 上睫鳞；15. 颞鳞；16. 颏鳞；17. 后颏鳞；18. 下唇鳞；19. 颏片

（2）头部两侧鳞片。

**鼻鳞**：鼻孔周围的鳞片由 1～3 枚切鼻孔的鳞片组成。

**颊鳞**：鼻鳞或后鼻鳞之后的 1～2 枚鳞。

**眶上鳞**：额鳞与额顶鳞两侧的对称大鳞，位于眼眶上方，一般为 2～4 对，也有 5 对的。

**上睫鳞**：眶上鳞外缘的一排小鳞。

**颞鳞**：位于眼后颞部，在顶鳞和上唇鳞之间的鳞片；有的较大，并按一定秩序前后排列，相应的称为前（或初级）颞鳞、后（或次级）颞鳞，也有未分化出颞鳞者。

**上唇鳞**：吻鳞之后，沿上颌唇缘之鳞片。

（3）头部腹面的主要鳞片。

**颏鳞**：下颌前端正中的一枚大鳞，与吻鳞对应。

**后颏鳞**：颏鳞正后方不成左右对称的鳞片。前后排列，或单枚或不存在。

**下唇鳞**：自颏鳞之后，沿下颌唇缘之鳞片。

**颏片**：颏鳞（或后颏鳞）后方左右对称排列的大鳞，位下唇鳞内侧，通常为 2～4 对。

2）其他结构

**睑窗**：下眼睑中央的无鳞透明区，如滑蜥（图 4-7）。

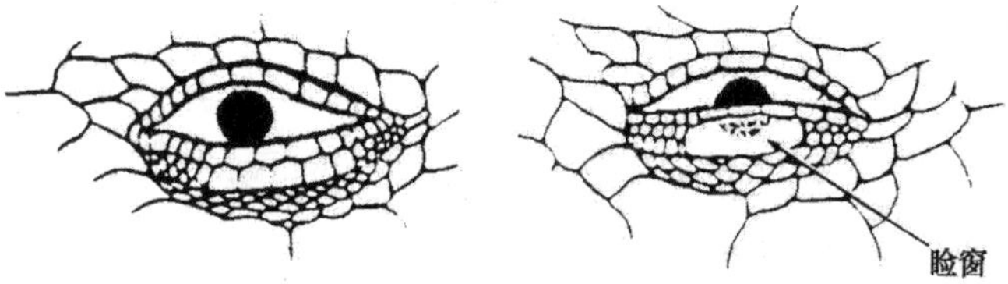


图 4-7　南滑蜥下眼睑被覆鳞片（左）和滑蜥属下眼睑的透明睑窗（右）
(Zhao and Kraig，1993)

**瓣突**：耳孔边缘鳞片突出部分所形成的叶状物，如石龙子科某些种。

**喉囊**：咽喉部皮肤突出所呈之囊状结构，如鬣蜥科某些属种。

**颈侧囊**：颈侧皮肤形成之囊状结构，如斑飞蜥。

**喉褶**：喉部横行皮肤褶，褶缘的鳞很细，如蜡皮蜥。

**领围**：喉部横行皮肤褶，褶缘具一排突出的大鳞，如蜥蜴属与麻蜥属的种类。

**肩褶**：在肩前所成之皮肤皱褶，如鬣蜥科某些属种。

**翼膜**：飞蜥体侧皮肤形成的膜状物，有肋骨支持借以作滑翔活动。

**肛前孔（窝）**：在肛前的部分鳞片上的小窝，此窝呈一横排，如壁虎科某些种（图 4-8）。

**鼠蹊孔（窝）**：在鼠蹊部的部分鳞片上的小窝，一至数对，如草蜥属的种类（图 4-8）。

**股孔（窝）**：在股部腹面部分鳞片上的小窝，由几对到几十对排列成行，如鬣蜥科某些属种（图 4-8）。

**指、趾扩张**：指、趾侧缘横向伸延，如壁虎科的种类。

**指、趾下瓣**：在指、趾腹面排列成行的皮肤褶襞，如壁虎科。

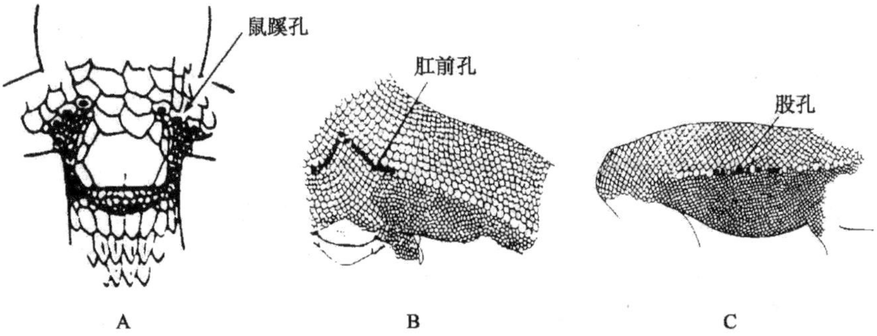


图 4-8　蜥蜴亚目各种特殊结构（Zhao and Kraig，1993）
A. 草蜥属的鼠蹊孔；B. 壁虎类的肛前孔；C. 壁虎类的股孔

**栉状缘**：指、趾侧缘的鳞片突出形成锯齿状结构，如沙蜥属。

3）鳞片的形态及排列方式

**方鳞**：身体腹面近于方形之大鳞，如蜥蜴科的腹鳞。

**圆鳞**：身体背腹面近于圆形之大鳞，游离缘呈弧形，一般呈覆瓦状排列，如石龙子科（图 4-9）。

**粒鳞**：鳞小而表面微凸的鳞片，略圆，平铺排列，如壁虎科（图 4-9）。

**疣鳞**：分布在粒鳞间的略大的疣状鳞片，如壁虎科（图 4-9）。

**棱鳞**：表面棱起呈纵脊的鳞片，如草蜥属的背鳞（图 4-9）。

**平鳞**：表面光滑无棱的鳞片（图 4-9）。

**尖鳞**：棱鳞的棱在鳞片游离缘向后尖出者。

**刺鳞**：扁平尖出，上翘如刺的鳞片。

**锥鳞**：鳞耸立呈圆锥状的鳞片。

**鬣鳞**：组成鬣蜥科颈鬣或背鬣的一列尖出的刺鳞或锥鳞。

**覆瓦状**：鳞片排列方式如覆瓦，前一鳞片后端覆盖于后一鳞片的前端。

**平砌**：鳞片排列彼此并列而不覆盖如砖砌。

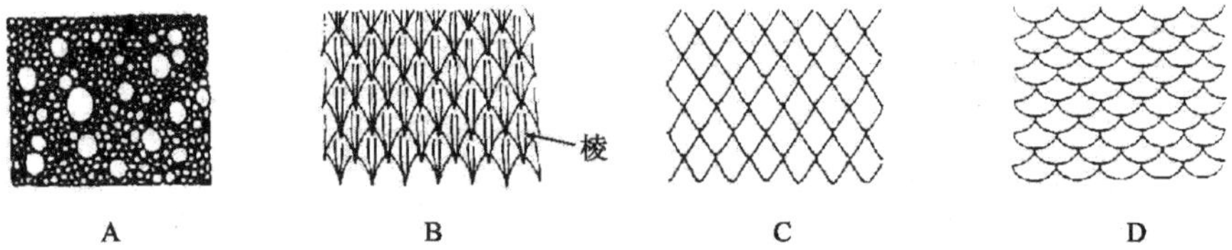


图 4-9　蜥蜴鳞片的几种类型（Zhao and Kraig，1993）
A. 粒鳞（中央有分散较大的疣鳞）；B. 棱鳞；C. 平鳞；D. 圆鳞

## 2. 蛇亚目的分类术语

蛇通身覆盖的鳞片，总称“鳞被”。鳞被特征是蛇亚目分类常用的依据。蛇类鳞被的各种鳞片如下。

1）头部的鳞片　　盲蛇科、蟒科、瘰鳞蛇科、蝰科的蝰属和烙铁头属，它们头部的鳞片或者特殊，或者都是一些小鳞片；其他蛇类头部的鳞片一般可作如下的区分（图 4-10）。

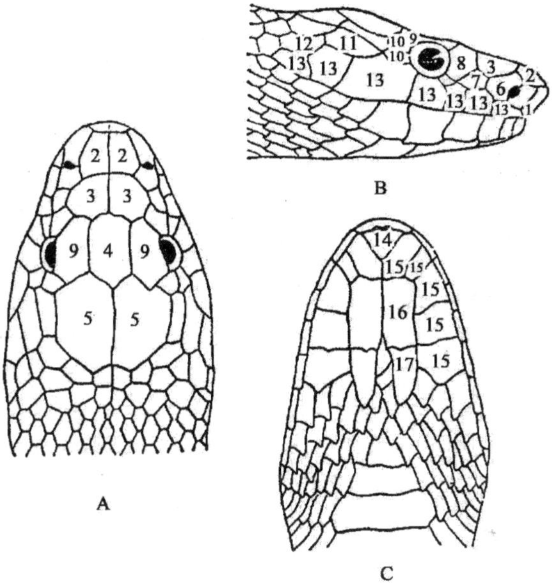


图 4-10　蛇头部鳞片（四川省生物研究所两栖爬行动物研究室，1977）

A. 头背面鳞片；B. 头侧面鳞片；C. 头腹面鳞片

1. 吻鳞；2. 鼻间鳞；3. 前额鳞；4. 额鳞；5. 顶鳞；6. 鼻鳞；7. 颊鳞；8. 眶前鳞；9. 眶上鳞；10. 眶后鳞；11. 前颞鳞；12. 后颞鳞；13. 上唇鳞；14. 颏鳞；15. 下唇鳞；16. 前颏鳞；17. 后颏鳞

（1）头背的鳞片。

**吻鳞**：位于吻端正中的一枚鳞片，其下缘（唇缘）一般有缺凹，口闭合时，细长而分叉的舌可经此缺凹伸出。从背面一般只能看见吻鳞的上缘，但小头蛇属的吻鳞甚高，且弯向吻背，从背面看到的部分较多。

**鼻间鳞**：介于左右两枚鼻鳞之间的鳞片，叫鼻间鳞。正常一对。有的种类没有（如两头蛇属）。有的只有一枚［黄腹杆蛇（*Rhabdops bicolor*）等］，水蛇属（*Enhydris*）只有一枚且位于彼此相切的一对鼻鳞之后。

**前额鳞**：鼻间鳞正后方的大鳞。正常一对。有的种类只有一枚［后棱蛇属

(*Opisthotropis*)、黄腹杆蛇属等］有的种类纵裂为两枚以上［滇西蛇等（*Atretium yunnanensis*）］。

**额鳞**：前额鳞正后方的单枚大鳞，恰介于左右两枚眶上鳞之间。略呈龟甲形或六角形。

**顶鳞**：正常一对。闪鳞蛇属（*Xenopeltis*）为前后两对，在四枚顶鳞的中央还嵌有一枚顶间鳞。

**枕鳞**：顶鳞正后方的一对大鳞片，叫枕鳞，只眼镜王蛇（*Ophiophagus hannah*）具有。

（2）头侧的鳞片。

正常的头侧的鳞片是左右两侧对称排列。由于个体变异，往往左右不对称。每侧由前向后依次如下。

**鼻鳞**：鼻孔开口于其上的鳞片叫鼻鳞，一般位于吻两侧，左右各一，其间相隔一对鼻间鳞。有的种类鼻鳞为完整的一枚，有的种类鼻鳞有一鳞沟，将其局部分开或完全分为前后两半。在没有鼻间鳞（如海蛇亚科）或虽有一枚鼻间鳞（水蛇属）情况下，左右鼻鳞在头背相切。

**颊鳞**：介于鼻鳞与眶前鳞之间的较小鳞片，通常一枚。有的没有［如两头蛇属（*Calamaria*）、眼镜蛇科（Elapidae）等］，有的多于一枚［如鼠蛇属（*Ptyas*）］。有的种类没有眶前鳞或眶前鳞较小，颊鳞后伸，参与构成眼眶（入眶）。

眼睛周围的鳞片，共同参与构成眼眶，分别如下。

**眶前鳞**：位于眼眶前缘，一至数枚。如没有或较小时，可能由颊鳞及/或前额鳞入眶。

**眶上鳞**：位于眼眶上缘，正常每侧一枚。此鳞实际上位于头背面，恰在额鳞的两侧。

**眶后鳞**：位于眼眶后缘，一至数枚。如没有时，则颜鳞入眶。

**眶下鳞**：多数种类没有，由部分上唇鳞参与构成眼眶下缘。如有眶下鳞时，或者呈一长条，完全构成眼眶下缘［钝头蛇属（*Pareas*）大多如此］；或者较小，靠近眼前下方（眶前下鳞）或眼后下方（眶后下鳞）。

**颞鳞**：眼眶之后，介于顶鳞和上唇鳞间，一般可分为前后两列。其数目可以用颞鳞式表示，如1+2，表示前颞鳞1枚，后颞鳞2枚。

**上唇鳞**：吻鳞之后，上颌两侧唇缘的鳞片都叫上唇鳞。数目多少，是否入眶及入眶的鳞数，有鉴别意义。上唇鳞式如写作3-2-4，表示每侧上唇鳞各有9枚，其中第四枚、第五枚入眶，在入眶的两枚上唇鳞的前面和后面分别有3枚和4枚上唇鳞片。

（3）头腹面的鳞片。

**颏鳞**：下颌前缘正中的一枚鳞片，略呈三角形，其位置恰与吻鳞相对应。

**颔片**：颏鳞之后，左右下唇鳞之间的成对窄长鳞片。一般为 2 对，分别叫前颔片和后颔片。前颔片左右两枚常彼此相切，后颔片左右两侧则常有小鳞片将其分开。左右颔片之间形成的鳞沟叫颔沟。

**下唇鳞**：颏鳞之后，下颌两侧唇缘的鳞片都叫下唇鳞。大多数蛇类的第一对下唇鳞在颏鳞之后彼此相切，将颏鳞和前颔片分开；少数种类［如颈斑蛇属（*Plagiopholis*）、美姑脊蛇（*Achalinus meiguensis*）和许多海蛇］的第一对下唇鳞左右不相切，故前颔片与颏鳞相切。下唇鳞的数目及其切前颔片的鳞数，有鉴别意义。

2）躯干部及尾部的鳞片

**腹鳞**：躯干腹面、肛鳞之前、正中的一行较宽大的鳞片，统称腹鳞。腹鳞在陆栖蛇类的运动中，起着重要的作用。腹鳞的大小和数目，有鉴别意义。

**背鳞**：被覆躯干部的鳞片，除腹鳞和肛鳞外，统称背鳞。背鳞排列前后略呈纵行，可以计算行数（图 4-11）。计数一般取颈部（头后 2 个头长处）、中段（吻端与肛孔的中点处）及肛前（肛孔前 2 个头长处）三个数据。可以式表示，如写作 21-19-17，表示背鳞在颈部 21 行、中段 19 行、肛前 17 行。如果只写背鳞 19 行，一般多指中段行数。除行数外，背鳞的形状（菱形、披针形、六角形或圆形等）、排列方式（覆瓦状或镶嵌）、起棱或平滑以及起棱程度等，有鉴别意义。背鳞正中的一行又叫脊鳞，有的种类脊鳞显著扩大且呈六角形，如过树蛇属（*Dendrelaphis*）、环蛇属（*Bungarus*）的种类。有的种类背鳞排列呈显著的斜行，如斜鳞蛇属（*Pseudoxenodon*）。

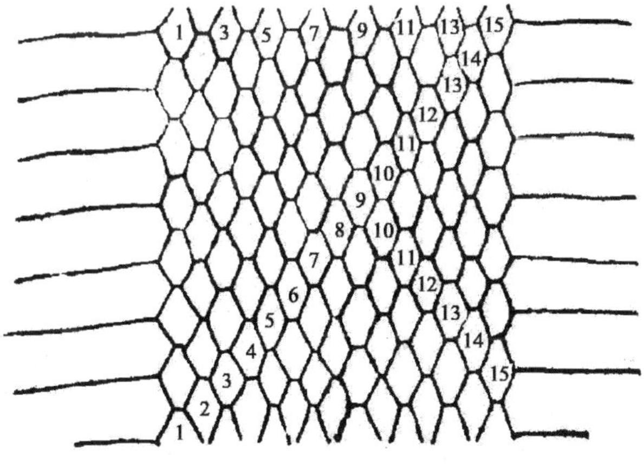


图 4-11　蛇背鳞的计数方法（中国爬行动物系统检索，1977）

**肛鳞**：紧覆于肛孔之外的鳞片叫肛鳞。一般或是纵分的两片，或是完整的一片（图 4-12）。

**尾下鳞**：一般为双行（图 4-12），左右交错排列。少数种类为单行（图 4-12），如脊蛇属（*Achalinus*）的种类。眼镜王蛇则单行与双行变化不定。尾末端（尾尖）往往是一枚小圆锥棒状角质构造，尾下鳞成单行的，可以将此构造加入计数；尾下鳞成双行的，如该蛇尾下鳞为 98 对，其完整的表述法为 98/98+1。

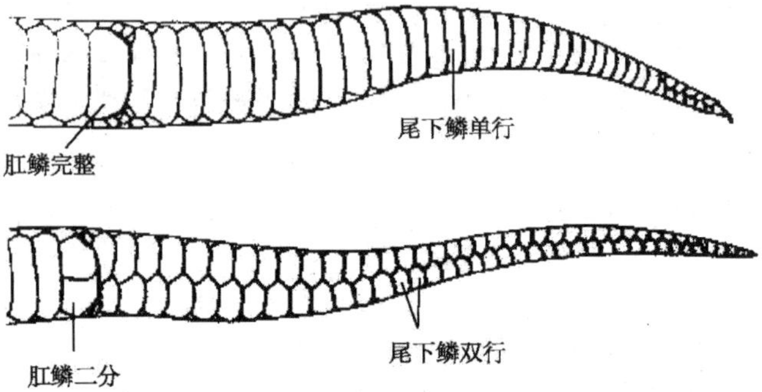


图 4-12　蛇尾部的鳞片（Zhao and Kraig，1993）

除鳞被特征外，还有一些特征也是分类检索常用的性状。

**上颌齿**：检索游蛇科（Cdubridae）的属种，尤其是属的鉴别常用上颌齿的特征。上颌齿着生于上颌骨上，其数目、大小、排列方式、有无齿间隙、有无后沟牙都有鉴别意义。

**椎体下突**：椎体下突在整个躯椎上都有，或是前部躯椎才有，或是后部躯椎才有，有分类鉴别意义。

半阴茎：蛇类的交接器是成对器官，每侧的交接器叫半阴茎。由于半阴茎是生殖器官，在生殖隔离上有一定的作用，因此有人强调它在种间的鉴别意义。

## 4.2　采集方法

### 4.2.1　两栖类采集方法

两栖类一般选择温暖湿润，草木繁茂，昆虫滋生，山溪河流较多的地方栖息，因此，此类环境中两栖类种类比较丰富。在进入调查区域前，应查阅相关的文献资料，了解本地区的自然概况以及该区域可能分布的两栖动物物种。进入调查区后，应进一步向当地群众了解两栖动物的情况。需要注意的是，在采集珍稀濒危物种以及有较大经济价值的物种时，需遵守国家和地区法律法规，尊重当地群众的习俗。

**1. 无尾目的采集方法**

由于无尾类有冬眠习性，西南地区采集的最好时期一般在春夏季。此阶段可采到成体、蝌蚪和卵。寻找标本过程中应保持安静，耐心仔细，捕捉时要动作敏捷而准确。成体在白天一般都分散隐蔽在近水的草丛间，少数种类可终日生活在山溪附近的石头上，而树蛙类应在常年不干涸的水塘、水坑等水域岸边较茂密的树木或灌丛的枝叶上寻找。无尾类在夜间活动较频繁，容易捕捉。特别是对于一些有鸣声的种类，可先循其声接近它，然后用手电筒照射，这时的无尾类往往一动不动，随即可迅速用手或水网（网眼大小要适于捕捉蝌蚪）进行捕捉。捕捉到以后，放入用水浸湿的蛙袋内，带回室内鉴定。

**2. 有尾目的采集方法**

有尾目的种类大多为水栖，而且大多栖居在中、高山小溪流的浅水中，白天多潜伏在有枯枝落叶的石块下或石缝中，因此，可翻动石块进行寻觅。这些种类往往性情温善，游动缓慢，可用手捕捉，或用水网捕捞。

## 4.2.2　爬行类采集方法

爬行类是变温动物，活动规律有一定的季节性，一般在 11 月以前进入冬眠期，3 月份前后苏醒出蛰，4～10 月为活动期。爬行类能适应各种各样的生活环境。在田边、山坡、池塘、溪畔、灌丛、草地、树上、房屋等各种不同环境中都有它们的分布，都是采集它们的地点。这里简单介绍一下蜥蜴类和蛇类的采集。

**1. 蜥蜴类的采集**

蜥蜴类常常生活在干燥、温暖、阳光充沛的山坡、草丛、树上或路旁的石堆缝隙中。我国的蜥蜴类，大多数是小型种类，使用简单工具就能进行捕捉。常用工具有软树枝、蝇拍、小网等。

(1) 用软树条扑打。当发现蜥蜴后，可用软树枝或细竹梢扑打，使其受震而暂时不能活动，然后迅速拾起放入蛙袋内。我国的蜥蜴均没有毒，完全可以用手拾取。这种方法主要用于地上活动的种类。

（2）用蝇拍捕捉。此法多用于墙壁上活动的种类。

（3）用小网捕捉。此法多用于捕捉地面活动的蜥蜴类。

**2. 蛇类的采集**

在野外实习时，可预先准备采集蛇类的专业工具，如蛇叉，当遇见蛇时，不要惊慌，用蛇叉前端压紧蛇的头部后方，然后用手紧捏蛇颈。可将蛇盛装在较大的塑料瓶或桶内，拧紧螺旋盖，扎少许小孔透气。对于不具备专业技术和经验的同学，不提倡徒手捕蛇，以防被毒蛇咬伤。

# 4.3 西南地区常见两栖类、爬行类分科检索

## 4.3.1 两栖类动物分科检索

### 有尾目分科检索

1. 犁骨齿不呈“∧”形，体侧肋沟明显；卵群包裹在一对胶质卵带或卵鞘袋里 ……… 2
   犁骨齿呈“∧”形，体侧肋沟不显；卵成单粒状 ……………… 蝾螈科 Salamandridae
2. 眼适中，有眼睑；体侧无纵肤褶；犁骨齿为两短列呈“/　\”形或长呈“Ʊ”形；卵单行或多行交错排列在卵鞘袋内 ……………………………… 小鲵科 Hynobiidae
   眼小，无眼睑；体侧有纵肤褶；犁骨齿呈一长列，与上颌齿平行成弧形；卵带成念珠状 ……………………………………………… 隐鳃鲵科 Cryptobranchidae

### 无尾目分科检索

1. 左右上乌喙骨相互重叠，肩带可以左右交错活动（弧胸型 Arcifery） …………………… 2
   左右上乌喙骨紧密连接或合并，肩带不能左右交错活动（固胸型 Firmisterny） …… 5
2. 脊椎骨为后凹型，成体有肋骨 ………………………………… 铃蟾科 Bombinatoridae
   脊椎骨不为后凹型，成体无肋骨 ……………………………………………………… 3
3. 尾杆骨髁 1 个，或荐椎后端与尾杆骨愈合；一般趾蹼不发达 …… 角蟾科 Megophryidae
   尾杆骨髁 2 个；一般趾蹼较发达 ……………………………………………………… 4
4. 指（趾）端不膨大；上颌无齿，有耳后腺 ……………………… 蟾蜍科 Bufonidae
   指（趾）端膨大呈吸盘状；上颌有齿，无耳后腺 ……………………… 雨蛙科 Hylidae
5. 上颌具齿；趾间具蹼；鼓膜明显 ……………………………………………………… 6
   上颌无齿，趾间几无蹼；鼓膜不显 ……………………………… 姬蛙科 Microhylidae
6. 指（趾）端形直，或末端趾骨呈“T”字形 ……………………………… 蛙科 Ranidae
   指（趾）端膨大呈盘状，末端趾骨呈“Y”字形 …………… 树蛙科 Rhacophoridae

### 4.3.2 爬行类动物分科检索

**龟鳖目 TESTUDINATA 常见科的检索**

1. 背甲与腹甲表面被覆柔韧的革质皮肤 ……………………………… 鳖科 Trionychidae
   背甲与腹甲表面被覆角质盾片 ……………………………………………………… 2
2. 头和尾不能缩入龟壳内，背甲缘盾与腹甲腹盾之间嵌有几枚小的下缘盾 ………………
   ………………………………………………………………… 平胸龟科 Platysternidae
   头和尾均能缩入龟壳内，背甲与腹甲相接盾片之间没有下缘盾嵌入 …………………
   ……………………………………………………………………… 淡水龟科 Bataguridae

**蜥蜴亚目常见科检索**

1. 无附肢 …………………………………………………………………… 蛇蜥科 Anguidae
   有附肢 …………………………………………………………………………………… 2
2. 头部背面无对称排列的大鳞片 ……………………………………………………… 3
   头部背面有对称排列的大鳞片 ……………………………………………………… 4
3. 体背被覆平铺的细小粒鳞，或间杂以较大疣鳞，无活动眼睑 …… 壁虎科 Gekkonidae
   通身不是粒鳞，而是均匀一致或大小不等的棱鳞或平滑鳞片，有活动眼睑 …………
   …………………………………………………………………………… 鬣蜥科 Agamidae
4. 腹鳞方形；股窝或鼠蹊窝存在 ………………………………………… 蜥蜴科 Lacertidae
   腹鳞圆形；股窝或鼠蹊窝缺 …………………………………………… 石龙子科 Scincidae

**蛇亚目常见科检索**

1. 头、尾与躯干部的界限不分明；眼退化呈覆盖于鳞片之下的黑点…盲蛇科 Typhlopidae
   头、尾与躯干部界限分明；眼不呈覆盖于鳞片之下的黑点 ……………………………… 2
2. 上颚骨前端没有毒牙 …………………………………………………… 游蛇科 Colubridae
   上颚骨前端有毒牙 …………………………………………………………………………… 3
3. 上颚骨较短，不能活动，除前端有沟牙外，其后有或无较小的上颚齿 ………………
   …………………………………………………………………………… 眼镜蛇科 Elapidae
   上颚骨极短，可以转动，其上只有 1 对中空的管牙（及数对预备牙） ………………
   …………………………………………………………………………………… 蝰科 Viperidae

## 4.4 常见两栖类、爬行类简介

### 4.4.1 西南地区常见两栖类简介

现将西南地区常见的两栖类简介如下（表 4-1）。

**表 4-1　西南地区常见两栖类**

| 种名 | 主要特征 | 生活习性 |
|---|---|---|
| **一、有尾目 CAUDATA** | | |
| **（一）小鲵科 Hynobiidae** | | |
| 山溪鲵⊕ *Batrachuperus pinchonii*<br>俗名：杉木鱼、羌活鱼等<br> | • 掌、蹠部腹面有棕色角鞘，指、趾各 4<br>• 体背面青褐色或橄榄色；两侧一般有深褐色斑纹，有的有灰白色云斑直至尾侧面<br>• 眼大，有眼睑 | 生活在海拔 1500～3600m 的高山区流溪内。成鲵以水栖生活为主，一般不远离水域。多栖于大石下或倒木下，成鲵多以虾类和水生昆虫为食 |
| 西藏山溪鲵⊕<br>*Batrachuperus tibetanus*<br>俗名：杉木鱼、羌活鱼等<br> | • 掌、跖部腹面无角鞘，指、趾各 4<br>• 体背面深灰色或橄榄灰色，无斑或有细麻斑；腹面色略浅<br>• 眼大，有眼睑 | 生活于海拔 1500～4250m 的高原或高山高寒地区的流溪内，或者栖息于泉水石滩及其下游溪沟内。成鲵以水栖生活为主，白天多隐于溪内石块下或倒木下。成鲵主要以虾类为食 |
| **（二）隐鳃鲵科 Cryptobranchidae** | | |
| 大鲵 * *Andrias davidianus*<br>俗名：娃娃鱼<br> | • 体大，成体全长一般 1m 左右，大者可达 2m 以上<br>• 头部和躯干扁平，尾侧扁；头部背腹面疣粒成对<br>• 指 4，趾 5<br>• 眼甚小，无眼睑 | 生活于水流较急而清凉的溪河中。成鲵生活于深潭内的岩洞、石穴中，白天常卧于洞穴内，很少外出活动 |
| **（三）蝾螈科 Salamandridae** | | |
| 大凉疣螈 *Tylototriton taliangensis*<br><br>（费梁　摄） | • 周身棕黑色，仅耳后腺、指、趾、肛部及尾下缘橘红色<br>• 皮肤粗糙，满布大小疣粒，体侧无圆球形瘰粒 | 生活在海拔 1300～2650m 的植被丰茂、环境潮湿的山间凹地。成螈以陆栖生活为主，5～6 月进入静水塘、积水、洼地、稻田以及缓流溪沟内寻偶配对 |

续表

| 种名 | 主要特征 | 生活习性 |
| --- | --- | --- |
| 文县疣螈▽ *Tylototriton wenxianensis*<br> | • 周身黑褐色，肛裂周缘颜色与体色相同，仅指、趾、掌突、蹠突和尾下缘为橘黄色<br>• 皮肤粗糙，体两侧瘰疣成簇并连成纵行，分界不清，背腹面瘰疣大小较为一致 | 生活在海拔 910m 左右林木繁茂的山区。成螈以陆栖习性为主。5 月份常在静水塘、小水凼及其附近活动 |
| **二、无尾目 ANURA** | | |
| **（一）铃蟾科 Bombinatoridae** | | |
| 大蹼铃蟾 * *Bombina maxima*<br> | • 体长 44～51mm；吻部高，吻端圆，鼻孔位于吻背侧。瞳孔心形；无鼓膜，无耳柱骨；舌近圆形，不能伸出口腔以外。犁骨齿两小团<br>• 皮肤粗糙，整个背面布满大小瘰粒。腹面皮肤较光滑，具橘红色或橘黄色与黑色斑相间醒目的大花斑。雄性胸侧各有一黑刺团<br>• 前肢粗壮，指短扁，端圆；后肢短粗，左右跟部不相遇；雄蟾趾蹼极发达，为满蹼，雌蟾趾蹼稍弱<br>• 唇齿式为Ⅱ/1＋1：Ⅱ | 生活于海拔 2000～3600m 的山区。成蟾常栖于静水塘、沼泽地、小山溪缓流处石块下。在陆上受惊扰时，将四肢掌、蹠部向上翻转，显露出橘红色，以示警戒。成蟾多以多种昆虫、螺类为食。5～6 月为繁殖期 |
| **（二）角蟾科 Megophryidae** | | |
| 峨眉髭蟾⊕ *Vibrissaphora boringii*<br>俗名：胡子蛙，胡子蟾<br> | • 体长 59～89mm；吻极宽圆而扁；眼很特别，上半呈蓝绿色，下半深棕色，瞳孔纵置；鼓膜隐蔽或略显，有耳柱骨；上颌有齿，无犁骨齿<br>• 体背部蓝棕色略带紫色，满布细小疣粒构成的细肤棱，并交织成网状；体腹面肉紫色，满布乳白色小点或小颗粒<br>• 四肢背面斑纹不规则，纵肤棱斜行。指、趾端圆，第四趾具微蹼<br>• 雄性上唇缘具 10～16 枚锥状人黑刺，角质刺排列成行，雌性相应部位有米色小点<br>• 唇齿式多为Ⅰ：6＋6/5＋5：Ⅰ | 生活在海拔 700～1700m 的植被繁茂的山溪附近。成蟾在山坡草丛中营陆栖生活，繁殖季节在每年 2 月下旬至 3 月中旬。此期成蟾进入流水较缓而石块甚多的溪段内。卵产在石块底面呈圆环状，一般有卵 250～340 粒。蝌蚪多在回水凼内石间活动 |

续表

| 种名 | 主要特征 | 生活习性 |
|---|---|---|
| 宽头短腿蟾▽<br>*Brachytarsophrys carinensis*<br>俗名：石鹅<br> | • 体长 92～137mm；头极宽扁，头宽大于头长，吻端圆，不突或略突出下唇；瞳孔纵置；鼓膜隐蔽，有耳柱骨；上颌有齿，犁骨齿两小团；上眼睑外缘有多个疣粒，其中有 2～4 个锥状疣似角状<br>• 体和四肢背面皮肤光滑<br>• 趾间具 1/4～1/2 蹼<br>• 蝌蚪口部漏斗状，无唇齿及角质颌 | 生活在海拔 500～2450m 植被较为繁茂的大小山溪附近。3～5 月雄蟾发出洪亮的“a-”或“a-a-”的鸣声。常隐蔽在大石下的石缝内 |
| 峨眉角蟾⊕ *Megophrys omeimontis*<br> | • 体长 56～73mm；头宽略大于头长，吻部呈盾形，显著突出于下唇，眼球上半橘红色或橘黄色，下半略浅，或为深棕色，瞳孔纵置；鼓膜明显，卵圆形。有耳柱骨；上颌有齿，犁骨棱末端具小齿；两眼间的三角斑及其后的“V”或“X”形斑上均有清晰的细肤棱<br>• 第一、二指基部有关节下瘤，指、趾端圆，趾侧缘膜窄，基部相连成蹼迹<br>• 蝌蚪口部漏斗状，无唇齿及角质颌 | 生活于海拔 700～1500m 的山溪及其附近的密林中。4～8 月栖于小溪旁石上或草丛中，雄蟾在下午和夜间发出“ga、ga、ga-”的连续鸣声 |
| （三）**蟾蜍科 Bufonidae** | | |
| 中华蟾蜍⊕ *Bufo gargarizans*<br>俗名：癞蛤蟆<br> | • 体长 79～121mm；头宽大于头长，吻圆而高；吻棱明显；鼻间距小于眼间距。头部无骨质棱；瞳孔横椭圆形，鼓膜显著，近圆形；耳后腺大，呈长圆形。皮肤粗糙具大小瘰疣，腹部满布疣粒，胫部瘰粒大，一般无跗褶<br>• 背面无显著花斑，雄性背面墨绿色或褐绿色，雌性背面色浅，呈土褐色；腹面乳黄色与棕色或黑色形成花斑<br>• 蝌蚪尾末端钝尖，仅两口角有唇乳突；唇齿式：Ⅰ：1+1/Ⅲ | 生活在不同海拔区的多种生境中。除冬眠和繁殖期在水中生活外，一般多在陆地草丛、林下、居民点周围或沟边、山坡的石下或土穴、石洞等潮湿地方栖息。黄昏时出来捕食，其食性较广，以昆虫、蚁类、蜗牛、蚯蚓等无脊椎动物为食 |

续表

| 种名 | 主要特征 | 生活习性 |
| --- | --- | --- |
| （四）雨蛙科 **Hylidae** | | |
| 华西雨蛙⊕ *Hyla annectans*<br>俗名：上树怀、竹王、桑王、雨蛙<br> | • 体较小，长32～44mm；体背绿色，背部皮肤光滑，颞褶粗厚；瞳孔横椭圆形，鼓膜圆，上颌有齿，犁骨齿呈两小团；上眼睑外缘至头侧有疣粒。吻端无“Y”形棕色纹，从鼻孔经上眼睑外侧到鼓膜上方有灰黄色线纹<br>• 第二、三指间蹼达近端关节下瘤，第三、四指间具1/3蹼；指、趾端均有吸盘，具边缘沟。后肢左右跟部重叠。趾间略超过半蹼<br>• 蝌蚪尾尖，上唇中央无乳突，口角和下唇乳突多排，有副突；唇齿式：Ⅰ：1+1/Ⅲ | 栖息于海拔750～2470m的各种静水域附近。成蛙善于攀援，多在菜园、草丛、树干上活动，鸣声洪亮；4～6月大量出现。夜间鸣声更甚；8月起，鸣声零落。仅在雨后偶有鸣声。成蛙以昆虫为食 |
| （五）蛙科 **Ranidae** | | |
| 中国林蛙 * *Rana chensinensis*<br>俗名：哈什蟆、黄蛤蟆、油蛤蟆、红肚田鸡<br> | • 体长44～60mm；背侧褶细，背侧褶在颞部形成曲折状。鼓膜部位有黑色三角斑。雄蛙有1对咽侧下内声囊。吻钝圆，吻棱显著，颊部不甚倾斜。体背面疣粒小而少<br>• 后肢长，胫跗关节前达鼻孔或吻端<br>• 蝌蚪尾末端钝圆或钝尖；唇齿式：Ⅰ：3+3（或4+4）/1+1：Ⅲ | 多栖息于海拔200～2100m的山地森林植被较好的静水塘或山沟附近。以水源（山溪、河流）为中心，其活动范围1000m左右。通常9月下旬开始从森林、草丛向水源地迁移。蝌蚪杂食性，成体多以昆虫为食 |
| 黑斑侧褶蛙⊕<br>*Pelophylax nigromaculata*<br>俗名：青蛙、田鸡、青鸡<br> | • 体长35～90mm；吻部略尖，吻棱不明显，瞳孔横椭圆形，鼓膜大，为眼径的2/3～4/5，眼间距小于上眼睑宽；犁骨齿两小团。背侧褶宽，其间有长短不一的肤棱，鼓膜部位无深色三角斑<br>• 一般背面绿色，有不规则的黑斑<br>• 后肢较短，左右跟部不相遇，胫长不及体长之半；趾蹼缺刻深<br>• 蝌蚪尾钝尖，口角有副突；唇齿式：Ⅰ：1+1/1+1：Ⅱ | 为中国各地常见蛙类，广泛栖息在平原或丘陵的水田、池塘、湖沼、河流及海拔2200m以下的山地。捕食昆虫纲、腹虫纲、蛛形纲等动物 |

续表

| 种名 | 主要特征 | 生活习性 |
| --- | --- | --- |
| 泽陆蛙 * *Fejervarya limnocharis*<br>俗名：田鸡子<br> | • 体长 40～50mm；吻端钝尖，鼓膜明显；具单咽下外声囊，咽喉部黑色；背面一般为灰橄榄色或深灰色，杂有深色斑纹，背部皮肤有数行长短不一的纵肤褶；上下唇缘有深色纵纹<br>• 第五趾外侧无缘膜或极不显著，外蹠突小<br>• 蝌蚪尾末端略细尖；下唇乳突中央约缺 5 个乳突位置；唇齿式：Ⅰ：1+1/Ⅲ | 生活于平原、丘陵和 2000m 以下山区的稻田、沼泽、水塘、水沟等静水域或其附近的旱地草丛。昼夜活动。主要在夜间觅食 |
| 棘腹蛙▽ *Paa boulengeri*<br>俗名：山蚂拐、石鸡、石蛙、梆梆鱼、石蹦<br> | • 体长 39～56mm；背面一般为土棕或棕褐色，两眼间常有一黑横斑。吻棱明显；瞳孔菱形<br>• 雄蛙前臂极粗壮，内侧 3 指有锥状黑刺；雄性胸部的刺不分成左右两团，胸、腹部满布大小刺疣，疣上有刺 1 枚。体背面皮肤粗糙，体侧刺疣少<br>• 胫跗关节前达眼部，第 5 趾外侧缘膜达蹠基部<br>• 蝌蚪尾鳍平直，尾末端钝尖；唇齿式多为：Ⅰ：4+4/1+1：Ⅱ，上唇无乳突，下唇乳突两排，口角有副突 | 生活在海拔 700～1900m 山区的流溪或其附近的水塘中。白天隐匿于溪底的石块下、溪边大石缝或瀑布下之石洞内；晚间外出，蹲于石块上或伏于水边，夏季常能听到其发出的“bang、bang”洪亮鸣声 |
| 隆肛蛙▽ *Feirana quadrana*<br>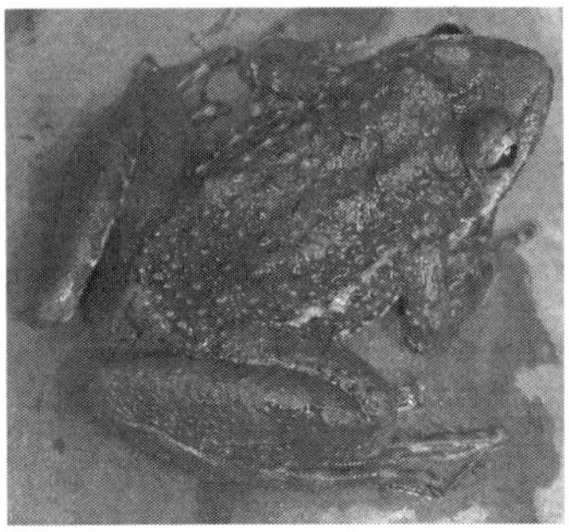 | • 体长 79～97mm，吻较圆，吻棱明显；瞳孔菱形，眼间距小于上眼睑宽，鼓膜小而不显。除头顶较光滑外，体背及四肢背面、体侧布满疣粒<br>• 雄蛙肛部周围皮肤呈囊状泡起<br>• 胫跗关节前达鼻孔前方；无跗褶，趾间满蹼，第五趾外侧缘膜仅达趾基部<br>• 蝌蚪尾末端钝圆；唇齿式为：Ⅱ：6+6（或 7+7）/1+1：Ⅱ，下唇乳突两排，下唇齿三排几乎等长 | 生活于海拔 500～1830m 山区的大小流溪或沼泽地水坑中或其附近灌木、草丛地带。白天多隐伏于清澈溪底的石缝间、石块下或小瀑布下的石洞内、溪边石隙或草丛中，夜晚活动于溪边或附近的耕地内 |

续表

| 种名 | 主要特征 | 生活习性 |
| --- | --- | --- |
| 沼水蛙▽ *Hylarana guentheri*<br>俗名：水狗、田狗<br> | • 体长 59～84mm。背侧褶显著，但不宽厚，有 1 对咽侧下外声囊<br>• 背部棕色或灰棕色、沿背侧褶下缘有黑纵纹，体侧有不规则黑斑<br>• 雄性肱部前方有发达的腺体，腺体呈肾形<br>• 蝌蚪尾末端细尖；上唇两侧有乳突 1 排，下唇乳突 2 排，外派须状；唇齿式：Ⅰ：1+1/Ⅲ | 生活在海拔 1100m 以下的平原丘陵地区。多栖息于稻田、池塘或水坑内，常隐蔽在水生植物丛间、土洞或杂草中。繁殖季节多在 5～6 月，此期间雄蛙发出低沉而似狗叫的“guang、guang、guang”鸣声 |
| 仙琴蛙⊕ *Hylarana daunchina*<br> | • 体长 42～53mm；眼间距大于上眼睑宽，瞳孔横椭圆形；鼓膜与眼几乎等大；犁骨齿两短斜行。雄性有肩上腺，无肱腺。有 1 对咽侧下外声囊，鸣声悦耳似琴声<br>• 指端略膨大，腹侧多无沟或不显；后肢较长，胫长超过体长之半，左右跟部相遇；四肢腹面肉红色<br>• 蝌蚪尾鳍较低，末端钝尖；下唇乳突两排，外排须状；唇齿式：Ⅰ：1+1/1+1：Ⅱ | 生活在海拔 1000～1800m 的山区沼泽地水凼或塘、水坑或其附近。成蛙白昼隐藏在土穴、石缝或草丛中，傍晚鸣声此起彼伏，酷似琴声“do-mi-so-do”，每次 3 或 4 声 |
| 绿臭蛙⊕ *Odorrana margaretae*<br> | • 体长 78～113mm；吻端钝圆，头长略大于头宽；鼓膜较小，约为眼径之半，雄性无声囊<br>• 体背面绿色，体侧无背侧褶；整个腹面无明显的深色花斑，繁殖期雄性胸部有“△”形小白刺团<br>• 指、趾具吸盘；趾间全蹼，蹼上无大花斑。第一指上婚垫发达<br>• 蝌蚪尾鳍低或平直，尾末端钝圆；口角及下乳突 1 排，交错排列，口角部副突少，唇齿式：Ⅰ：4+4/1+1：Ⅲ | 生活在海拔 390～1650m 的山区流溪内。成蛙多蹲在山涧湍急溪段并长有苔藓、蕨类等植物的巨石或崖壁上、头迎向飞溅的水花，其体色与石上苔藓颜色极为相近，不易被人发现，稍有惊扰即跳入急流或深潭中 |

续表

| 种名 | 主要特征 | 生活习性 |
|---|---|---|
| 棕点湍蛙▽ *Amolops loloensis*<br> | • 体长 55～78mm；无背侧褶。鼓膜甚小而不显，无犁骨齿；皮肤较光滑，体背面及体侧深绿色，头部及背部有圆形或椭圆形棕红色斑，斑点周围镶以浅绿色或黄色细边<br>• 第一指末端略膨大而无横沟，其余指吸盘大均有横沟；胫附关节前达眼部或鼻孔<br>• 蝌蚪尾末端钝圆；口后方有腹吸盘；唇齿式：Ⅲ：4＋4/1＋1：Ⅱ | 生活在海拔 2100～3200m 的山溪内。成蛙白天多隐蔽在溪边石下或土洞内；黄昏时多蹲在水中或岸边石上、受惊扰后立即跃入溪水中 |
| **（六）树蛙科 Rhacophoridae** | | |
| 斑腿泛树蛙⊕<br>*Polypedates megacephalus*<br>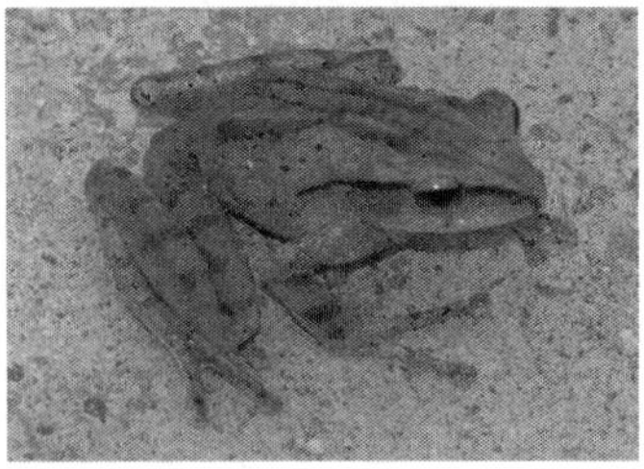 | • 体长 41～65mm；鼓膜大而明显，犁骨齿强；背面皮肤光滑，腹部疣粒大而稠密；背面多为浅棕色，一般有深色“X”形斑或呈纵条纹；雄性通常具内声囊<br>• 指间无蹼；趾间蹼弱；第四趾外侧趾间蹼达远端两个关节下瘤之间<br>• 蝌蚪尾末端细尖；下唇乳突1排，参差排列，在中央部位缺乳突，口角处有副突，唇齿式一般为：Ⅰ：3＋3/1＋1：Ⅱ | 生活在海拔 800～1600m 的丘陵和山区，常栖息在稻田、草丛或泥窝内，或在田埂石缝以及附近的灌木、芭蕉叶基部和地面的腐叶下。傍晚发出“pa、pa、pa”的鸣叫声。行动较缓，跳跃力不强 |
| 峨眉树蛙＊ *Rhacophorus omeimontis*<br> | • 体长 52～80mm；眼间距大于上眼睑宽，鼓膜大而圆；犁骨齿粗壮；皮肤粗糙，全身布满小刺疣；体色变异大、背面多为草绿色，或多或少有棕色斑；腹面有大小黑斑；雄性第一、二指基部背面有乳白色婚垫；具单咽下内声囊<br>• 前肢长，指、趾端均有吸盘和边缘沟，背面可见“Y”形迹；指间蹼较发达，外侧2指蹼以缘膜达指端；胫跗关节前达眼部；趾间全蹼，仅第四趾以缘膜达趾端<br>• 蝌蚪体黑，无斑纹，尾末端细而钝尖，下唇乳突参差排列成2行，中央部位缺乳突1～2枚，唇齿式为：Ⅰ：4＋4/1＋1：Ⅱ | 生活在海拔 700～2000m 的山区林木繁茂而潮湿的地带。常栖息在竹林、灌木和杂草丛中，或水池边石缝或土穴内。卵泡悬挂在水坑上方的树叶或竹叶间，呈乳黄色。蝌蚪孵化后随雨水坠入水坑中，蝌蚪当年完成变态，幼蛙营陆栖生活 |

续表

| 种名 | 主要特征 | 生活习性 |
| --- | --- | --- |
| （七）姬蛙科 Microhylidae | | |
| 饰纹姬蛙▽ *Microhyla ornata*<br> | • 体长 21～24mm，略呈三角形。吻钝尖，鼓膜不显，无犁骨齿；背面粉灰色或灰棕色，上面有前后 2 个深棕色“八”形斑。雄性咽喉部黑色，具单咽下外声囊<br>• 指、趾端圆，均无吸盘和纵沟，掌突 2 个<br>• 蝌蚪尾末梢丝状，无色，无唇齿、角质颌和唇乳突；上唇平直，下唇呈马蹄形 | 生活在海拔 1400m 以下的平原、丘陵和山地的水田、水坑、水沟的泥窝或土穴内，或在水域附近的草丛中。主要以蚁类为食。雄蛙发出“ga-ga-”的鸣叫声。繁殖季节在 3～8 月，卵产于有水草的静水塘或雨后临时积水坑内 |

图片来源：▽表示由江建平拍摄；⊕表示由胡杰拍摄；* 表示仿《四川两栖类原色图鉴》（费梁和叶昌媛，2001）。

## 4.4.2　西南地区常见爬行类简介

现将西南地区常见爬行类简介如下（表 4-2）。

**表 4-2　西南地区常见爬行类**

| 种名 | 主要特征 | 生活习性 |
| --- | --- | --- |
| **一、龟鳖目 TESTUDINATA** | | |
| **（一）淡水龟科 Bataguridae** | | |
| 乌龟△ *Chinemys reevesii*<br>俗名：乌龟<br> | • 头顶前部光滑，后部覆有不规则细鳞<br>• 背棕色，有 3 条纵棱；腹部棕黄色，每一盾片有黑褐色大斑块<br>• 四肢侧扁，正面被有大鳞，具爪，指、趾间全蹼 | 栖息于海拔 400～1200m 的溪流、沟渠及湖沼中。杂食性。常捕食蠕虫、螺类、虾、小鱼、植物茎叶等 |

续表

| 种名 | 主要特征 | 生活习性 |
|---|---|---|
| （二）鳖科 Trionychidae | | |
| 中华鳖⊕ *Pelodiscus sinensis*<br>俗名：团鱼、甲鱼、王八<br> | • 吻端延长呈管状<br>• 通体被柔软的暗绿色或黄褐色革质皮肤，周边为肥厚的结缔组织，俗称“裙边”<br>• 前后肢各有 5 趾，趾间有蹼；内侧 3 趾有锋利的爪。四肢均可缩入壳内 | 生活于淡水中。冬眠时隐匿在泥中。吃鱼、蛙、软体动物，也吃一些植物，主要肉食性 |
| 二、有鳞目 SQUAMATA | | |
| （一）壁虎科 Gekkonidae | | |
| 蹼趾壁虎△ *Gekko subpalmatus*<br>俗名：四脚蛇、守宫、天龙<br> | • 头、躯干和四肢背面均被粒鳞而无疣鳞<br>• 趾成瓣状，趾间具蹼，第 1 趾无爪，具单行趾下瓣<br>• 雄性具 7～11 个肛前窝<br>• 背部棕色，具暗斑，尾上具 7 条左右横斑，腹面白色 | 栖息于房屋的墙壁缝隙处，也见于山野草堆及石缝等处 |
| （二）鬣蜥科 Agamidae | | |
| 草绿攀蜥△ *Japalura flaviceps*<br>俗名：蜥虎<br> | • 头背鳞片大小不一，均具棱<br>• 鼻鳞与吻鳞间相隔 2 枚小鳞<br>• 鼓膜被鳞，有喉褶<br>• 生活时为草绿色或棕绿色，眼周具辐射状黑色纹 | 栖于山坡、路边、田边、荒地乱石间，多于中午活动，遇惊则钻入石缝中。以蝗虫、蜂、蝶类幼虫、天牛等昆虫及多足类为食 |
| 丽纹攀蜥△ *Japalura splendida*<br> | • 尾长超过头体长的 2 倍<br>• 鼻鳞与吻鳞间相隔 1 枚小鳞<br>• 鼓膜被鳞，有喉褶<br>• 头侧眼眶下方有 1 条黄色线纹与上唇缘平行 | 栖息于山区灌丛杂草间或岩石上。以蜘蛛及蟢象等昆虫为食 |

续表

| 种名 | 主要特征 | 生活习性 |
|---|---|---|
| **（三）蜥蜴科 Lacertidae** | | |
| 北草蜥⊕ *Takydromus septentrionalis*<br> | • 体背部中段起棱，有大棱 6 纵行<br>• 鼠蹊窝 1 对<br>• 头、体、尾及四肢背面均为棕绿色，腹面灰棕色或灰白色，眼后至肩部有 1 条浅纵纹 | 生活于丘陵山野杂草灌丛中，也见于农田、茶园、溪边、路边。行动迅速，捕食蝗虫、蠡斯、蛾蝶等昆虫及幼虫，卵生 |
| **（四）石龙子科 Scincidae** | | |
| 蓝尾石龙子 *Eumeces elegans*<br><br>（吴贯夫　摄） | • 体覆光滑圆鳞<br>• 后颏鳞 1 片<br>• 体背深黑色，具五条金色的长条纹，尾部蓝绿色 | 栖息于长江以南的低山山林及山路旁的石块下，喜阳坡，食蝗虫、鼠妇、蚂蚁等 |
| 铜蜓蜥⊕ *Sphenomorphus indicus*<br>俗名：铜石龙子、石锡、山龙子、铜楔蜥、四脚蛇<br> | • 肛前鳞 2 枚<br>• 体背古铜色，具金属光泽<br>• 体侧有明显的黑色纵带，腹面浅色无斑 | 生活于海拔 100～2000m 的平原及山区。喜生活在山麓荒地、路边、阴湿之石堆、石壁裂隙间、高大乔木林荫处。以蚂蚁、蝗虫、蜘蛛、蚯蚓等为食 |
| **（五）游蛇科 Colubridae** | | |
| 翠青蛇⊕ *Cyclophiops major*<br>俗名：小青龙、青蛇、青竹标<br> | • 头呈椭圆形，略尖，头部鳞片大<br>• 体色为深绿、黄绿或翠绿色，尾细长<br>• 眼大，黑色 | 栖息于海拔 300～1700m 的山区、丘陵和平地，常于草木茂盛或荫蔽潮湿的环境中活动。野生个体以蚯蚓、蛙类及小昆虫为食 |

续表

| 种名 | 主要特征 | 生活习性 |
| --- | --- | --- |
| 赤链蛇△ *Dinodon rufozonatum*<br>俗名：火赤链<br>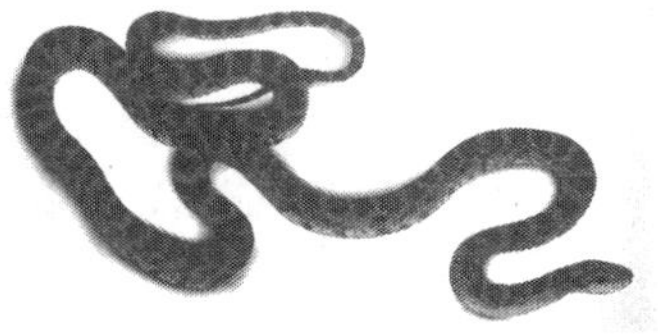 | • 头较宽扁<br>• 头部黑色，枕部具红色“∧”形斑，体背黑褐色，具多数(60以上）红色窄横斑。腹面灰黄色，腹鳞两侧杂以黑褐色点斑 | 生活于海拔1800m以下的平原或丘陵。常见于田野、山坡、路旁、竹林、村舍和水域附近，有时进入住宅内。常卷曲成团，伏于草堆下。多在傍晚活动。以鱼、蛙、蟾蜍、蜥蜴、蛇、鸟等为食 |
| 王锦蛇△ *Elaphe carinata*<br>俗名：菜花蛇，松花蛇<br> | • 体粗壮，全长2m左右<br>• 背面黑色，混杂黄花斑，头背鳞缝黑色，显“王”字斑纹<br>• 腹鳞黄色，腹鳞后缘有黑斑 | 生活于海拔250～2220m的丘陵或山区。常于山地灌丛、田野沟边、山溪旁、草丛中活动，性凶猛。食蛙、蜥蜴、其他蛇类、鸟、鼠，甚至同类幼蛇 |
| 玉斑锦蛇△ *Elaphe mandarina*<br>俗名：杏树根子、桑根蛇、美女蛇<br> | • 背面紫灰色，头部有三道黑斑<br>• 背中央有一行几十个黑色菱形斑，菱形斑中央及边缘黄色<br>• 腹面灰白色，左右交错排列着黑横斑 | 栖息于海拔300～1500m的平原山区林中、溪边、草丛，也常出没于居民区及其附近。以小型哺乳动物为食，也有吃蜥蜴的报道 |
| 横斑锦蛇⊕ *Elaphe perlacea*<br> | • 躯尾背面呈不规则的窄横纹<br>• 头前端有两条黑横纹，一条横跨吻背，另一条横跨两眼间，在眼下伸达唇缘，眼后另有一短黑纹斜达口角<br>• 头顶部有2～3个尖端向前，彼此套迭的倒“V”字形黑纹 | 生活于海拔2000～2500m，湿润山地落叶阔叶林下或农耕地周围的草丛、灌丛中 |

续表

| 种名 | 主要特征 | 生活习性 |
| --- | --- | --- |
| 黑眉锦蛇⊕ *Elaphe taeniura*<br>俗名：菜花蛇、三索蛇、秤星蛇<br> | • 大型无毒蛇，全长可达 2m 左右<br>• 头和体背黄绿色或棕灰色，眼后有一条明显的黑纹<br>• 体背的前段、中段有黑色梯形或蝶状斑纹，略似秤星，往后斑纹渐趋隐失，但有 4 条清晰的黑色纵带直达尾端<br>• 中央数行背鳞具弱棱 | 生活于海拔 100～3000m 的平原、丘陵、山地等处，喜活动于林地、农田、草地、灌丛、坟地、河边及民居附近。动作敏捷，日行性，善攀爬。食鼠、鸟、蜥蜴、小蛇、蛙、昆虫等 |
| 大眼斜鳞蛇⊕<br>*Pseoduxenodon macrops*<br> | • 体前段背鳞显著斜列<br>• 头长椭圆形，与颈区分明显，通身背鳞均起棱<br>• 头背蓝绿色，上唇鳞浅黄色，背中线和背侧有浅色细横纹；腹面浅黄或橘黄色，有略呈方形的黑斑<br>• 颈背有一黑色箭形斑，颈部及背中线直到尾端约有50 个黄色或红砖色斑纹，斑纹边缘黑色 | 分布于海拔 900～1800m 的常绿阔叶林草丛或九龙的高山草原中。常近水域捕食蛙类。具有特殊刺激性奇臭，受惊扰时常扩张肋骨使身体平扁作攻击姿态 |
| 虎斑颈槽蛇△*Rhabdophis tigrinus*<br>俗名：野鸡脖子、竹竿青<br> | • 头背绿色，躯干及尾背面草绿色，体前段两侧有粗大的黑色与橘红色斑块相间排列。枕部两侧有一对粗大的黑色“八”形斑<br>• 该蛇色彩鲜艳，受惊扰或被激怒时能昂首举颈，颈部膨扁，身体呈“S”形弯曲，形状与动作像眼镜蛇 | 生活于海拔 1800m 以下的平原、山区、丘陵地带的水域附近，常出没于潮湿多草的园地、溪流、稻田、菜地等，白天活动，爬行迅速。食鱼、泥鳅、蛙、蟾、蛇、昆虫、蚯蚓等 |
| 乌梢蛇△*Zaocys dhumnades*<br>俗名：乌蛇、乌风蛇<br>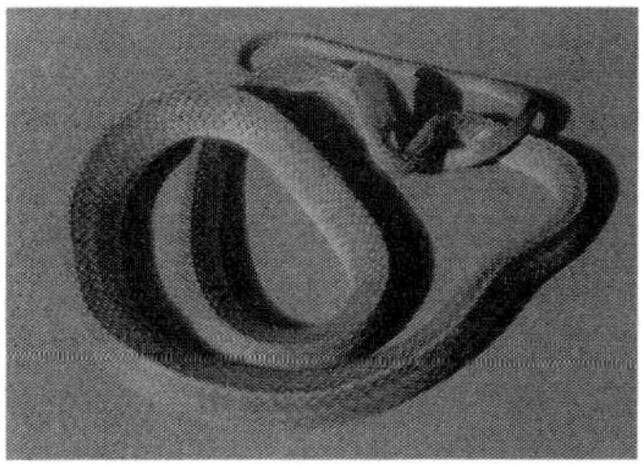 | • 体全长可达 2.5m 以上<br>• 眼大，颊鳞 1 枚，背鳞中央 2～4 行起棱<br>• 体背绿褐或棕黑色及棕褐色；背部正中有一条黄色的纵纹；体侧各有两条黑色纵纹，至少在前段明显（成年个体），至体后部消失，次成体通身纵纹明显 | 生活于海拔 50～1570m 的平原、丘陵或山区。栖息于田野、山边、河岸、水田及林下等处。狭食性蛇类，以蛙类、蜥蜴、鱼类、鼠类等为食 |

续表

| 种名 | 主要特征 | 生活习性 |
| --- | --- | --- |
| （六）蝰科 Elapidae | | |
| 短尾蝮△*Gloydius brevicaudus*<br>俗名：七寸子、土夫蛇、土公蛇<br> | • 中小型管牙类有颊窝毒蛇<br>• 头略呈三角形，颈明显，头背具9枚大型对称鳞片。体较短而粗壮，尾短。吻棱明显，瞳孔直立椭圆形，鼻间鳞外侧尖细略向后弯如逗点状<br>• 头侧眼后斜向口角有一黑色纵纹，其上缘镶以黄白色边；背面浅褐色到红褐色，有两行深棕色圆斑，左右交错或并列；腹面灰色具密集黑色细点。尾后段黄白色，但尾尖常为黑色 | 栖息于平原丘陵地区。垂直分布在500～1000m。5～10月多活动于稻田、耕地、沟渠、路边、村舍附近。捕食鱼、蛙、蜥蜴、鼠等 |
| 山烙铁头蛇△*Ovophis monticola*<br> | • 管牙类有颊窝毒蛇<br>• 头较短，呈三角形，与颈区分明显；头背都是平滑小鳞，1对鼻间鳞稍大，其间相隔1枚小鳞。吻端钝圆，吻棱不明显<br>• 躯干粗壮，尾较短。体色以棕褐为主，背面有深色大斑块，这些斑块有时前后缀连 | 生活于海拔300～2600m的山区，曾见于密林、草丛、茶山、耕地、路边，夜晚往往进入农舍周围、院内柴火堆、鸡笼内觅食。吃鼠类与食虫类动物。卵生 |
| 菜花原矛头蝮⊕<br>*Protobothrops jerdonii*<br>俗名：菜花烙铁头、菜花蝮、菜花蛇<br> | • 管牙类有颊窝毒蛇<br>• 体形中等，尾长约为全长的1/7。头窄长三角形，吻棱明显；头背被覆细小鳞片<br>• 背面黑黄间杂，有两种类型：一类黄色为主，整体呈草黄色；另一类黑色为主，杂以鲜明的菜花黄色。无论哪种类型，大多数的正背还有一行镶黑边的铁锈色或紫红色大斑块，每一斑块占数枚或十余枚背鳞。腹面黑黄间杂。头背黑色而有黄色套叠的细圈纹 | 生活于1500～3000m的山区，见于荒草坪、耕地、路边、乱石堆中、灌木丛内、溪边草丛或干树枝上，多于雨后晴天上午在石头上晒太阳。晚上活动为主，捕食鼠、鸟、蛙、蛇等。卵胎生 |

续表

| 种名 | 主要特征 | 生活习性 |
|---|---|---|
| 福建竹叶青△ *Trimeresurus stejnegeri*  | • 管牙类有颊窝毒蛇<br>• 头三角形，头背被覆细小粒鳞；瞳孔椭圆形，红色；吻棱明显，躯干细长；尾较长，占全长的 1/5，具缠绕性<br>• 通体绿色，尾背及尾尖焦红色，体侧各有一条白色、淡黄（雌性）或红白（雄性）的纵线纹 | 栖息于海拔 2000m 以下的山区溪边草丛、灌木上。多夜间活动。捕食蛙、小型蜥蜴、啮齿类动物及鸟类。卵胎生 |

图片来源：△表示仿《四川爬行类原色图鉴》（赵尔宓，2003）；⊕表示由胡杰拍摄。

# 4.5　数量调查与统计

## 4.5.1　两栖类数量调查与统计

### 1. 抱对数统计法

部分蛙类在繁殖期会集中在小面积区域内抱对，如泽蛙、大蹼铃蟾等，抱对数统计法适用于统计此类蛙类的数量。以肉眼或借助望远镜计数，可几人分别计数再取平均数，即为该水域某种蛙的数量，同时也可获知该物种的种群性比。

### 2. 样线统计法

样线统计法是野外实习过程中最常用的方法。该法适用于统计非繁殖期或繁殖期不集中的蛙类数量。调查路线应选在适合两栖动物分布的生境。样线法即以一定的速度沿直线行进，仔细观察记录两边蛙类的种类和数量。以调查路线的长度和宽度确定调查面积，计算单位面积蛙的数量。路线的实际长度、宽度，以地形、植被乃至于调查者的视力范围而定。可几人同时进行，计算后取平均值。此方法也可用于爬行动物的数量统计。

### 3. 捕尽法

该方法主要适于农田、草滩等生境的调查。具体方法是依情况确定样方面积，将一定面积样方内的两栖动物全部捕尽，再计算每种的密度。为了确保调查结果的准确性，确定样方大小后，为防逃逸，尽量数人包围样方从不同方向开始捕捉，最好在较短时间内完成。结果除了计算各不同种所占的百分数及单位面积内的数量（只/$m^2$）外，还可进行性别、年龄组成等种群结构的分析。捕捉后，除了留少部分个体用以制作标本，应将其余个体放归。该方法也可用于爬行动物的数量统计。但该方法可能对动物造成伤害，对种群数量较少的物种不提倡使用此方法。

**4. 标记重捕法**

该方法对两栖、爬行动物均适用。在调查样地上随机捕捉一定数量的个体（设数量为 $M$），将其涂色或剪指（剪指时用酒精棉球消毒，以防感染）的方法作标记，之后全部释放，经一定期限后再行随机捕捉（设数量为 $n$），统计其中的标记个体数（设数量为 $m$）。设样方内全部个体数为 $N$，则有 $N:M=n:m$。以此估计样地内被调查动物的总数。

## 4.5.2 爬行类数量调查与统计

爬行动物的数量调查方法有样线统计法、捕尽法、标志重捕法等。在野外实习中样线调查法最为常用。调查时，应根据不同的研究目的来确定统计地区。例如，为了调查爬行类的生态分布，应选择几种不同生境，分别进行统计；若要进行昼夜或季节活动周期研究时，则应在同一生境分期重复进行统计。

在进行爬行类生态分布数量统计时，常划分成不同的数量等级，以表示各生境条件下不同动物或同一动物的相对分布数量。一般分为 4 级，如 1000 只/$km^2$ 以上的定为最丰富（＋＋＋＋）；100～1000 只/$km^2$ 为数量较多（＋＋＋）；10～100 只/$km^2$ 为一般（＋＋）；10 只/$km^2$ 以下为稀少（＋）等级。

除了以上方法外，如遇特殊情况，如气候、栖息地等条件的变化，或者人力物力不足时，为了不影响数据的准确性，可以访问当地居民两栖、爬行动物的状况，如种类、数量、出现地点等，间接获得当地两栖、爬行动物的相关信息。

# 第5章　鸟类实习

世界上现存的鸟类有9700余种，我国记录有1371种（郑光美，2011）。西南地区的鸟类非常丰富，据初步统计，该区约有1010种，占全国鸟类总数的73.67%。通过鸟类的野外实习，主要达到以下目的：①初步掌握野外识别鸟类的方法；②了解鸟类与环境的相互关系；③初步掌握鸟类剥制标本的制作方法。

## 5.1　野外识鸟的形态学基础

野外识别鸟类是从事鸟类分类学和生态学研究的基础。在野外观鸟时，鸟停息的时间一般都很短暂，往往是没等仔细观察，鸟就飞离。所以，我们在观鸟时，应迅速抓住容易观察的特征。这就要求我们在实习之前就应熟悉鸟类身体主要部位的名称和鉴定术语。

### 5.1.1　鸟类身体主要部位的名称及鉴别术语

鸟类身体主要部位的名称如图5-1所示。

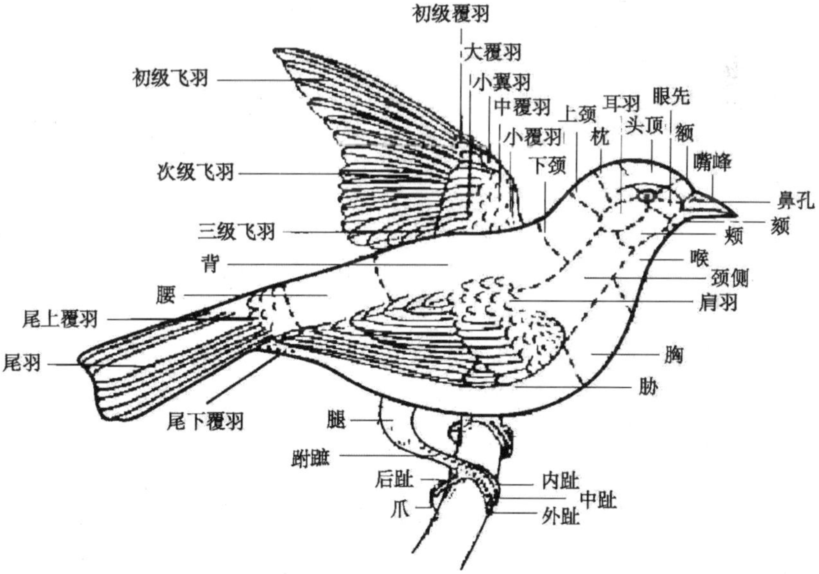


图5-1　鸟体外部形态（钱燕文，1995）

**飞羽**：初级飞羽（指着生于掌骨和指骨的飞羽）、次级飞羽（指着生于尺骨的飞羽）、三级飞羽（指着生于肱骨的飞羽）。

**覆羽**：覆于翼表、里两面的羽毛。根据着生位置的不同又分初级覆羽（覆盖于初级飞羽基部的羽毛）和次级覆羽（覆盖于次级飞羽基部的羽毛，根据排列的前后和羽片的大小，分大、中、小三种）。

**中央尾羽**：为尾羽中央的一对羽毛。

**外侧尾羽**：指位于中央尾羽外侧的尾羽。

**尾上覆羽**：位于腰部之后，覆盖于尾羽基部上面的羽毛。

**尾下覆羽**：位于泄殖腔孔之后，覆盖于尾羽基部下面的羽毛。

**翼角**：指翼的外关节处。

**小翼羽**：位于翼角处的羽毛。

**跗蹠**：位于胫部和趾部之间，或被羽，或着生鳞片。跗蹠部前缘的鳞片可分为盾状鳞（呈横鳞状）、网状鳞（呈网状）和靴状鳞（呈整片状）三种。

**趾型**：鸟类通常有 4 趾，根据各趾排列的不同，可分为 5 种。①不等趾型（常态足），3 趾向前，1 趾向后，如麻雀；②对趾足，第 2、3 趾向前，1、4 趾向后，如啄木鸟；③异趾型，第 3、4 趾向前，1、2 趾向后，如红头咬鹃（*Harpactes erythrocephalus*）；④并趾型，似常态足，但前 3 趾的基部并连，如普通翠鸟；⑤前趾型，4 趾均向前，如小白腰雨燕（*Apus affinis*）。

**蹼**：指位于趾间的薄膜。大多数水禽和涉禽具蹼。根据蹼的不同情况可分为 5 种。①蹼足，指前趾间有极发达的蹼相连者，如雁形目（ANSERIFORMES）的鸟类；②凹蹼足，指前趾间的蹼不很完全，中部往往凹入者，如鸥科（Laridae）鸟类；③半蹼足，或称微蹼足，指蹼的大部分退化，仅在趾间基部存留，如鹭科（Ardeidae）鸟类；④全蹼足，4 趾间均有蹼相连者，如鹈形目（PELECANIFORMES）的鸟类；⑤瓣蹼足，趾两侧附有叶状蹼膜者，如䴙䴘目（PODICIPEDIFORMES）的鸟类。

## 5.1.2 鸟类头部主要部位的名称及鉴别术语

鸟类头部的斑纹见图 5-2。

**额**：头的最前部，与上嘴基部相连。

**头顶**：额后面，为头的正中部。

**枕**：或称后头，为头的最后部。

**额板**：又称额甲，为额部的裸皮角质化板。骨顶鸡具白色额斑，故又称白骨顶；黑水鸡（*Gallinula chloropus*）具红色额板，故称红骨顶。

**嘴甲**：为嘴端的甲状加厚部分，见于雁形目的鸟类。

**蜡膜**：上嘴基部的皮肤盖，是一种感觉器，见于鸠鸽类和猛禽类。

**眼先**：位于嘴角后和眼前的区域。

**眼圈**：眼的周缘，呈圈状，如暗绿绣眼鸟具有白色的眼圈。

**颊**：耳羽与颏喉之间的区域。

**耳羽**：或称耳覆羽，着生于耳孔周围，覆盖耳孔，如长耳鸮（*Asio otus*）。

**面盘**：围绕双眼、鼻、口的羽毛形成人面状，如鸮类。

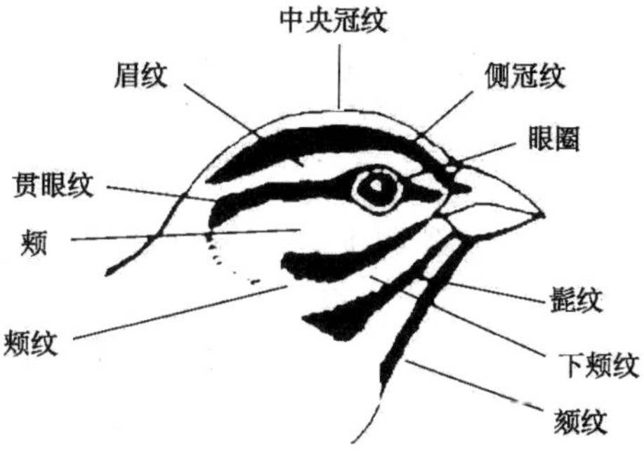


图 5-2　鸟类头部的斑纹（钱燕文，1995）

**羽冠**：头顶上特别延长或耸起的羽毛，形成冠状，如冠鱼狗。

**枕冠**：后头上特别延长或耸起的成簇长羽，如鹭类繁殖期的辫状枕冠。

**肉冠**：头上的裸皮突出部形成的冠状结构。

**头部的斑纹**：头部的斑纹可分以下7类。

**中央冠纹**：又称顶纹。位于头顶部中央的纵纹，如冠纹柳莺（*Phylloscopus reguloides*）。

**侧冠纹**：头顶两侧的纵纹，如三道眉草鹀（*Emberiza cioides*）。

**眉纹或眉斑**：位于眼上部的斑纹，短的称眉斑，长的称眉纹，如多数柳莺。

**贯眼纹**：又称过眼纹。自眼先穿过眼及眼周延伸至眼后的纵纹，如伯劳。

**颊纹**：又称颧纹。自前而后纵贯颊的纹，如白颊噪鹛（*Garrulax sannio*）。

**髭纹**：自嘴角向后延伸，介于颊和喉之间的纵纹，一般的隼（*Falco*）都有髭纹。

**颏纹**：贯于颏部中央的纵纹，如斑头鸺鹠（*Glaucidium cuculoides*）具白色的颏纹。

## 5.2　野外识鸟方法

### 5.2.1　根据形态特征识别鸟类

#### 1. 身体的大小和形状

在野外观鸟时，可以结合自己熟悉的鸟类来进行鸟体大小的记录。似柳莺的鸟类，如树莺（*Cettia*）、绣眼鸟、戴菊（*Regulus regulus*）、鹪鹩（*Troglodytes troglodytes*）等；似麻雀的鸟类，如鹀（*Emberiza*）、鹨（*Anthus*）、文鸟、山雀、燕雀（*Fringilla*）、金翅（*Carduelis*）等；似鸽子的鸟类，如八哥（*Acridotheres cristatellus*）、岩鸽（*Columba rupestris*）、斑鸠、黄鹂、杜鹃（*Cuculus*）、鸫等；似喜鹊的鸟类，如红嘴蓝鹊、乌鸦、松鸦（*Garrulus glandarius*）等；似野鸭的鸟类，如䴙䴘、雁等；似白鹭的鸟类，如鹭类、苇鳽（*Ixobry-*

chus)、鹳（*Ciconia*)、鹤（*Grus*）等；似鹰的鸟类：如隼、鹰（*Accipiter*)、鸢（*Milvus*)、鹞（*Circus*)、鵟（*Buteo*)、鹫（*Gyps*）等。

**2. 喙的形状**

各种鸟食性不同，喙的形状也有很大的不同，因此，喙的形状也是野外鸟类识别的重要依据（图 5-3）。

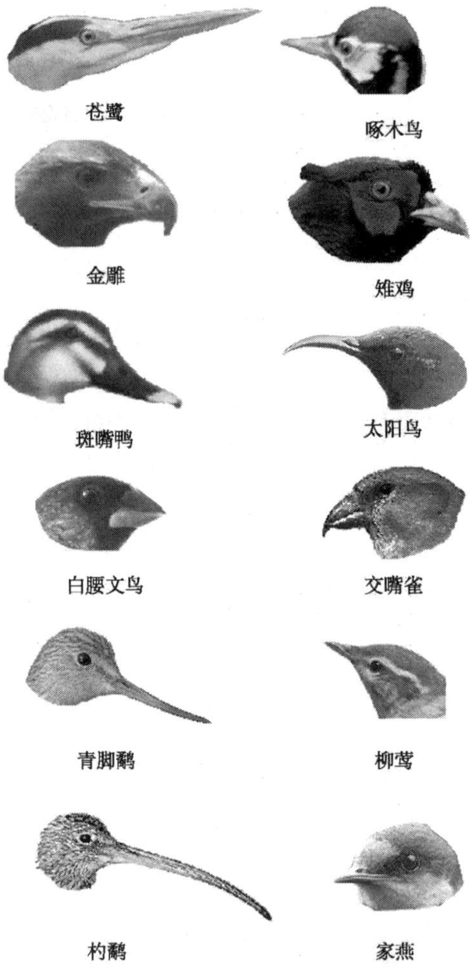


图 5-3　鸟喙的类型

（1）长如剑形的喙：捕食水中生物，如翠鸟、沙锥（*Gallinago*)、鹭、苇鳽、鹳及鹤等。

（2）凿状喙：啄食树木中的昆虫，如啄木鸟。

（3）细长喙：啄食底栖生物，如白腰杓鹬（*Numenius arquata*）、青脚鹬（*Tringa nebularia*）等。

（4）较长而向下弯曲的喙：啄食昆虫、花蜜，如戴胜（*Upupa epops*）、杓鹬、钩嘴鹛（*Pomatorhinus*）、太阳鸟（*Aethopyga*）等。

（5）短而扁阔的三角形喙：适于空中捕食昆虫，如夜鹰（*Caprimulgus*）、雨燕（*Apus*）、鹟类（*Muscicapa*）及燕子等。

（6）细圆锥状喙：啄食植物种子，如麻雀、白腰文鸟、鹀类等，其中鹀类主要以草籽为食，上下喙不互相紧接，形成缝隙。

（7）粗圆锥状喙：啄食植物的种子、果实和嫩芽，如黑尾蜡嘴雀（*Eophona migratoria*）、锡嘴雀等。

（8）短细形喙：主食昆虫，如纯色山鹪莺（*Prinia inornata*）、冠纹柳莺等。

（9）较粗健形喙：以昆虫、浆果等为食，上喙近端处常具缺刻或微具小钩，如鸫类。

（10）短而厚的喙：主食昆虫，如鸦雀类（*Paradoxornis*）。

（11）长厚粗壮形喙：地面啄食植物、昆虫，如雉科鸟类。

（12）尖锐钩状形喙：撕扯吞食肉类，如黑耳鸢（*Milvus lineatus*）、苍鹰（*Accipiter gentilis*）等猛禽。

（13）扁平形喙：滤食浮游生物或啄水草，如斑嘴鸭、绿头鸭等雁鸭类。

（14）特殊类型的喙：上下喙交叉而无法对齐的喙，如红交嘴雀（*Loxia curvirostra*）；扁平如汤勺状的喙，如白琵鹭（*Platalea leucorodia*）；上喙向下钩曲而覆盖下喙，短厚而侧扁的喙，如鹦鹉；大且具盔突的喙，如犀鸟科（Bucerotidae）的鸟类。

### 3. 翅型

当鸟类在空中慢飞或翱翔时，容易观察其翅形。对于一些难以接近的鸟，靠翅形的特征可以进行初步分类。典型的翅型有三种（图5-4）。

（1）圆形翅，如鹰科（Accipitridae）的鸟类、黄鹂、白颊噪鹛及鸡形目（GALLIFORMES）鸟类。

（2）尖形翅，如隼科鸟类、家燕、金腰燕、雨燕的翅。家燕和雨燕的翅均为尖形，但家燕的翅具明显的翼角（翼的腕关节），雨燕的翼角不明显，翅长呈粗镰刀状。

（3）方形翅，如八哥、金翅雀（*Carduelis sinica*）。

此外，雁鸭类翅膀上翼镜（翼上特别明显的块状斑）的有无，翼镜的颜色、大小及形态，猛禽类翼指（主要是指鹰科鸟类的初级飞羽在展开时，形如人类手指状）的数量和形状，是否有圆突（指翼飞羽末端形成的弧度）等，均可作为野外鉴别的重要依据。

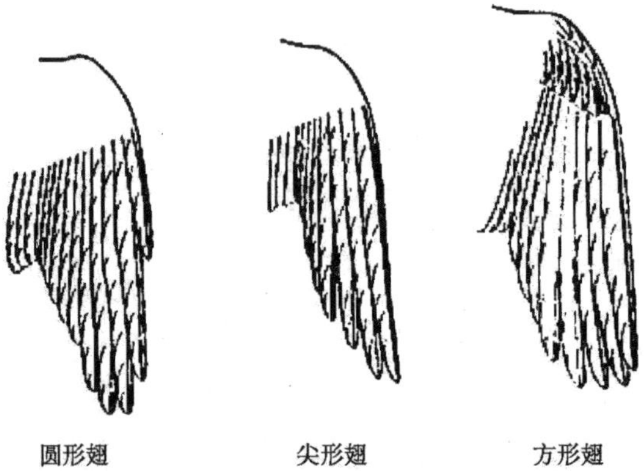


图 5-4　鸟类的翅型（郑作新，1987）

## 4. 尾羽的形状

鸟类的尾羽在飞行中起平衡和舵的作用，因飞翔特性不同以及生活习性的差异，尾羽的形态也多种多样，是分类的重要依据（图 5-5）。

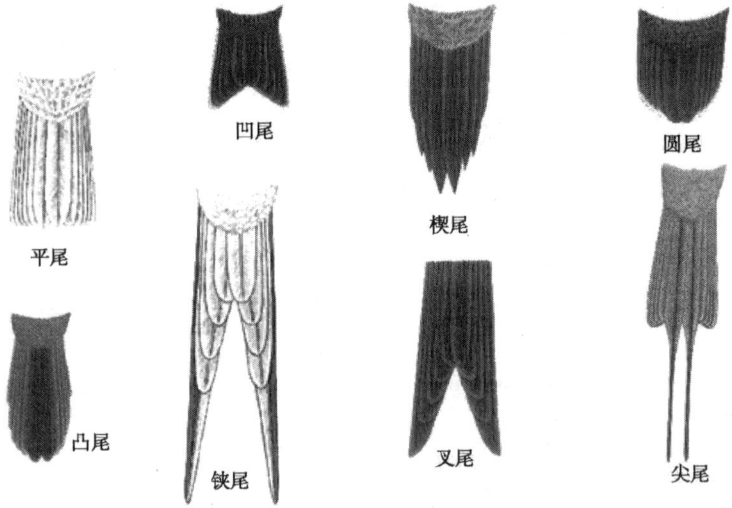


图 5-5　鸟类的尾型（李桂垣，1995）

（1）平尾：各尾羽长短基本一致，尾先端呈平截状，如鹭科鸟类。

（2）圆尾：中央尾羽稍长，外侧尾羽渐短，尾先端圆弧状，如八哥。

(3) 楔尾：尾羽特别硬，如啄木鸟。

(4) 凹尾：尾羽中央的凹陷较叉尾深，如鸢、崖沙燕 (*Riparia riparia*) 和麻雀等。

(5) 凸尾：中央尾羽稍长，如伯劳科鸟类、鸦鹃属 (*Centropus*) 及扇尾莺属 (*Cisticola*) 的鸟类。

(6) 叉尾：中央尾羽稍短，外侧尾羽渐长，如家燕、金腰燕、白冠燕尾 (*Enicurus leschenaulti*) 及卷尾科 (Dicruridae) 的鸟类。

(7) 铗尾：即深叉尾，外侧尾羽特别长，中央尾羽最短，如燕鸥属 (*Sterna*) 鸟类。

(8) 尖尾：中央两枚尾羽特别长，如蜂虎 (*Merops*)。

(9) 其他类型的尾：可分为短尾及长尾。

短尾：尾极短，不显，如鹛鹛、鹌鹑 (*Coturnix coturnix*)、鹪鹩等。

长尾：尾明显较长或极长，如红嘴蓝鹊、锦鸡 (*Chrysolophus*)、雉鸡 (*Phasianus colchicus*)、杜鹃、喜鹊、寿带 (*Terpsiphone paradise*) 等。

### 5. 腿的长短

一般水鸟的腿都比较长，但它们彼此之间也有长短的差异，尤其是在它们飞翔的时候，脚突出于尾部的长度是容易比较的，腿特别长的鸟类有鹭、鹳、鹤等大、中型涉禽，比较长的有鸻和鹬等小型涉禽。

## 5.2.2 根据颜色识别鸟类

### 1. 根据羽色识别鸟类

羽色是野外识别鸟类的重要依据。在观察鸟羽颜色时，首先要注意鸟体的整体颜色。常见的体色可归为以下10类。

(1) 几全为黑色者，如鸬鹚、红骨顶、白骨顶、董鸡 (*Gallicrex cinerea*)、噪鹃、黑卷尾 (*Dicrurus macrocercus*)、乌鸫、秃鼻乌鸦 (*Corvus frugilegus*)、大嘴乌鸦 (*Corvus macrorhynchos*) 及小嘴乌鸦等。

(2) 黑白两色相嵌者，如黑鹳 (*Ciconia nigra*)、凤头潜鸭、大斑啄木鸟 (*Dendrocopos major*)、鹊鹞 (*Circus melanoleucos*)、喜鹊、八哥、燕尾等。

(3) 几全为白色者，如天鹅 (*Cygnus*)、白鹭及白马鸡等。

(4) 以灰色为主者，如灰鹤 (*Grus grus*)、杜鹃、岩鸽、灰卷尾 (*Dicrurus leucophaeus*) 等。

(5) 灰白两色相嵌者，如苍鹭、夜鹭、红嘴鸥、白胸苦恶鸟 (*Amaurornis phoenicurus*)、白额燕鸥 (*Sterna albifrons*)、灰山椒鸟 (*Pericrocotus divaricatus*) 等。

(6) 以蓝色为主者，如蓝马鸡、蓝翡翠 (*Halcyon pileata*)、翠鸟、三宝鸟 (*Eurystomus orientalis*)、蓝翅八色鸫 (*Pitta brachyura*)、红嘴蓝鹊、蓝歌鸲 (*Luscinia cyane*)、红胁蓝尾鸲 (*Tarsiger cyanurus*)、红尾水鸲及蓝矶鸫 (*Monticola solitarius*) 等。

(7) 以绿色为主者，如灰头鹦鹉 (*Psittacula himalayana*)、绿喉蜂虎 (*Merops orientalis*)、灰头绿啄木鸟、大拟啄木鸟 (*Megalaima virens*)、绣眼及柳莺等。

(8) 以黄色为主者，如黑枕黄鹂、黄腹山雀、金翅雀、黄雀 (*Carduelis spinus*) 等。

(9) 以红色或锈红色为主者，如红腹锦鸡 (*Chrysolophus pictus*)、长尾山椒鸟 (雄) (*Pericrocotus ethologus*)、蓝喉太阳鸟 (雄) (*Aethopyga gouldiae*)、朱雀 (雄) (*Carpodacus* spp.)、红交嘴雀 (雄)、红隼 (*Falco tinnunculus*)、棕背伯劳、棕头鸦雀 (*Paradoxornis webbianus*) 和斑胸钩嘴鹛 (*Pomatorhinus erythrocnemis*) 等。

(10) 以褐色或棕色为主者，种类繁多，如部分雁、鸭、鹰、隼、鹬、斑鸠、雉鸡、云雀、鹨、伯劳、鸫、画眉 (*Garrulax canorus*)、树莺、苇莺 (*Acrocephalus*)、扇尾莺、旋木雀、麻雀和鹀等。

其次，还应尽快准确地观察身体各主要部位的颜色，并抓住其最突出的特征。特别注意头顶、眉纹、贯眼纹、眼周、翅斑、腰羽、尾端等处的羽色。

最后，我们在根据羽色识鸟时，还应注意以下三点。

(1) 应顺光进行观察，观察鸟类的羽毛颜色时，逆光看容易产生错觉。

(2) 成、幼鸟在体色上往往存在一些差异，但幼鸟通常不会单独活动，找到亲鸟后仔细观察，做好记录，积累经验。

(3) 注意不同季节鸟类羽色的变化，鸟类适应气温的变化，一年中要换两次羽，绝大多数的鸟类前后羽色没有明显差别。但个别种类有一些较明显的差异。如灰鹡鸰，冬羽喉部白色，而夏羽喉部黑色。

**2. 根据裸部的颜色识别鸟类**

所谓裸部是指鸟类身体未被羽毛覆盖的区域，包括眼睛、眼圈、喙、蜡膜及脚的颜色。例如，有些鸟就是用喙的颜色命名的，如斑嘴鸭、赤嘴潜鸭 (*Netta rufina*) 等。又如，大天鹅 (*Cygnus cygnus*) 与小天鹅 (*Cygnus columbianus*) 就是根据喙上黄色斑块的大小来区分的：黄色斑块较大，向嘴尖延伸的是大天鹅；黄色斑块小，仅在喙基一小块的是小天鹅。

### 5.2.3　根据行为识别鸟类

对一些空中飞翔，逆光或距离较远的鸟类，根据其行为来识别鸟类是一种有效的方法。

**1. 飞翔姿态**

鹡鸰、鹨、戴胜及啄木鸟等呈波浪式飞行；野鸭、天鹅、杜鹃、乌鸦、伯劳、翠鸟等沿直线飞行；雨燕飞行速度极快而又常改变方向；百灵、小云雀等能垂直起飞或降落；卷尾、鹟、扇尾莺、鹎等从停息地点跃起捕食后返回原地，飞行路径呈不规则的曲线；红嘴蓝鹊、灰喜鹊、松鸦等呈鱼贯式飞行；鹰、鹞等常长时间滑翔；雁鸭类和鹤类飞行时常编成“一”字形或“人”字形队伍；鹭科鸟类拍翅缓慢，飞行时颈部呈“S”形；雁鸭、鹳及鹤飞行时颈部笔直前伸；鸻和鹬结群飞行时爬高、俯冲、转弯动作整齐一致。

**2. 停息**

鸟停息的地点和姿势也可作为认鸟的线索。观察鸟停息时要注意其身体的角度，是直立、水平，还是倾斜；停息的地点是树梢、地面，还是某些物体的顶端。

蓝矶鸫停息时常挺直身体站立；星鸦、山椒鸟经常出现在树冠或树梢的顶部；岩鹨常出现在地面或岩石上；伯劳、部分鸲和一些鹟喜欢在突出物，如树桩上停息；鹊鸲常在树上或房屋顶上昂首翘尾。

**3. 摆尾**

鸟走动或停息时，尾也有不同的动作。鹡鸰走动时常常上下摆动尾羽；矶鹬刚停下时会剧烈摆动尾羽；伯劳停息时尾会抽动或划圆圈；红尾水鸲、白顶溪鸲的尾会展开并上下急剧摆动；扇尾鹟在树干上活动时，尾巴会像扇子一样反复打开合拢；山鹡鸰停息时尾常左右摆动。

**4. 行走**

鸟的行走方式有步行、跳跃，或兼而有之。麻雀和许多生活在灌木丛中的鹛类只会双脚跳跃前进；鸠、鸽类皆双脚交互落地行走；八哥、乌鸦步行、跳跃都有；啄木鸟能在树干上攀附向上跳行，但却不能头向下沿树干下行；䴓不仅可沿树干向上行进，而且也能头朝下向下行进；旋木雀常沿树干作螺旋形向上攀爬行进。

**5. 鸣声**

不同鸟类的鸣声有着很大的差异。根据鸣声，我们可以识别一些隐蔽在高枝密叶间，难以发现的或距离较远，不易看清的鸟类。这种方法对鸟类资源调查和数量统计尤为重要。在野外常听到的鸣声，大致可分以下 6 类。

(1) 单调粗厉的鸣叫声：大嘴乌鸦为“gua-”声；小嘴乌鸦为“wa-”；绿头鸭为“ga-ga-ga-”；灰头绿啄木鸟为“ha-ha-”；雉鸡为“ge-”；鹭、鹤、雁及伯劳的鸣声都不悦耳。

(2) 婉转多变：绝大多数雀形目（PASSERIFORMES）鸟类的鸣啭韵律丰富，悠扬悦耳，但各有差异，如百灵、云雀、画眉、红嘴相思鸟、红喉歌鸲(*Luscinia calliope*)、乌鸫、鹊鸲、八哥、黄鹂及白头鹎等；有的还能仿效他鸟鸣叫，如画眉、乌鸫和伯劳。

(3) 嘹亮重复音节的鸣叫声：普通夜鹰的“da，da，da，-”；普通翠鸟的“di-di-di-di-”；白鹡鸰的“jili”；白胸苦恶鸟的“kue，kue，kue”；大杜鹃（*Cuculus canorus*）的“gu-gu”；大山雀（*Parus major*）的“zi-zi-gui-”；冕柳莺（*Phylloscopus coronatus*）的“jiajiaji”；红角鸮（*Otus scops*）的“wang-gang-ge”；四声杜鹃的“gu-gu-gu-gu”等，这些都是非常容易辨别的典型叫声。

(4) 如吹哨声：响亮清晰，或轻快如铃，如强脚树莺（*Cettia fortipes*）。

(5) 尖细颤抖：燕雀、金翅雀等小型鸟类边飞边鸣，发出似摩擦金属或昆虫振翅，既颤抖又尖细的声音。

(6) 低沉：单调轻飘的如斑鸠，声如击鼓的如董鸡等。

以上几种在野外识别鸟类的方法，必须灵活运用，不能单凭一种方法。对一些善于鸣叫的鸟类，先循其声，再走近观察形态与颜色，以确切辨认。

## 5.3　不同环境中的常见鸟类识别

不同环境中，鸟类的组成往往存在很大的差异。这里，我们将西南地区鸟类的栖息环境大致分为三类：①水域环境；②开阔生境；③山地林区环境。现将各生境中常见的鸟类分述如下。

### 5.3.1　水域环境中的鸟类

一般来说，湖泊、池塘、稻田、水库等湿地环境，视野开阔，鸟类的活动地点较为固定，能够长时间观察，但一般距离远，难以近距离观察，受天气、光照等影响较大，此时必须有专业的望远设备。观鸟时可对照彩色图谱，注意区别水鸟的雌雄性、成体与亚成体、相似种。在对照图谱中，要特别对雄鸟作重点观察，因为一般雄性较雌性更具显著的特征。水域环境中常见的鸟类主要包括游禽类（如䴙䴘目、鹈形目、雁形目和鸻形目鸥科的鸟类）、涉禽类（如鹳形目、鹤形目及鸻形目的大部分种类）、鸣禽类（如佛法僧目的翠鸟科和鱼狗科、河乌科、鹡鸰科及鹟科的部分种类），代表动物及其野外识别特征如表5-1所示。

**表 5-1　水域环境中常见的鸟类及其野外识别特征**

| 类别 | 主要特征 | 代表动物 | |
|---|---|---|---|
| **一、䴙䴘目 PODICIPEDIFORMES** | | | |
| **䴙䴘科 Podicipedidae** | | | |
| 小䴙䴘属 *Tachybaptus* | • 较家鸭小；嘴尖，翼短，尾甚短，趾具有瓣蹼，羽毛长而柔软如丝<br>• 善潜水，飞翔时两脚明显伸于尾后<br>• 跗蹠后方鳞片主要呈三角形 | 小䴙䴘⊕<br>*Tachybaptus ruficollis*<br>俗名：水葫芦、潜水鸭子<br>体长240～270mm，暗褐色；颈侧栗红色；虹膜黄色 |  |
| 䴙䴘属 *Podiceps* | • 较家鸭小；嘴尖，翼短，尾甚短，趾具有瓣蹼，羽毛长而柔软如丝<br>• 善潜水，飞翔时两脚明显伸于尾后<br>• 跗蹠后方鳞片主要呈长方形 | 黑颈䴙䴘⊕<br>*Podiceps nigricollis*<br>俗名：水葫芦、潜水鸭子<br>体长300～320mm，颏部白色延伸至眼后呈月牙形；嘴黑色，脚灰黑色；虹膜红色 |  |
| | | 凤头䴙䴘#<br>*Podiceps cristatus*<br>体长约500mm，颈修长，具显著的深色羽冠，下体近白色，上体纯灰褐色。嘴黄色，下颚基部带红色，嘴峰近黑；脚近黑 |  |

续表

| 类别 | 主要特征 | 代表动物 | |
|---|---|---|---|
| **二、鹈形目 PELECANIFORMES** | | | |
| **鸬鹚科 Phalacrocoracidae** | | | |
| 鸬鹚属 *Phalacrocorax* | • 身体比鸭狭长，体羽为金属黑色；嘴强而长，锥状，先端具锐钩<br>• 栖止时身体直立；飞翔时颈和腿伸直，沿直线前进；善潜水捕鱼 | 普通鸬鹚⊕<br>*Phalacrocorax carbo*<br>俗名：鱼老鸹、鱼鹰<br>体长约 800mm，体色以黑色为主，脸颊及喉白色，嘴黑色，厚重，下嘴基裸露皮肤黄色，脚黑色 |  |
| **三、雁形目 ANSERIFORMES** | | | |
| **鸭科 Anatidae** | | | |
| 天鹅属 *Cygnus* | • 体形显著较鹅大，雌雄同色；颈修长，超过体长或与身躯等长；眼先裸露<br>• 起飞时在水面上踏水的时间较长，飞行时振翅有力 | 大天鹅 # *Cygnus cygnus*<br>俗名：黄嘴天鹅、大白鹅<br>体长约 1550mm，体白色；嘴黑色，嘴基黄色前展至鼻孔之下 |  |
| | | 小天鹅 *<br>*Cygnus columbianus*<br>体长约 1420mm，体白色；嘴黑色，嘴基黄色部分不达鼻孔 |  |
| 雁属 *Anser* | • 大小如鹅，体羽多为褐、灰和白色<br>• 游泳时尾常上翘<br>• 迁徙时排成“一”字形或“人”字形，扇翅速度较慢 | 斑头雁 # *Anser indicus*<br>俗名：白头雁、黑纹头雁<br>体长 670～740mm，头顶白色，枕有两道黑色带斑，喉部白色延伸至颈侧。嘴橙黄色，嘴尖黑色，脚橙黄色 |  |

续表

| 类别 | 主要特征 | 代表动物 | |
|---|---|---|---|
| 雁属 *Anser* | • 大小如鹅，体羽多为褐、灰和白色<br>• 游泳时尾常上翘<br>• 迁徙时排成“一”字形或“人”字形，扇翅速度较慢 | 鸿雁 * *Anser cygnoides*<br>俗名：雁鹅<br>体长约 880mm，黑且长的嘴与前额成一直线，一道狭窄白线环绕嘴基。雄雁上嘴基部有一突起。飞时鸣声喧哗 |  |
| | | 豆雁 * *Anser fabalis*<br>俗名：雁鹅、麦鹅<br>体长约 800mm，嘴黑而具有橘黄色次端条带 |  |
| 鸳鸯属 *Aix* | • 游泳时尾露出水面，很少潜水<br>• 飞行时颈伸直，脚不显，扇翅声大，速度快<br>• 体较小，翅短于240mm<br>• 具白色眼圈及眼后线；雄鸟具羽冠及帆状饰羽 | 鸳鸯⊕ *Aix galericulata*<br>体长约 450mm，色彩艳丽。雄鸟有醒目的白色眉纹、金色颈、帆状饰羽。雌鸟亮灰色体羽，具白色眼圈及眼后线。雄鸟嘴红色，雌鸟嘴灰色；脚近黄色 |  |
| 麻鸭属 *Tadorna* | • 游泳时尾露出水面，很少潜水<br>• 飞行时颈伸直，脚不显，扇翅声大，速度快<br>• 体较大，翅长于280mm，翅上覆羽全白或略染棕色 | 赤麻鸭⊕<br>*Tadorna ferruginea*<br>俗名：黄鸭、黄鸡婆<br>体长约 630mm，橙栗色鸭类。雄鸟夏季有狭窄的黑色领圈。飞行时白色的翅上覆羽及铜绿色翼镜明显可见。嘴和腿黑色 |  |

续表

| 类别 | 主要特征 | 代表动物 | |
|---|---|---|---|
| 麻鸭属 *Tadorna* | • 游泳时尾露出水面，很少潜水<br>• 飞行时颈伸直，脚不显，扇翅声大，速度快<br>• 体较大，翅长于280mm，翅上覆羽全白或略染棕色 | 翘鼻麻鸭 #<br>*Tadorna tadorna*<br>俗名：花野鸭<br>体长约 600mm，具醒目色彩的黑白色鸭，绿黑色光亮的头部与鲜红色的嘴及额基部隆起的皮质肉瘤对比强烈，胸部有一栗色横带，脚红色 |  |
| 鸭属 *Anas* | • 游泳时尾露出水面，很少潜水<br>• 飞行时颈伸直，脚不显，扇翅声大，速度快<br>• 翅多短于 280mm，翅上覆羽无白色或仅局部白色 | 赤膀鸭 # *Anas strepera*<br>体长约500mm 的灰色鸭。雄鸟嘴黑色，头棕色，尾黑色，次级飞羽具白斑，腿橘黄色。雌鸟似雌绿头鸭但头较扁，嘴侧橘黄色，腹部及次级飞羽白色 | <br>(♂)<br><br>(♀) |
| | | 罗纹鸭 # *Anas falcata*<br>体长约 500mm，雄鸟头顶栗色，头侧绿色闪光的冠羽延垂至颈项，黑白色的三级飞羽长而弯曲，喉及嘴基白色。雌鸟暗褐色杂深色，嘴黑色，脚暗灰 | 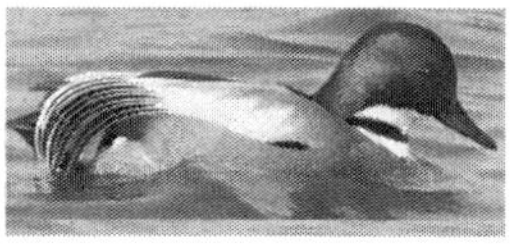<br>(♂)<br><br>(♀) |
| | | 赤颈鸭 # *Anas penelope*<br>体长约470mm 的大头鸭。雄鸟：头栗色而带皮黄色冠羽。雌鸟通体棕褐或灰褐色，腹白色。嘴蓝绿色，脚灰色 | <br>(左♀，右♂) |
| | | 绿头鸭<br>*Anas platyrhynchos*<br>俗名：青头鸭<br>体长约 580mm。雄鸟头及颈深绿色带金属光泽，白色颈环使头与栗色胸隔开。雌鸟褐色斑驳，有深色的贯眼纹 |  |

续表

| 类别 | 主要特征 | 代表动物 | |
|---|---|---|---|
| 鸭属 *Anas* | • 游泳时尾露出水面，很少潜水<br>• 飞行时颈伸直，脚不显，扇翅声大，速度快<br>• 翅多短于 280mm，翅上覆羽无白色或仅局部白色 | 斑嘴鸭⊕<br>*Anas poecilorhyncha*<br>俗名：蒲鸭<br>体长约 600mm，嘴黑，先端黄色；繁殖期黄色嘴端顶尖有一黑点，具金属蓝或绿紫色翼镜；脚红色 |  |
| | | 琵嘴鸭# *Anas clypeata*<br>俗名：琵琶嘴<br>体长约 500mm，嘴特长，末端呈匙形。雄鸟腹部栗色，胸白色，头深绿色而具光泽。雌鸟褐色斑驳，尾近白色，贯眼纹深色 |  |
| | | 针尾鸭 *Anas acuta*<br>俗名：尖尾鸭、长尾凫<br>体长约 550mm，尾长而尖。嘴蓝灰色，脚灰色 |  |
| | | 绿翅鸭 *Anas crecca*<br>俗名：小水鸭、干半斤<br>体长约 370mm。绿色翼镜在飞行时显而易见。雄鸟深色的尾下羽外缘具皮黄色斑块；雌鸟褐色斑驳，腹部色淡 |  |
| 潜鸭属 *Aythya* | • 无翼斑<br>• 很少鸣叫<br>• 为深水鸟类，善潜水<br>• 雄体头部通常为黑色或红色，具金属光泽。雌体纯褐色 | 凤头潜鸭<br>*Aythya fuligula*<br>俗名：凤头鸭子<br>体长约 420mm。具特长羽冠。雄鸟黑色，腹部及体侧白色。雌鸟深褐色，两胁褐而羽冠短 |  |

续表

| 类别 | 主要特征 | 代表动物 |
| --- | --- | --- |
| 潜鸭属 *Aythya* | • 无翼斑<br>• 很少鸣叫<br>• 为深水鸟类，善潜水<br>• 雄体头部通常为黑色或红色，具金属光泽。雌体纯褐色 | 白眼潜鸭<br>*Aythya nyroca*<br>体长约 410mm 的全深色型鸭，仅眼及尾下羽白色。雄鸟头、颈、胸及两胁浓栗色，眼白色；雌鸟暗烟褐色，眼色淡。嘴蓝灰，脚灰色  |
| | | 红头潜鸭⊕<br>*Aythya ferina*<br>俗名：红头鸭<br>体长约 460mm。雄鸟栗红色的头部与亮灰色的嘴和黑色的胸部及上背成对比。雌鸟背灰色，头、胸及尾近褐色，眼周皮黄色。嘴灰色而端黑，脚灰色  |
| 鹊鸭属 *Bucephala* | • 善潜水<br>• 起飞时两翅需要在水面不断拍打和助跑才能从水面飞起 | 鹊鸭<br>*Bucephala clangula*<br>俗名：白脸鸭<br>体长约 480mm 的深色潜鸭。繁殖期雄鸟胸腹白色，次级飞羽极白；嘴基部具大的白色圆形点斑；头余部黑色闪绿光。雌鸟烟灰色，具近白色扇贝形纹；头褐色；通常具狭窄白色前颈环。虹膜黄色  |
| 秋沙鸭属 *Mergus* | • 嘴细长有钩，雌雄均有羽冠<br>• 善潜水 | 普通秋沙鸭 #<br>*Mergus merganser*<br>体长约 680mm 的食鱼鸭。嘴红色，嘴先端黑色；脚红色。雄鸟头及背部绿黑，与光洁的乳白色胸部及下体成对比。雌鸟上体深灰色，头棕褐色而颏白色 <br>(♂)<br><br>(♀) |

续表

| 类别 | 主要特征 | 代表动物 | |
|---|---|---|---|
| 秋沙鸭属 *Mergus* | • 嘴细长有钩，雌雄均有羽冠<br>• 善潜水 | 中华秋沙鸭⊕<br>*Mergus squamatus*<br>雄鸟：体长约580mm的绿黑色及白色鸭，羽冠长，两胁具鳞状纹，胸白。雌鸟：色暗而多灰色，头棕褐色，体侧具同轴而灰色宽黑色窄的带状图案，嘴、脚橘黄色 |  |
| **四、鸻形目 CHARADRIIFORMES** | | | |
| **鸥科 Laridae** | | | |
| 鸥属 *Larus* | • 翅尖长，尾方形<br>• 体羽为单调的灰、白及黑三色 | 红嘴鸥⊕<br>*Larus ridibundus*<br>俗名：水鸽子<br>体长约400mm，嘴和脚皆呈红色；冬羽头部为白色，头顶有褐色斑纹，眼后有黑褐色斑。常在水面飞翔，游泳时尾端翘起，翅端伸到尾的后上方 |  |
| **五、鹳形目 CICONIIFORMES** | | | |
| **（一）鹭科 Ardeidae** | | | |
| 鹭属 *Ardea* | • 具有嘴长、颈长、腿长，“三长”的特点<br>• 飞翔时头颈缩成“S”形，两腿向后直伸<br>• 体较大，翅长于320mm。胫的裸出部较后趾（不连爪）为长 | 苍鹭⊕ *Ardea cinerea*<br>俗名：青桩<br>体大，长约920mm的白、灰及黑色鹭。过眼纹及冠羽黑色。虹膜黄色，眼先裸露部分黄绿色，嘴黄色，跗蹠和趾黄褐色或深棕色，爪黑色 |  |

续表

| 类别 | 主要特征 | 代表动物 | |
|---|---|---|---|
| 鹭属 *Ardea* | 具有嘴长、颈长、腿长"三长"的特点<br>• 飞翔时头颈缩成"S"形，两腿向后直伸<br>• 体较大，翅长于320mm。胫的裸出部较后趾（不连爪）为长 | 大白鹭⊕ *Ardea alba*<br>俗名：白鹤<br>体大，长约950mm，体白色；嘴较厚重；颈部具特别的扭结；嘴、腿均为黑色，秋后嘴变黄色，眼先黄绿色 |  |
| 白鹭属 *Egretta* | • 具有嘴长、颈长、腿长"三长"的特点<br>• 飞翔时头颈缩成"S"形。两腿向后直伸<br>• 体羽均为白色，但个体较大白鹭小 | 白鹭⊕ *Egretta garzetta*<br>俗名：鹭鸶、白鹤<br>中等体型，长约600mm，体白色，嘴黑色；腿及脚黑色，趾黄色，繁殖羽颈背有细长饰羽 |  |
| 夜鹭属 *Nycticorax* | • 体较小，翅短于310mm。胫的裸出部较后趾（不连爪）短。翅上覆羽灰色<br>• 常在夜间活动 | 夜鹭⊕<br>*Nycticorax nycticorax*<br>俗名：夜哇子<br>中等体型，长约610mm，头大而体壮的黑白色鹭。顶冠黑色，颈及胸白色，具两条白色冠羽，背黑色，两翼及尾灰色。夜间飞时常发出"wa-"的叫声 |  |
| 池鹭属 *Ardeola* | • 嘴端黑色而其余部分主要呈黄绿色，嘴长于跗蹠 | 池鹭 *Ardeola bacchus*<br>俗名：红毛鹭<br>体长约470mm，翼白色，身体具褐色纵纹的鹭；头颈紫红色，背黑腹白色 |  |

续表

| 类别 | 主要特征 | 代表动物 | |
|---|---|---|---|
| 牛背鹭属 *Bubulcus* | • 嘴黄色，短于跗蹠 | 牛背鹭# *Bubulcus ibis*<br>俗名：鹭鸶<br>体长约 500mm。繁殖羽：体白，头、颈、胸沾橙黄；虹膜、嘴、腿及眼先短期呈亮红色，余时橙黄色。非繁殖羽：体白色，仅部分鸟额部沾橙黄色，嘴较短厚，脚暗黄至近黑色 |  |
| 苇鳽属 *Ixobrychus* | • 为体形较小的鹭类<br>• 嘴较细，长于中趾（连爪），上体无黑色横斑和点斑 | 栗苇鳽*<br>*Ixobrychus cinnamomeus*<br>成年雄鸟：上体栗色，下体黄褐色，喉及胸具由黑色纵纹而成的中线，两胁具黑色纵纹，颈侧具偏白色纵纹。雌鸟：色暗，褐色较浓。亚成鸟：下体具纵纹及横斑，上体具点斑，嘴黄色，脚绿色 |  |
| **（二）鹳科 Ciconiidae** | | | |
| 鹳属 *Ciconia* | • 飞翔时头颈及两腿直伸，两翅扇动徐缓<br>• 不鸣叫<br>• 在大树上或岩隙间营巢 | 黑鹳⊕ *Ciconia nigra*<br>俗名：黑老鹳、乌鹳<br>体大，长约 1000mm 的黑色鹳。下胸、腹部及尾下白色，嘴及腿红色。飞行时翼下黑色，仅三级飞羽及次级飞羽内侧白色，眼周裸露皮肤红色 |  |
| **六、鹤形目 GRUIFORMES** | | | |
| **（一）鹤科 Gruidae** | | | |
| 鹤属 *Grus* | • 后趾小而高，只有三趾着地；内侧飞羽长而弯曲，覆于尾羽之上<br>• 飞翔时头颈及两腿直伸，两翅扇动徐缓，常边飞边叫；从不上树 | 灰鹤# *Grus grus*<br>体型中等，长约 1250mm 的灰色鹤。前顶冠黑色，中心红色，头及颈深青灰色。自眼后有一道宽的白色条纹伸至颈背 |  |

续表

| 类别 | 主要特征 | 代表动物 | |
|---|---|---|---|
| 鹤属 *Grus* | • 后趾小而高，只有三趾着地；内侧飞羽长而弯曲，覆于尾羽之上<br>• 飞翔时头颈及两腿直伸，两翅扇动徐缓，常边飞边叫；从不上树 | 黑颈鹤 # *Grus nigricollis*<br>长约 1200mm 的偏灰色鹤。头、喉及整个颈黑色，仅眼下、眼后具白色块斑，裸露的眼先及头顶红色，尾、初级飞羽及形长的三级飞羽黑色 |  |
| **（二）秧鸡科 Rallidae** | | | |
| 苦恶鸟属 *Amaurornis* | • 嘴、腿和趾均甚细长，适于涉水；翅短圆，尾短<br>• 飞行时头颈前伸，双腿下垂<br>• 嘴短于跗蹠，体侧无横斑 | 白胸苦恶鸟 #<br>*Amaurornis phoenicurus*<br>体长约 330mm，上体暗石板灰色，两颊、喉以至胸、腹均为白色，下腹和尾下覆羽栗红色。繁殖期间雄鸟晨昏激烈鸣叫，叫声似“kue，kue，kue” |  |
| 董鸡属 *Gallicrex* | • 嘴、腿和趾均甚细长，适于涉水；翅短圆，尾短<br>• 飞行时头颈前伸，双腿下垂<br>• 额甲红色，后缘尖形<br>• 足无瓣蹼 | 董鸡 * *Gallicrex cinerea*<br>俗名：秧鸡<br>体长约 400mm。雄鸟头顶有像鸡冠样的红色额甲，其后端突起游离呈尖形，全体灰黑色，下体较浅。雌鸟体较小，额甲不突起，上体灰褐色。发情期鸣声很像击鼓，清脆嘹亮，单调低沉，略似“咯-咚” |  |
| 黑水鸡属 *Gallinula* | • 额甲红色，额甲后缘钝圆<br>• 善于游泳和潜水 | 黑水鸡 #<br>*Gallinula chloropus*<br>中等体型，长约 310mm，黑白色，嘴短。体羽全青黑色，仅两胁有白色细纹而成的线条以及尾下有两块白斑 |  |

续表

| 类别 | 主要特征 | 代表动物 | |
|---|---|---|---|
| 骨顶属 *Fulica* | • 足具瓣蹼，善潜水<br>• 额甲白色 | 白骨顶（骨顶鸡）<br>*Fulica atra*<br>俗名：黑鸡<br>体长约 400mm，体为黑色，具显眼的白色嘴及额甲。水面游动时颈部前倾并伴以规律性的伸缩动作 |  |
| **七、鸻形目 CHARADRIIFORMES** | | | |
| **（一）燕鸻科 Glareolidae** | | | |
| 燕鸻属 *Glareola* | • 体形似燕，体褐色，腰白色；叉尾，翅长而尖<br>• 嘴扁平而宽短<br>• 飞行也似燕 | 普通燕鸻#<br>*Glareola maldivarum*<br>俗名：土燕子<br>体长约 250mm，翼长，叉形尾，喉皮黄色具黑色边缘。嘴黑色，嘴基猩红，脚深褐色 |  |
| **（二）鸻科 Glareolidae** | | | |
| 鸻属 *Charadrius* | • 头圆大，眼大，嘴短直，腿长，翅尖长，无后趾，羽无点斑<br>• 飞行速度快，方向不定，翅角明显，两腿向后直伸。常单独或小群活动 | 长嘴剑鸻⊕<br>*Charadrius placidus*<br>俗名：小水斑鸠<br>体长约 220mm 健壮的黑、褐及白色鸻。嘴黑色，腿及脚暗黄色 |  |
| | | 金眶鸻⊕<br>*Charadrius dubius*<br>体长约 160mm 的黑、灰及白色鸻。嘴短，黄色眼圈明显，翼上无横纹，具黑或褐色的全胸带，腿黄色 |  |
| | | 环颈鸻⊕<br>*Charadrius alexandrinus*<br>体长约 150mm 而嘴短的褐色及白色鸻。嘴黑色，腿黑色。雄鸟胸侧具黑色块斑；雌鸟此斑块为褐色。飞行时具白色翼上横纹，尾羽外侧更白 |  |

续表

| 类别 | 主要特征 | 代表动物 |
|---|---|---|
| 斑鸻属 *Pluvialis* | • 有后趾<br>• 体羽有黄色或白色小点<br>• 常成小群活动 | 金斑鸻⊕ *Pluvialis fulva*<br>体长约 250mm 的健壮涉禽。头大，嘴短厚，冬羽金棕色。繁殖期雄鸟脸、喉、胸前及腹部均为黑色；脸周及胸侧白色。嘴黑色，腿灰色  |
| 麦鸡属 *Vanellus* | • 头有羽冠或眼前有肉垂<br>• 喜成群活动 | 凤头麦鸡⊕<br>*Vanellus vanellus*<br>俗名：达达燕<br>体长约 300mm，具长窄的黑色反翻型羽冠。上体具绿黑色金属光泽，尾白而具宽的黑色次端带，头顶色深，耳羽黑色，头侧及喉部污白色；胸近黑色，腹白色，嘴近黑色，腿及脚橙褐色  |
| （三）鹬科<br>**Scolopacidae** | | |
| 沙锥属 *Gallinago* | • 腿短，嘴长，身体肥短，体多为棕黄斑杂，有暗色斑纹<br>• 锯齿状盘旋飞行，常常飞不多远又急速落下 | 扇尾沙锥<br>*Gallinago gallinago*<br>体长约 260mm。两翼细而尖，嘴长；脸皮黄色，眼部上下条纹及贯眼纹色深；上体深褐色，具白及黑色的细纹及蠹斑；下体淡皮黄色具褐色纵纹。嘴褐色，脚橄榄色  |
| 矶鹬属 *Actitis* | • 具中等大小的喙<br>• 一般单独活动 | 矶鹬⊕ *Actitis hypoleucos*<br>体长约 200mm 的褐色及白色鹬。背部无明显斑点，翼前具白色的凸起斑。飞行时两翅扇动较为僵硬，且尾上覆羽不为白色。喜欢沿水边跑跑停停，行走时头不停地点动，停息时尾羽不停地上下摆动  |

续表

| 类别 | 主要特征 | 代表动物 | |
|---|---|---|---|
| 鹬属 *Tringa* | • 体中型或小型<br>• 有嘴长、颈长、腿长“三长”特点<br>• 头小 | 青脚鹬 #<br>*Tringa nebularia*<br>体长约 320mm，高挑偏灰色鹬。形长的腿近绿，灰色的嘴长而粗且略向上翻。飞行时脚伸出尾部很多，翼下覆羽具黑褐色波形横斑，叫声为三声的“干叫叫” |  |
| | | 白腰草鹬⊕<br>*Tringa ochropus*<br>体长约 230mm，矮壮型，深绿褐色，腹部及臀白色。眉纹较淡且不超过眼上方，上体色较暗，具白色小点。嘴暗橄榄色；脚橄榄绿色；飞行时尾大致为白色，仅趾伸出尾部 |  |
| **八、佛法僧目 CORACIIFORMES** | | | |
| **（一）翠鸟科 Alcedinidae** | | | |
| 翠鸟属 *Alcedo* | • 嘴长而尖且粗厚，头大尾短，脚亦短<br>• 常独栖在靠近水边的树枝上或岩石上；以俯冲入水方式捕食鱼类 | 普通翠鸟⊕ *Alcedo atthis*<br>俗名：打鱼子<br>体长约 150mm，具亮蓝色及棕色的翠鸟。上体金属浅蓝绿色，颈侧具白色点斑；下体橙棕色，颏白。橘黄色条带横贯眼部及耳羽。嘴黑色（雄鸟），下颚橘黄色（雌鸟）；脚红色 |  |
| 翡翠属 *Halcyon* | • 嘴粗长似凿，基部较宽，嘴峰直，峰脊圆，两侧无鼻沟；翼圆，尾圆形；嘴红色<br>• 飞行慢而有力 | 蓝翡翠⊕<br>*Halcyon pileata*<br>体长约 300mm 的蓝色、白色及黑色翡翠鸟。头黑色，翼上覆羽黑色，上体其余为亮丽华贵的蓝色。两胁及臀沾棕色。飞行时白色翼斑显见。脚红色 |  |

续表

| 类别 | 主要特征 | 代表动物 | |
|---|---|---|---|
| **（二）鱼狗科**<br>**Cerylidae** | | | |
| 鱼狗属 *Megaceryle* | • 体型较大，嘴长而侧扁；翼尖；尾较嘴长<br>• 常独栖在近水边的树枝顶上、电线杆顶或岩石上；与翠鸟的捕食方法相同 | 冠鱼狗⊕<br>*Megaceryle lugubris*<br>俗名：花斑钓鱼郎、冠翠鸟<br>体长约 410mm。冠羽发达，上体及冠羽青黑并多具白色横斑和点斑。大块的白斑由颊区延至颈侧，下有黑色髭纹。下体白色，具黑色的胸部斑纹，两胁具皮黄色横斑。雄鸟翼线白色，雌鸟黄棕色。嘴、脚均黑色 |  |
| **九、雀形目**<br>**PASSERIFORMES** | | | |
| **（一）河乌科**<br>**Cinclidae** | | | |
| 河乌属 *Cinclus* | • 羽色黑褐或咖啡褐色，体羽较短而稠密。嘴较窄而直，嘴长与头几等长<br>• 喜沿山涧河流水面上下飞，停息时常点头翘尾<br>• 能在水面游动，也能在水底潜走 | 褐河乌⊕ *Cinclus pallasii*<br>体长约 210mm，体深褐色 |  |
| | | 河乌＃ *Cinclus cinclus*<br>体长约 200mm，体深褐色，颏及喉至上胸具白色的大斑块 |  |
| **（二）鹟科**<br>**Muscicapidae** | | | |
| 燕尾属 *Enicurus* | • 嘴直而壮，嘴须发达<br>• 栖于林中多岩的湍急溪流；停歇或飞行时发出的鸣声如洪亮的哨声 | 小燕尾⊕<br>*Enicurus scouleri*<br>俗名：小水鸦雀<br>体小，长约 130mm 的黑白色燕尾。尾短；头顶白色，翼上白色条带延至下部且尾开叉。嘴黑色；脚粉白色 |  |

续表

| 类别 | 主要特征 | 代表动物 | |
|---|---|---|---|
| 燕尾属 *Enicurus* | • 嘴直而壮，嘴须发达<br>• 栖于林中多岩的湍急溪流；停歇或飞行时发出的鸣声如洪亮的哨声 | 白冠燕尾⊕<br>*Enicurus leschenaulti*<br>俗名：水鸦雀<br>中等体型，长约 250mm，前额和顶冠白；头余部、颈背及胸黑色；腹部、下背及腰白色；两翼和尾黑色，尾叉甚长而羽端白色；两枚最外侧尾羽全白色 |  |
| 溪鸲属 *Chaimarrornis* | • 常立于水中或于近水的突出岩石上，降落时不停地点头，且尾不停地抽动 | 白顶溪鸲⊕<br>*Chaimarrornis leucocephalus*<br>体长约 190mm，头顶及颈背白色，腰、尾基部及腹部栗色。雄雌同色。嘴、脚均黑色 |  |
| 水鸲属 *Rhyacornis* | • 常在山溪岩石上上下摆动或展开尾羽，并发出短弱的"jiji"声 | 红尾水鸲⊕<br>*Rhyacornis fuliginosus*<br>体小约 140mm 的雄雌异色水鸲。栖于溪流旁。雄鸟：腰、臀及尾栗褐色，其余部位深青石蓝色；雌鸟：上体灰色，眼圈色浅；下体白色，灰色羽缘成鳞状斑纹，臀、腰及外侧尾羽基部白色；尾余部黑色，嘴黑色；脚褐色 | <br>(♂)<br><br>(♀) |
| （三）鹡鸰科<br>**Motacillidae** | | | |
| 鹡鸰属 *Otacilla* | • 体型较纤细。喙较细长，翅尖长，尾细长，外侧尾羽白色<br>• 多停息于水边地面，尾不时上下摆动；飞翔时作"波浪式"前进 | 白鹡鸰⊕ *Motacilla alba*<br>俗名：点水雀<br>体长约 200mm 的黑、灰及白色鹡鸰。体羽上体灰色，下体白色，两翼及尾黑白相间。嘴、脚均黑色 |  |

续表

| 类别 | 主要特征 | 代表动物 | |
|---|---|---|---|
| 鹡鸰属 *Otacilla* | • 体型较纤细。喙较细长，翅尖长，尾细长，外侧尾羽白色<br>• 多停息于水边地面，尾不时上下摆动；飞翔时作"波浪式"前进 | 灰鹡鸰⊕<br>*Motacilla cinerea*<br>俗名：点水雀<br>体长约190mm，尾长。背灰色，腰黄绿色，下体黄色。嘴黑褐色，脚粉灰色 |  |

图片来源：* 表示仿《中国鸟类野外手册》（马敬能等，2000）；# 表示由张铭拍摄；⊕表示由胡杰拍摄（下同）。

## 5.3.2 开阔环境中的鸟类

开阔环境主要包括广阔的农田、草原、丘陵草坡、居民点等。根据鸟类栖止活动场所的不同，我们又可将其分为：长时间在空中飞翔的鸟类、栖息于地面的鸟类、主要栖于树上的鸟类以及主要栖息于树上，也到地面活动的鸟类。现分述如下。

### 1. 长时间在空中飞翔的鸟类

在开阔环境中长时间在空中飞翔的鸟类，主要是一些隼形目、雀形目燕科及雨燕目的种类。代表动物及其野外识别特征如表5-2所示。

**表5-2 开阔环境中长时间在空中飞翔的鸟类及其野外识别特征**

| 类别 | 主要特征 | 代表动物 | |
|---|---|---|---|
| **一、隼形目 FALCONIFORMES** | | | |
| **（一）鹰科 Accipitridae** | | | |
| 鸢属 *Milvus* | • 比乌鸦大；翅宽大，翅端分叉，翼指6枚；尾不长，浅凹形，翅下有大的白斑<br>• 扇翅深而慢，善滑翔 | 黑耳鸢 * *Milvus lineatus*<br>俗名：老鹰<br>体长约650mm的深褐色猛禽。嘴灰色，蜡膜蓝灰，脚灰色 |  |

续表

| 类别 | 主要特征 | 代表动物 | |
|---|---|---|---|
| 鹞属 *Circus* | · 翅宽长，翅端分叉，翼指 5 枚；尾长，尾端略成圆弧形<br>· 扇翅深而慢，善滑翔 | 白尾鹞 * *Circus cyaneus*<br>雄鸟：体长约 500mm，上体蓝灰色，具显眼的白色腰部及黑色翼尖。雌鸟褐色。嘴灰色，脚黄色 |   |
| 鹰属 *Accipiter* | · 大小似乌鸦；翼短圆；尾长，尾端截型；翼指 4～6 枚；翼指向下，后缘有圆突<br>· 直线飞行，能滑行 | 雀鹰 * *Accipiter nisus*<br>俗名：鹞子、鹞鹰<br>雄鸟体长约 320mm，雌鸟体长约 380mm，翼短。脸颊棕色，上体青灰色，胸腹密布褐色横斑，尾有四条黑横带 |   |
| 鵟属 *Buteo* | · 比乌鸦大；翅宽大，翅端分叉，翼指为 5 枚；尾宽，圆尾；翅下有大的黑斑<br>· 扇翅深而慢，善滑翔 | 普通鵟 # *Buteo buteo*<br>体长约 550mm。上体深红褐色，脸侧皮黄具近红色细纹，栗色的髭纹显著；下体偏白上具棕色纵纹，两胁及大腿沾棕色。飞行时两翼宽而圆。嘴灰色，端黑色，蜡膜黄色，脚黄色 |  |
| 兀鹫属 *Gyps* | · 比乌鸦大<br>· 有 8 个很深的翼指<br>· 尾楔形<br>· 翅略有圆突 | 高山兀鹫 #<br>*Gyps himalayensis*<br>体大，长约 1200mm 的浅土黄色鹫。下体具白色纵纹，头及颈略被白色绒羽，具皮黄色的松软领羽。初级飞羽黑色。嘴灰色，脚暗绿灰色 |  |

续表

| 类别 | 主要特征 | 代表动物 | |
|---|---|---|---|
| 雕属 *Aquila* | • 比乌鸦大<br>• 翼指深，有7枚<br>• 翼宽而长，有圆突 | 金雕# *Aquila chrysaetos*<br>体大（850mm）的浓褐色雕。头具金色羽冠，嘴巨大。飞行时腰部白色明显可见。尾长而圆，嘴灰色，脚黄色 |  |
| **（二）隼科 Falconidae** | | | |
| 隼属 *Falco* | • 大小似乌鸦，翅尖长，尾狭长，尾端截型，翼尖不裂，无翼指<br>• 扇翅深而快速，作直线飞行，少滑行，经常悬停 | 游隼⊕ *Falco peregrinus*<br>体长约450mm。成鸟：头顶及脸颊近黑火具黑色条纹；上体深灰具黑色点斑及横纹；下体白色，胸具黑色纵纹，腹部、腿及尾下多具黑色横斑。嘴灰色，蜡膜黄色，脚、腿黄色 |  |
| | | 红隼# *Falco tinnunculus*<br>体小，长约330mm的赤褐色隼。具髭纹。雄鸟头顶及颈背灰色，尾蓝灰无横斑，上体赤褐略具黑色横斑，下体皮黄而具黑色纵纹。雌鸟体型略大，上体全褐色，比雄鸟少赤褐色而多粗横斑。尾展开时为圆形 |  |
| **二、雀形目 PASSERIFORMES** | | | |
| **燕科 Hirundinidae** | | | |
| 沙燕属 *Riparia* | • 头体背面灰褐色、无光泽<br>• 尾为凹尾 | 淡色崖沙燕# *Riparia diluta*<br>体长约120mm的褐色燕，下体白色并具一道特征性的褐色胸带 |  |

续表

| 类别 | 主要特征 | 代表动物 | |
|---|---|---|---|
| 燕属 *Hirundo* | • 头体背面大部呈亮蓝黑色<br>• 尾为深或浅叉状 | 家燕⊕ *Hirundo rustica*<br>俗名：燕子<br>中等体型（200mm，包括尾羽延长部）的灰蓝色及白色的燕。上体钢蓝色，胸偏红而具一道蓝色胸带，腹白色；尾甚长，近端处具白色点斑 |  |
| | | 金腰燕⊕<br>俗名：燕子<br>体长约 180mm。浅栗色的腰与深钢蓝色的上体成对比，下体白而多具黑色细纹，尾长而叉深 |  |
| | | 烟腹毛脚燕 *<br>*Delichon dasypus*<br>体长为 130mm，矮壮的黑色燕。腰白，尾浅叉，下体偏灰，上体钢蓝色，腰白色，胸烟白色，与毛脚燕的区别在翼衬黑色 |  |
| 三、雨燕目 **APODIFORMES** | | | |
| **雨燕科 Apodidiae** | | | |
| 雨燕属 *Apus* | • 翼长而腿，脚弱小<br>• 飞翔速度快，常在空中捕食昆虫 | 小白腰雨燕 *<br>*Apus affinis*<br>体长约 150mm 的偏黑色雨燕。喉及腰白色，凹尾 |  |

续表

| 类别 | 主要特征 | 代表动物 | |
|---|---|---|---|
| 雨燕属 *Apus* | • 翼长而腿，脚弱小<br>• 飞翔速度快，常在空中捕食昆虫 | 白腰雨燕 *<br>*Apus pacificus*<br>俗名：岩燕<br>体长约 180mm 的污褐色雨燕。尾长而尾叉深，颏偏白色，腰上有白斑 |  |

## 2. 栖息于地面的鸟类

在开阔环境中常栖息于地面的鸟类主要包括雀形目百灵科、扇尾莺科及鹡鸰科的部分鸟类，代表动物及其野外识别特征如表 5-3 所示。

**表 5-3　开阔环境中栖息于地面的常见鸟类及其野外识别特征**

| 类别 | 主要特征 | 代表动物 | |
|---|---|---|---|
| **雀形目**<br>**PASSERIFORMES** | | | |
| **（一）百灵科**<br>**Alaudidae** | | | |
| 百灵属<br>*Melanocorypha* | • 初级飞羽 10 枚，第 1 枚极短<br>• 翅较长，几达尾端，外侧尾羽具白端 | 长嘴百灵 #<br>*Melanocorypha maxima*<br>体长约 21.50mm 的偏红色而嘴厚的百灵。胸部的黑色点斑不显著。三级飞羽及次级飞羽羽端的白色明显，外侧尾羽白色 |  |
| 角百灵属 *Eremophila* | • 初级飞羽 9 枚，第 1 枚几达翅端<br>• 头顶两侧各有一簇长羽似“角” | 角百灵 #<br>*Eremophila alpestris*<br>体长约 160mm 的深色百灵。头部图纹别致。雄鸟具粗显的黑色胸带，脸具黑和白色（或黄色）图纹，顶冠前端黑色条纹后延成特征性小“角”。雌鸟及幼鸟色暗（且无“角”），但头部图纹仍可见 |  |

续表

| 类别 | 主要特征 | 代表动物 | |
|---|---|---|---|
| 云雀属 *Alauda* | • 初级飞羽10枚，第1枚极短<br>• 头具明显的羽冠，外侧2对尾羽具楔形白端<br>• 善于在空中飞鸣 | 小云雀⊕<br>*Alauda gulgula*<br>俗名：叫天子<br>体长约150mm的褐色斑驳的鸟。略具浅色眉纹及羽冠。嘴较厚重，嘴角质色，脚肉色 |  |
| （二）鹡鸰科<br>**Motacillidae** | | | |
| 鹨属 *Anthus* | • 嘴较尖细，尾较长，外侧尾羽为白色<br>• 停息尾时常上下摆动 | 田鹨 * *Anthus rufulus*<br>体长约160mm，体黄褐色，有纵纹，眉纹棕白色，腿及后爪较短。嘴粉红褐色；脚粉红色。飞行呈波浪式，叫声单调如“ji-，ji-” |  |
| | | 粉红胸鹨 *<br>*Anthus roseatus*<br>体长约150mm的偏灰色而具纵纹的鹨。眉纹显著，嘴灰色；脚偏粉色 |  |
| （三）扇尾莺科<br>**Cisticolidae** | | | |
| 扇尾莺属 *Cisticola* | • 尾常宽短，尾端色浅 | 棕扇尾莺⊕<br>*Cisticola juncidis*<br>体长约100mm而具褐色纵纹。腰黄褐色，尾端白色。能在空中悬停或作垂直降落，鸣叫声为尖细连续的“di-di-di-di-”声；飞翔时又忽改为“jizha，jizha”声 |  |

### 3. 主要栖于树上的鸟类

在开阔环境中，主要栖息于树上的鸟类有雀形目的莺科、鹟科及燕雀科的部分种类，代表动物及其野外识别特征如表5-4所示。

**表 5-4　主要栖于树上的鸟类及其野外识别特征**

| 类别 | 主要特征 | 代表动物 |
|---|---|---|
| **雀形目 PASSERIFORMES** | | |
| **（一）莺科 Sylviidae** | | |
| 柳莺属 *Phylloscopus* | • 体型纤细瘦小，嘴细小<br>• 鸣叫声尖细而清晰 | 黄腰柳莺 *Phylloscopus proregulus* 体小，仅约 90mm。背部绿色，腰柠檬黄色；具两道浅色翼斑；下体灰白色，臀及尾下覆羽沾浅黄色；具黄色的粗眉纹和适中的顶纹。嘴黑色，嘴基橙黄色，脚粉红色  |
| **（二）鹟科 Muscicapidae** | | |
| 鹟属 *Muscicapa* | • 尾比翅短<br>• 常从树枝起飞捕捉昆虫，再返回原处 | 乌鹟 * *Muscicapa sibirica* 体长约 130mm 的烟灰色鹟。上体深灰，翼上具不明显皮黄色斑纹，下体白色，两胁深色具烟灰色杂斑，上胸具灰褐色模糊带斑；白色眼圈明显，喉白色，通常具白色的半颈环。嘴、脚黑色  |
| 扇尾鹟属 *Rhipidura* | • 尾比翅长，外侧尾羽具白端<br>• 常从树枝起飞捕捉昆虫，再返回原处 | 白喉扇尾鹟 * *Rhipidura albicollis* 体长约 190mm，几乎全身深灰色，颏、喉及眉纹白色。嘴及脚均黑色。时常摆动并扩展其长长的圆尾  |
| **（三）燕雀科 Fringillidae** | | |
| 金翅属 *Carduelis* | • 常具鲜黄的翼斑<br>• 嘴端尖细，嘴峰较直 | 金翅雀 ⊕ *Carduelis sinica* 体长约 130mm。成体雄鸟顶冠及颈背灰色，背纯褐色，翼斑、外侧尾羽基部及臀黄色。雌鸟色暗。嘴偏粉色，脚粉褐色  |

## 4. 主要栖于树上，也常到地面活动的鸟类

在开阔环境中，主要栖息于树上，也到地面活动的鸟类，主要有鸽形目、雀形目鸦科、卷尾科、伯劳科、椋鸟科、鹟科、梅花雀科、雀科、鹡鸰科、鸫科、燕雀科和鹀科的种类，代表动物及其野外识别特征如表 5-5 所示。

**表 5-5　开阔环境中常见于地面活动的鸟类及其野外识别特征**

| 类别 | 主要特征 | 代表动物 | |
|---|---|---|---|
| **一、鸽形目 COLUMBIFORMES** | | | |
| **（一）鸠鸽科 Columbidae** | | | |
| 斑鸠属 *Streptopelia* | • 脚短而强壮<br>• 喜到地面取食 | 珠颈斑鸠<br>*Streptopelia chinensis*<br>中等体型（300mm）的粉褐色斑鸠。后颈黑色半环中杂有白点。叫声为“hu-gu-gu-” |  |
| | | 山斑鸠 #<br>*Streptopelia orientalis*<br>体长约 320mm 的偏粉色斑鸠。后颈杂有蓝灰色黑斑。叫声为“gu-gu” |  |
| | | 火斑鸠 #<br>*Streptopelia tranquebarica*<br>体长约 230mm 的酒红色斑鸠。颈部的黑色半领圈前端白色。雄鸟头部偏灰色，下体偏粉色，翼覆羽棕黄色。雌鸟色较浅且暗，头暗棕色，体羽红色较少。叫声为“gu-gu-gugu” |  |

续表

| 类别 | 主要特征 | 代表动物 | |
|---|---|---|---|
| **二、雀形目 PASSERIFORMES** | | | |
| **(一) 鸦科 Corvidae** | | | |
| 喜鹊属 *Pica* | • 嘴粗大<br>• 尾长，凸尾 | 喜鹊 # *Pica pica*<br>体长约 450mm，具黑色的长尾，两翼及尾黑色并具蓝色辉光。嘴黑色，脚黑色。叫声为响亮粗哑的嘎嘎声 |  |
| 鸦属 *Corvus* | • 有强而有力的腿和趾<br>• 坚硬而较粗大的嘴<br>• 凸尾 | 小嘴乌鸦 * *Corvus corone*<br>体长约 500mm 的黑色鸦。与大嘴乌鸦的区别在额弓较低，嘴虽强劲但形显细。嘴黑色，脚黑色。叫声单调粗犷，似“wa-”声 |  |
| **(二) 卷尾科 Dicruridae** | | | |
| 卷尾属 *Dicrurus* | • 尾稍长呈深叉状<br>• 通常最外侧 1 对尾羽最长，其末端稍向上方卷曲，因而得名“卷尾” | 黑卷尾<br>*Dicrurus macrocercus*<br>俗名：铁林甲、铁燕子<br>体长约 300mm 的蓝黑色而具辉光的卷尾。嘴小，尾长而叉深。嘴及脚黑色 |  |
| **(三) 伯劳科 Laniidae** | | | |
| 伯劳属 *Lanius* | • 具有宽阔的黑色贯眼纹 | 虎纹伯劳⊕<br>*Lanius tigrinus*<br>俗名：马伯劳、马轧轧<br>体长约 190mm、背部棕色的伯劳。较红尾伯劳明显嘴厚、尾短而眼大。雄鸟：顶冠及颈背灰色；背、两翼及尾浓栗色而多具黑色横斑；贯眼纹宽且黑色；下体白色，两胁具褐色横斑。雌鸟似雄鸟但眼先及眉纹色浅 |  |

续表

| 类别 | 主要特征 | 代表动物 | |
|---|---|---|---|
| 伯劳属 *Lanius* | · 具有宽阔的黑色贯眼纹 | 红尾伯劳⊕<br>*Lanius cristatus*<br>俗名：小马伯劳<br>体长约200mm的淡褐色伯劳。喉白色。成鸟：前额灰色，眉纹白色，头顶及上体褐色，下体皮黄色，尾根棕色 |  |
| | | 棕背伯劳⊕<br>*Lanius schach*<br>俗名：大马伯劳<br>体长约250mm而尾长的棕、黑及白色伯劳。成鸟：额、眼纹、两翼及尾黑色，翼有一白色斑；头顶及颈背灰色或灰黑色；背、腰及体侧红褐色；颏、喉、胸及腹中心部位白色。嘴及脚黑色 |  |
| **（四）椋鸟科 Sturnidae** | | | |
| 八哥属 *Acridotheres* | · 额羽甚多，形特延长而竖立，与头顶尖长羽毛形成巾帻 | 八哥<br>*Acridotheres cristatellus*<br>体长约260mm，体黑色，飞翔时翼下白斑明显。嘴浅黄色，嘴基红色，脚暗黄色 |  |
| **（五）鹟科 Muscicapidae** | | | |
| 鹊鸲属 *Copsychus* | · 嘴形粗健而直，凸尾 | 鹊鸲⊕<br>*Copsychus saularis*<br>体长约200mm，体黑白两色。雄鸟：头、胸及背闪辉蓝黑色，两翼及中央尾羽黑，外侧尾羽及覆羽上的条纹白色，腹及臀亦白色。雌鸟似雄鸟，但暗灰取代黑色。停息时，尾不停地低放展开又骤然合拢伸直 |  |

续表

| 类别 | 主要特征 | 代表动物 | |
|---|---|---|---|
| (六) **梅花雀科 Estrldidae** | | | |
| 文鸟属 *Lonchura* | • 喙圆锥状，翅、尾均尖形 | 白腰文鸟⊕ *Lonchura striata* 体长约 110mm。上体深褐色，特征为具尖形的黑色尾，腰白色，腹部皮黄白色。背上有白色纵纹，下体具细小的皮黄色鳞状斑及细纹。嘴灰色，脚灰色 |  |
| | | 斑文鸟 # *Lonchura punctulata* 体长约 100mm。雄雌同色。上体褐色，羽轴白色而成纵纹，喉红褐色，下体白色，胸及两胁具深褐色鳞状斑 |  |
| (七) **雀科 Passeridae** | | | |
| 麻雀属 *Passer* | • 嘴短而强健，呈圆锥形，稍向下弯 | 麻雀⊕ *Passer montanus* 体长约 140mm。顶冠及颈背褐色，两性同色。脸颊具明显黑色点斑且喉部黑色较少。嘴黑色，脚粉褐色 |  |
| (八) **鹡鸰科 Motacillidae** | | | |
| 鹨属 *Anthus* | • 飞翔时波浪式前进<br>• 停息时尾上下摆动明显 | 树鹨 * *Anthus hodgsoni* 体长约 150mm 的橄榄色鹨。具粗显的白色眉纹。与其他鹨的区别在上体纵纹较少，喉及两胁皮黄色，胸及两胁黑色纵纹浓密。下嘴偏粉色，上嘴角质色；脚粉红色。外侧尾羽白色 |  |

续表

| 类别 | 主要特征 | 代表动物 | |
|---|---|---|---|
| （九）鸫科 **Turdidae** | | | |
| 红尾鸲属 *Phoenicurus* | • 平尾，尾较长，栗红色<br>• 雌雄异色 | 北红尾鸲⊕<br>*Phoenicurus auroreus*<br>体长约150mm，翅黑，具明显而宽大的白色翼斑。雄鸟羽色大都棕红色，头顶灰色。雌鸟褐色 |  |
| 鸫属 *Turdus* | • 嘴较粗壮<br>• 跗蹠较长而强健 | 斑鸫 *Turdus naumanni*<br>体长约250mm，棕褐色。有棕眉，尾根砖红色，胸有栗斑或黑斑，飞翔时扇翅较快，并发出尖锐的叫声 |  |
| （十）燕雀科 **Fringillidae** | | | |
| 蜡嘴雀属 *Eophona* | • 嘴特粗大 | 黑尾蜡嘴雀⊕<br>*Eophona migratoria*<br>体长约170mm，黄色的嘴硕大而端黑。雌鸟似雄鸟但头部黑色少 |  |
| （十一）鹀科 **Emberizidae** | | | |
| 鹀属 *Emberiza* | • 喙结实，成锥形<br>• 凹尾，外侧尾羽白色 | 三道眉草鹀#<br>*Emberiza cioides*<br>体长约160mm的棕色鹀。上体栗红色，眉纹及颊纹白色。叫声似“jia-jiajia-ji” |  |

续表

| 类别 | 主要特征 | 代表动物 | |
|---|---|---|---|
| 鹀属 *Emberiza* | • 喙结实，成锥形<br>• 凹尾，外侧尾羽白色 | 小鹀⊕ *Emberiza pusilla*<br>体长约 130mm 而具纵纹的鹀。头具条纹，雄雌同色。上体褐色而带深色纵纹，下体偏白色，胸及两胁有黑色纵纹 |  |
| | | 黄喉鹀 *Emberiza elegans*<br>体长约 150mm。腹白，头部图纹为清楚的黑色及黄色，具短羽冠。雌鸟似雄鸟但色暗，褐色取代黑色，皮黄色取代黄色。嘴近黑色，脚浅灰褐色 | <br>（戴波　摄） |

## 5.3.3　山地林区的鸟类

山地林区主要包括常绿阔叶林、常绿落叶阔叶混交林、落叶阔叶林、针阔混交林、针叶林及灌木林。这里根据鸟类主要栖息、活动地点，将山地林区鸟类分为树栖鸟类、灌丛鸟类及林下地面活动的鸟类三种类型，分述如下。

### 1. 树栖鸟类

在山地林区中，常见的树栖鸟类主要包括鸳形目、鸮形目、夜鹰目、戴胜目及部分雀形目的鸟类，代表动物及野外识别特征如表 5-6 所示。

### 2. 常栖息于灌丛的鸟类

常栖息于灌木林的鸟类主要包括雀形目的鹎科、莺科、扇尾莺科、画眉科和鹀科鸟类，代表动物及其野外识别特征如表 5-7 所示。

**表 5-6 山地林区常见树栖鸟类的野外识别特征**

| 类别 | 主要特征 | 代表动物 | |
|---|---|---|---|
| **一、䴕形目<br>PICIFORMES** | | | |
| **（一）啄木鸟科<br>Picidae** | | | |
| 绿啄木鸟属 *Picus* | • 上体主要为草绿或黄绿色<br>• 嘴强直如凿<br>• 尾多呈楔状，羽干坚硬富有弹性，在啄木时支撑身体 | 灰头绿啄木鸟 *<br>*Picus canus*<br>体长约 270mm 的绿色啄木鸟；下体全灰色，颊及喉亦灰色。雄鸟前顶冠猩红，眼先及狭窄颊纹黑色。枕及尾黑色。雌鸟顶冠灰色而无红斑。叫声洪亮噪厉，如"ha-ha-" |  |
| 啄木鸟属 *Dendrocopos* | • 上体主要为黑白两色，翅短于180mm<br>• 嘴强直如凿<br>• 尾多呈楔状，羽干坚硬富有弹性，在啄木时支撑身体 | 大斑啄木鸟 *<br>*Dendrocopos major*<br>体长约 240mm。雄鸟枕部具狭窄红色带而雌鸟无。两性臀部均为红色，但带黑色纵纹的近白色胸部上无红色或橙红色。低沉的"puk puk"叫声 | 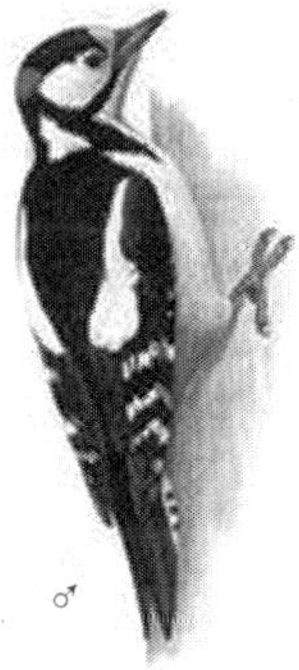 |
| | | 星头啄木鸟 *<br>*Dendrocopos canicapillus*<br>体长约 150mm；下体无红色，头顶灰色。叫声轻细，似吹口哨，如"shui-shui-" |  |

续表

| 类别 | 主要特征 | 代表动物 | |
|---|---|---|---|
| （二）旋木雀科 Certhiidae | | | |
| 旋木雀属 *Certhia* | • 常绕树干呈螺旋状上爬 | （欧亚）旋木雀⊕ *Certhia familiaris* 体长约 130mm；体色褐色斑驳；嘴细长向下弯；胸及两胁偏白，眉纹色浅；尾褐色 |  |
| （三）䴓科 Sittidae | | | |
| 䴓属 *Sitta* | • 是唯一一类能头向下尾朝上往下爬树的鸟类 | 普通䴓⊕ *Sitta europaea* 体长约 130mm；上体蓝灰色，过眼纹黑色，喉白色，腹部淡皮黄色，两胁浓栗色。飞行起伏呈波状；发出响而尖的“zhi-zhi-”声 |  |
| 二、鸮形目 STROGOFORMES | | | |
| 鸱鸮科 Strigidae | | | |
| 鸺鹠属 *Glaucidium* | • 具面盘，无耳羽<br>• 具有吐食丸的习性<br>• 夜行性鸟类 | 斑头鸺鹠＊ *Glaucidium cuculoides* 体长约 240mm 而遍具棕褐色横斑。无耳羽簇，嘴偏绿色而端黄色，脚绿黄色。叫声似“hu-lulululu-lu” |  |
| 三、夜鹰目 CAPRIMULGIFORMES | | | |
| Caprimulgidae | | | |
| 夜鹰属 *Caprimulgus* | • 白天常贴伏在枝上，似枯树节，故俗称贴树皮；夜间活动飞行捕食蚊虫，故又称蚊母鸟<br>• 头形扁平，嘴扁阔 | 普通夜鹰＊ *Caprimulgus indicus* 体长约 280mm 的偏灰色夜鹰。雄鸟：外侧四对尾羽具白色斑纹。雌鸟似雄鸟，但白色块斑呈皮黄色。常在夜间发出急促的单音节叫声，略似“da，da，da，-” |  |

续表

| 类别 | 主要特征 | 代表动物 | |
|---|---|---|---|
| **四、鹃形目 CUCULIFORMES** | | | |
| **杜鹃科 Cuculidae** | | | |
| 杜鹃属 *Cuculus* | • 嘴无绿色，嘴端较尖，嘴峰微曲<br>• 跗蹠部前方多少被羽<br>• 尾长，常为圆尾或凸尾 | (大) 鹰鹃 *<br>*Cuculus sparverioides*<br>体长约 400mm 的灰褐色鹰样杜鹃。尾部次端斑棕红色，尾端白色；胸棕色，具白色及灰色斑纹；腹部具白色及褐色横斑而染棕色；颏黑色。鸣叫声为三声 “gui-gui-lu”，故常俗称“贵贵阳” |  |
| | | 大杜鹃⊕ *Cuculus canorus*<br>体长约 320mm 的杜鹃。上体灰色，尾长，偏黑色，腹部近白而具黑色横斑。鸣叫声为两声 “gu-gu”，故常称布谷鸟。停息时，两翅常向下压 |  |
| | | 四声杜鹃 *<br>*Cuculus micropterus*<br>体长约 300mm 的偏灰色杜鹃。似大杜鹃，区别在于尾灰并具黑色次端斑，且虹膜较暗，灰色头部与深灰色的背部成对比。鸣叫声为四声 “gu-gu-gu-gu” |  |
| | | 小杜鹃 *<br>*Cuculus poliocephalus*<br>体长约 260mm 的灰色杜鹃。腹部具横斑。上体灰色，头、颈及上胸浅灰色。下胸及下体余部白色具清晰的黑色横斑，臀部沾皮黄色。尾灰色，无横斑但端具白色窄边。鸣叫声为 “guo-guo，guoguoguo”，第 4、第 5 两声最高 |  |

续表

| 类别 | 主要特征 | 代表动物 |
|---|---|---|
| 噪鹃属 *Eudynamys* | • 嘴端苹果绿色，跗蹠裸露 | 噪鹃＊ *Eudynamys scolopacea* 体长约420mm的杜鹃。全身黑色（雄鸟）或白色杂灰褐色（雌鸟）。叫声为“wo-”  |
| **五、戴胜目 UPUPIFORMES** | | |
| **戴胜科 Upupidae** | | |
| 戴胜属 *Upupa* | • 嘴细长而弯曲<br>• 具长的冠羽 | 戴胜⊕ *Upupa epops* 体长约300mm、色彩鲜明的鸟类。具长而尖黑的耸立型粉棕色丝状冠羽。头、上背、肩及下体粉棕色，两翼及尾具黑白相间的条纹。嘴、脚黑色  |
| **六、雀形目 PASSERIFORMES** | | |
| **（一）鸦科 Corvidae** | | |
| 松鸦属 *Garrulus* | • 飞行沉重，振翼无规律，两翼显得宽圆 | 松鸦＊ *Garrulus glandarius* 体长约350mm，特征为翼上具黑色及蓝色镶嵌图案，腰白色。髭纹黑色。嘴灰色；脚肉棕色  |

续表

| 类别 | 主要特征 | 代表动物 | |
|---|---|---|---|
| 鸦属 *Corvus* | • 有强而有力的腿和趾<br>• 坚硬而较粗大的嘴<br>• 凸尾 | 大嘴乌鸦＊<br>*Corvus macrorhynchos*<br>体长约 500mm，闪光黑色鸦。嘴甚粗厚。与小嘴乌鸦的区别在嘴粗厚而尾圆，头顶更显拱圆形。嘴黑色，脚黑色。叫声单调粗犷，似“gua-”声 |  |
| 星鸦属 *Nucifraga* | | 星鸦⊕<br>*Nucifraga caryocatactes*<br>体长约 330mm 的深褐色而密布白色点斑的鸦。臀及尾角白色，形短的尾与强直的嘴使之看上去特显壮实。嘴黑色，脚黑色 |  |
| 蓝鹊属 *Urocissa* | • 尾很长<br>• 常结成小群活动 | 红嘴蓝鹊⊕<br>*Urocissa erythrorhyncha*<br>体长约 680mm 且具长尾的亮丽蓝鹊。头黑而顶冠白色。腹部及臀白色，尾楔形，外侧尾羽黑色而端白。嘴红色，脚红色 |  |
| **（二）卷尾科 Dicruridae** | | | |
| 卷尾属 *Dicrurus* | • 通常最外侧 1 对尾羽最长，其末端稍向上方卷曲，因而得名“卷尾” | 灰卷尾＃<br>*Dicrurus leucophaeus*<br>俗名：灰铁林甲、鱼尾巴<br>体长约 280mm 的灰色卷尾。脸偏白色。嘴灰黑色，脚黑色，尾稍长呈深叉状 |  |

续表

| 类别 | 主要特征 | 代表动物 |
|---|---|---|
| 卷尾属 *Dicrurus* | • 通常最外侧 1 对尾羽最长，其末端稍向上方卷曲，因而得名“卷尾” | 发冠卷尾⊕<br>*Dicrurus hottentottus*<br>俗名：黑铁林甲<br>体长约 320mm 的黑色卷尾。头具细长羽冠，体羽斑点闪烁。外侧羽端明显向上扭转。嘴及脚黑色<br> |
| **（三）黄鹂科 Oriolidae** | | |
| 黄鹂属 *Oriolus* | • 翅尖而长，尾为凸形<br>• 腿短弱，适于树栖，不善步行 | 黑枕黄鹂⊕<br>*Oriolus chinensis*<br>俗名：黄八郎<br>体长约 260mm 的黄色及黑色鹂。过眼纹及颈背黑色，飞羽多为黑色。雄鸟体羽余部艳黄色。嘴粉红色，脚近黑色<br> |
| **（四）椋鸟科 Sturnidae** | | |
| 椋鸟属 *Sturnus* | • 嘴形直而尖 | 丝光椋鸟 *<br>*Sturnus sericeus*<br>俗名：牛屎八哥、富贵白头<br>体长约 240mm 的灰色及黑白色椋鸟。两翼及尾辉黑色，飞行时初级飞羽的白斑明显，头具近白色丝状羽，上体余部灰色。嘴红色，嘴端黑色，脚暗橘黄<br> |
| | | 灰椋鸟⊕<br>*Sturnus cineraceus*<br>俗名：高粱头、灰拌儿<br>体长约 240mm 的棕灰色椋鸟。头黑色，头侧具白色纵纹，臀、外侧尾羽羽端及次级飞羽狭窄横纹白色。雌鸟色浅而暗。嘴黄色，尖端黑色，脚暗橘黄<br> |

续表

| 类别 | 主要特征 | 代表动物 | |
|---|---|---|---|
| （五）山椒鸟科 Campephagidae | | | |
| 鹃鵙属 *Coracina* | • 尾黑，外侧尾羽具白端斑或灰端斑<br>• 最外侧尾羽超过尾长的 3/4 | 暗灰鹃鵙⊕<br>*Coracina melaschistos*<br>体长约 230mm 的灰色及黑色的鹃鵙。雄鸟青灰色，两翼亮黑，尾下覆羽白色，尾羽黑色。雌鸟似雄鸟，但色浅，下体及耳羽具白色横斑。嘴黑色，脚铅蓝色。鸣声似“guai-ni，guai-ni” |  |
| 山椒鸟属 *Pericrocotus* | • 尾呈黑白、黑红或黑黄 2 色<br>• 最外侧尾羽不及尾长之半 | 长尾山椒鸟⊕<br>*Pericrocotus ethologus*<br>体长约 200mm 的黑色山椒鸟。具红色或黄色斑纹，尾形长。红色雄鸟喉黑色；与短嘴山椒鸟的区别在翼斑形状不同且色泽较淡，下体红色 |  |
| （六）鸫科 Turdidae | | | |
| 鸫属 *Turdus* | • 嘴较粗壮<br>• 跗蹠较长而强健 | 乌鸫⊕ *Turdus merula*<br>俗名：黑洋雀、黑拌儿<br>体长约 290mm 的全深色鸫。雄鸟全黑色，嘴橘黄色，眼圈略浅，脚黑色。雌鸟上体黑褐色，下体深褐色，嘴暗绿黄色至黑色 |  |
| （七）鹡鸰科 Motacillidae | | | |
| 山鹡鸰属 *Dendronanthus* | • 尾细长，外侧尾羽具白<br>• 腿细长，后趾具长爪，适于在地面行走<br>• 波浪式飞行 | 山鹡鸰⊕<br>*Dendronanthus indicus*<br>体长约 170mm。上体灰褐色，眉纹白色；两翼具黑白色的粗显斑纹；下体白色，胸上具两道黑色的横斑纹，较下的一道横纹有时不完整。停栖时，尾轻轻往两侧摆动。鸣叫声似摩擦金属的“zhi-gang，gang-zhi”声 |  |

续表

| 类别 | 主要特征 | 代表动物 |
| --- | --- | --- |
| **(八) 绣眼鸟科**<br>**Zosteropidae** | | |
| 绣眼鸟属 *Zosterops* | • 眼周有白圈<br>• 尾短，跗蹠长而健 | 暗绿绣眼鸟⊕<br>*Zosterops japonica*<br>体长约 100mm 的群栖性鸟。上体鲜亮绿橄榄色，具黄色的喉及臀部。胸及两胁灰色，腹白色。嘴灰色，脚偏灰色<br> |
| **(九) 鹟科**<br>**Muscicapidae** | | |
| 方尾鹟属 *Culicicapa* | • 头颈均灰色<br>• 平尾 | 方尾鹟⊕<br>*Culicicapa ceylonensis*<br>体长约 130mm，头偏灰色，略具冠羽，上体橄榄色，下体黄色。鸣叫声似“shou-shou-hu-xi”<br> |
| **(十) 王鹟科**<br>**Monarchinae** | | |
| 寿带属 *Terpsiphone* | • 尾较翅长或等长，头有羽冠<br>• 嘴大而扁平 | 寿带 #<br>*Terpsiphone paradise*<br>俗名：蛇尾巴雀<br>体长约 220mm（雄鸟计尾长再加 200mm），有两种色型，头闪辉黑色，冠羽显著。雄鸟一对中央尾羽在尾后特形延长，可达 250mm。雄鸟具两种色型。雌鸟棕褐色，头闪辉黑色，但尾羽无延长<br> |

续表

| 类别 | 主要特征 | 代表动物 | |
|---|---|---|---|
| **（十一）长尾山雀科 Aegithalidae** | | | |
| 长尾山雀属 *Aegithalos* | • 尾较翅长，呈凸尾状 | 红头长尾山雀⊕ *Aegithalos concinnus* 体长约100mm。头顶及颈背棕色，过眼纹宽而黑色，颏及喉白且具黑色圆形胸兜，下体白而具不同程度的栗色。幼体头顶色浅，喉白色，具狭窄的黑色项纹。嘴黑色，脚橘黄色 |  |
| **（十二）山雀科 Paridae** | | | |
| 山雀属 *Parus* | • 尾较翅短<br>• 头顶黑或灰色，多数具羽冠<br>• 尾呈圆形或稍凹 | 大山雀⊕ *Parus major*<br>俗名：花脸雀<br>体长约140mm。头及喉辉黑，与脸侧白斑及颈背块斑成强对比；翼上有一道醒目的白色条纹，一道黑色带沿胸中央而下。雄鸟胸带较宽，幼鸟胸带减为胸兜。嘴黑色，脚灰色。叫声似“zi-zi-gui” |  |
| | | 绿背山雀⊕ *Parus monticolus*<br>俗名：花脸雀、丁丁拐<br>体型略大（130mm）。腹部黄色，上背绿色且具两道白色翼纹。嘴黑色，脚青石灰色。似大山雀，但声响而尖且更清亮 |  |
| **（十三）雀科 Passeridae** | | | |
| 麻雀属 Passer | • 嘴短而强健，呈圆锥形 | 山麻雀 # *Passer rutilans*<br>体长约140mm。雄鸟顶冠及上体为鲜艳的黄褐色或栗色，上背具纯黑色纵纹，喉黑色，脸颊污白色。雌鸟色较暗，具深色的宽眼纹及奶油色的长眉纹。嘴灰色（雄鸟），黄色而嘴端色深（雌鸟），脚粉褐色 |  |

**表 5-7 常栖息于灌木林的鸟类识别**

| 类别 | 主要特征 | 代表动物 | |
|---|---|---|---|
| **雀形目**<br>**PASSERIFORMES** | | | |
| （一）**鹎科**<br>**Pycnonotidae** | | | |
| 雀嘴鹎属 *Spizixos* | • 喙粗厚似鹦嘴，翅短圆<br>• 尾细长，平尾 | 领雀嘴鹎⊕<br>*Spizixos semitorques*<br>体长约 230mm 的偏绿色鹎。厚重的嘴象牙色，具短羽冠。喉白色，嘴基周围近白色，脸颊具白色细纹，尾绿而尾端黑色 |  |
| 鹎属 *Pycnonotus* | • 喙较尖细，先端微下弯<br>• 羽冠无或不显<br>• 跗蹠长于嘴峰 2mm 以上 | 白头鹎⊕<br>*Pycnonotus sinensis*<br>俗名：白头公<br>体长约 190mm 的橄榄色鹎。眼后一白色宽纹伸至颈背，黑色的头顶略具羽冠，髭纹黑色，臀白色 |  |
| | | 黄臀鹎⊕<br>*Pycnonotus xanthorrhous*<br>体长约 200mm 的灰褐色鹎。顶冠及颈背黑色。与白头鹎的区别在耳羽褐色，翼上无黄色，尾下覆羽黄色较重 |  |

续表

| 类别 | 主要特征 | 代表动物 | |
|---|---|---|---|
| 短脚鹎属 *Hypsipetes* | • 喙较尖细，先端微下弯<br>• 羽冠明显<br>• 跗蹠短 | 黑短脚鹎⊕<br>*Hypsipetes leucocephalus*<br>俗名：白头翁<br>体长约200mm的黑色鹎。尾略分叉，嘴、脚及眼亮红色 |  |
| | | 绿翅短脚鹎⊕<br>*Hypsipetes mcclellandii*<br>体长约240mm而喜喧闹的橄榄色鹎。羽冠短而尖，颈背及上胸棕色，喉偏白而具纵纹。头顶深褐具偏白色细纹。背、两翼及尾偏绿色，腹部及臀偏白色 |  |
| **（二）莺科 Sylviidae** | | | |
| 树莺属 *Cettia* | • 体形小，嘴形较细<br>• 两翅短圆<br>• 尾与翅等长或较翅短，尾羽10枚 | 强脚树莺 *<br>*Cettia fortipes*<br>体长约120mm的暗褐色树莺。具形长的皮黄色眉纹，下体偏白而染褐黄色，尤其是胸侧、两胁及尾下覆羽。上嘴深褐色，下嘴基色浅，脚肉棕色。鸣叫声似“er-jinshui” |  |
| 柳莺属 *Phylloscopus* | • 体形小，嘴形较细<br>• 两翅短圆<br>• 尾羽12枚<br>• 副须多，或弱或稍强，伸向嘴峰的中央处 | 冠纹柳莺⊕<br>*Phylloscopus reguloides*<br>体长约105mm而色彩亮丽的柳莺。上体绿色，具两道黄色翼斑，眉纹及顶纹艳黄色，下体白染黄色，脸侧、两胁及尾下覆羽尤是。上嘴色深，下嘴粉红；脚偏绿至黄色 |  |

续表

| 类别 | 主要特征 | 代表动物 | |
|---|---|---|---|
| 鹟莺属 *Abroscopus* | • 体形小，嘴形较细<br>• 两翅短圆<br>• 尾羽 12 枚<br>• 副须多而特长，伸向嘴端 | 棕脸鹟莺⊕<br>*Abroscopus albogularis*<br>体长约 100mm，色彩亮丽而有特色的莺。头栗色，具黑色侧冠纹。上体绿色，腰黄色。上嘴色暗，下嘴色浅；脚粉褐色 |  |
| **（三）扇尾莺科 Cisticolidae** | | | |
| 鹪莺属 *Prinia* | • 尾与翅等长或远较翅长；凸尾 | 山鹪莺 # *Prinia criniger*<br>体长约 1650mm。具形长的凸形尾；上体灰褐并具黑色及深褐色纵纹；下体偏白色，两胁、胸及尾下覆羽沾茶黄色，胸部黑色纵纹明显。嘴黑色（冬季褐色），脚偏粉色 |  |
| | | 纯色山鹪莺⊕<br>*Prinia inornata*<br>体长约 150mm 而尾长的偏棕色鹪莺。眉纹色浅，上体暗灰褐色，下体淡皮黄色至偏红色。嘴近黑色，脚粉红色 |  |
| **（四）画眉科 Timaliidae** | | | |
| 钩嘴鹛属 *Pomatorhinus* | • 嘴较头长或等长，弯曲 | 棕颈钩嘴鹛 #<br>*Pomatorhinus ruficollis*<br>体长约 190mm 的褐色钩嘴鹛。具栗色的颈圈，白色的长眉纹，眼先黑色，喉白色，胸具纵纹。上嘴黑色，下嘴黄色；脚铅褐色。叫声短促响亮如“hu-hu-hu” |  |

续表

| 类别 | 主要特征 | 代表动物 | |
|---|---|---|---|
| 钩嘴鹛属 *Pomatorhinus* | • 嘴较头长或等长，弯曲 | 斑胸钩嘴鹛 #<br>*Pomatorhinus erythrocnemis*<br>体长约240mm的钩嘴鹛。无浅色眉纹，脸颊棕色。甚似锈脸钩嘴鹛但胸部具浓密的黑色点斑或纵纹。嘴灰至褐色，脚肉褐色 |  |
| 噪鹛属 *Garrulax* | • 嘴较头短，上体大多不具纵纹 | 画眉⊕ *Garrulax canorus*<br>体长约220mm的棕褐色鹛。眼圈白色并向后延伸成狭窄的眉纹。顶冠及颈背有偏黑色纵纹。嘴偏黄色，脚偏黄色。叫声响亮，婉转悦耳 |  |
| | | 白颊噪鹛⊕<br>*Garrulax sannio*<br>体长约250mm的灰褐色噪鹛。尾下覆羽棕色，特征为皮黄白色的脸部图纹系眉纹及下颊纹由深色的眼后纹所隔开。嘴褐色，脚灰褐色 |  |
| | | 白喉噪鹛⊕<br>*Garrulax albogularis*<br>俗名：闹山王、牛屎宝<br>体长约280mm的暗褐色噪鹛。特征为喉及上胸白色。嘴深角质色，脚偏灰色 |  |
| | | 橙翅噪鹛⊕<br>*Garrulax elliotii*<br>体长约260mm的噪鹛。全身大致灰褐色，上背及胸羽具深色及偏白色羽缘而成鳞状斑纹。脸色较深。臀及下腹部黄褐色。尾羽灰而端白。嘴褐色，脚褐色 |  |

续表

| 类别 | 主要特征 | 代表动物 |
|---|---|---|
| 噪鹛属 *Garrulax* | • 嘴较头短，上体大多不具纵纹 | 棕噪鹛⊕<br>*Garrulax poecilorhynchus*<br>体长约280mm的棕褐色噪鹛。眼周蓝色裸露皮肤明显。头、胸、背、两翼及尾橄榄栗褐色，顶冠略具黑色的鳞状斑纹。腹部及初级飞羽羽缘灰色，臀白色。嘴偏黄色，嘴基蓝色，脚蓝灰色  |
| 凤鹛属 *Yuhina* | • 具蓬松的羽冠<br>• 尾多为方形尾 | 白领凤鹛⊕<br>*Yuhina diademata*<br>体长约175mm的烟褐色凤鹛。颈后白色大斑块与白色宽眼圈及后眉线相接。颏、鼻孔及眼先黑色。飞羽黑而羽缘近白色。下腹部白色。虹膜偏红色，嘴近黑，脚粉红。不时发出尖细的“丝、丝、丝”声音  |
| 穗鹛属 *Stachyris* | • 尾较翅短或几等长<br>• 嘴形尖直 | 红头穗鹛#<br>*Stachyris ruficeps*<br>体长约125mm的褐色穗鹛。顶冠棕色，上体暗灰橄榄色，眼先暗黄，喉、胸及头侧沾黄色，下体黄橄榄，喉具黑色细纹。上嘴近黑色，下嘴较淡；脚棕绿色。鸣声为“pi-pi-pi-pi-pi-pi”  |
| 相思鸟属 *Leiothrix* | • 嘴形粗健，嘴长约为头长之半<br>• 尾较翅短 | 红嘴相思鸟⊕<br>*Leiothrix lutea*<br>俗名：红嘴玉、黄胡子雀<br>体长约155mm鹛类。具显眼的红嘴。上体橄榄绿，眼周有黄色块斑，下体橙黄色。尾近黑而略分叉。翼略黑色，红色和黄色的羽缘在歇息时成明显的翼纹。嘴红色，脚粉红色  |

续表

| 类别 | 主要特征 | 代表动物 | |
|---|---|---|---|
| 鸦雀属 *Paradoxornis* | • 嘴形短厚<br>• 鼻孔完全被羽掩盖 | 棕头鸦雀⊕<br>*Paradoxornis webbianus*<br>俗名：黄豆雀<br>体长约120mm的粉褐色鸦雀。嘴小似山雀，头顶及两翼栗褐色，喉略具细纹 |  |
| | | 灰头鸦雀⊕<br>*Paradoxornis gularis*<br>体长约180mm的褐色鸦雀。特征为头灰色，嘴橘黄色。头侧有黑色长条纹，喉中心黑色。下体余部白色。嘴橘黄色，脚灰色 |  |
| **（五）鹀科 Emberizidae** | | | |
| 凤头鹀属 *Melophus* | • 羽冠长而发达<br>• 尾近方形<br>• 雌雄异色 | 凤头鹀 #<br>*Melophus lathami*<br>俗名：凤凰雀、凤头雀<br>体长约170mm的深色鹀。雄鸟辉黑色，两翼及尾栗色，尾端黑色。雌鸟深橄榄褐色，上背及胸满布纵纹，较雄鸟的羽冠为短，翼羽色深且羽缘栗色。嘴灰褐色，下嘴基粉红色；脚紫褐色 | 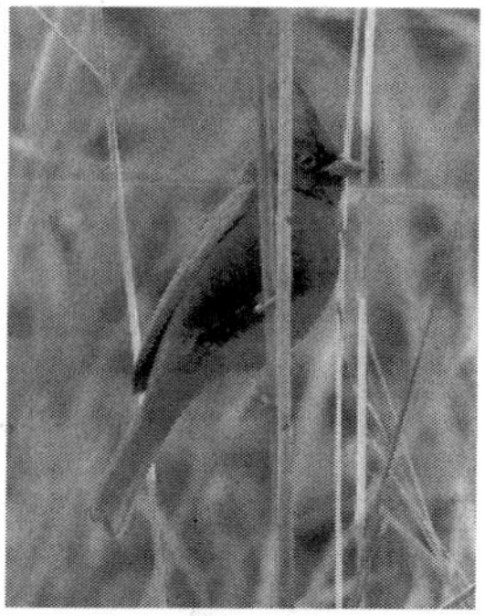 |
| 蓝鹀属 *Latoucheornis* | • 喙为圆锥形<br>• 上体无纵纹<br>• 雌雄异色 | 蓝鹀⊕<br>*Latoucheornis siemsseni*<br>体长约130mm而矮胖的蓝灰色鹀。雄鸟体羽大致石蓝灰色，仅腹部、臀及尾外缘色白，三级飞羽近黑色。雌鸟为暗褐色而无纵纹，具两道锈色翼斑，腰灰色，头及胸棕色。嘴黑色，脚偏粉色 |  |

### 3. 常在林下地面活动的鸟类

常在林下地面活动的鸟类主要是鸡形目的一些鸟类，代表动物及其野外识别特征如表 5-8 所示。

**表 5-8　山地林区中地面活动的鸟类及其野外识别特征**

| 类别 | 主要特征 | 代表动物 | |
|---|---|---|---|
| **鸡形目 GALLIFORMES** | | | |
| **（一）松鸡科 Tetraonidae** | | | |
| 花尾榛鸡属 *Bonasa* | • 头上具羽冠<br>• 雌雄羽色差异极小 | 斑尾榛鸡 #<br>*Bonasa sewerzowi*<br>俗名：羊角鸡<br>体长约 330mm 而满布褐色横斑的松鸡。具明显冠羽，黑色喉块外缘白色。上体多褐色横斑而带黑。外侧尾羽近端黑而端白。眼后有一道白线，肩羽具近白色斑块，翼上覆羽端白色。下体胸部棕色，及至臀部渐白色，并密布黑色横斑。雌鸟色暗，喉部有白色细纹，下体多皮黄色。嘴黑色，脚灰色 |  |
| **（二）雉科 Phasianidae** | | | |
| 竹鸡属 *Bambusicola* | • 尾为楔状<br>• 两性相似 | 灰胸竹鸡 #<br>*Bambusicola thoracica*<br>俗名：竹鸡子<br>体长约 330mm 的红棕色鹑类。特征为额、眉线及颈项蓝灰色，与脸、喉及上胸的棕色成对比。上背、胸侧及两胁有月牙形的大块褐斑。嘴褐色，脚绿灰色。鸣叫声似“你作怪” |  |
| 雉属 *Phasianus* | • 雄鸟羽色具金属反光，脸部裸出，具耳羽簇，尾特长<br>• 雌鸟羽色暗淡，眼周有圈状裸出部，尾较雄鸟的短 | 雉鸡⊕<br>*Phasianus colchicus*<br>俗名：野鸡、串草鸡<br>雄鸟体长约 850mm，头部具黑色光泽，有显眼的耳羽簇，宽大的眼周裸皮鲜红色。雌鸟体长约 600mm 而色暗淡，周身密布浅褐色斑纹。嘴角质色，脚略灰色 |  |

续表

| 类别 | 主要特征 | 代表动物 | |
|---|---|---|---|
| 锦鸡属 *Chrysolophus* | • 雄鸟头上具发状羽构成的羽冠，颈具由长阔羽毛所成的翎领，尾形特长而曲<br>• 雌鸟羽冠和翎领均不发达，尾羽较短 | 红腹锦鸡<br>*Chrysolophus pictus*<br>俗名：金鸡<br>雄鸟体型显小但修长(980mm)，头顶及背有耀眼的金色丝状羽；枕部披风为金色并具黑色条纹；上背金属绿色，下体绯红色。雌鸟体型较小，为黄褐色，上体密布黑色带斑，下体淡皮黄色。嘴绿黄色，脚角质黄色 |  |
| | | 白腹锦鸡#<br>*Chrysolophus amherstiae*<br>俗名：宽宽鸡、笋鸡、铜鸡<br>雄鸟体长约1500mm，头顶、喉及上胸为闪亮深绿色，猩红色的冠羽形短，白色颈背呈扇贝形而带黑色羽缘。背及两翼为闪亮深绿色，腹白。腰黄色，尾羽特形长微下弯，为白色间以黑色横带。少许形长的尾覆羽羽端橘黄色。雌鸟体型较小(600mm)，上体多黑色和棕黄色横斑，喉白色，胸栗色并多具黑色细纹 |  |
| 角雉属 *Tragopan* | • 嘴形粗短。尾羽翅几等长<br>• 雌雄异色。雄者羽色华丽，具冠羽和可膨胀的喉垂及肉质角。雌鸟多为浓淡不同的褐色 | 红腹角雉#<br>*Tragopan temminckii*<br>俗名：娃娃鸡、绣鸡<br>体长约680mm而尾短。雄鸟绯红，上体多有带黑色外缘的白色小圆点，下体带灰白色椭圆形点斑。头黑，眼后有金色条纹，脸部裸皮蓝色。与红胸角雉区别在于下体灰白色点斑较大且不带黑色外缘。雌鸟较小，具棕色杂斑，下体有大块白色点斑 |  |

续表

| 类别 | 主要特征 | 代表动物 | |
|---|---|---|---|
| 血雉属 *Ithaginis* | • 头有羽冠，翅短圆，嘴形短厚而稍曲。眼周有很小的裸出部<br>• 雌雄异色 | 血雉⊕ *Ithaginis cruentus*<br>俗名：松鸡子<br>体长约 460mm，似鹑类，具矛状长羽，冠羽蓬松，脸与腿猩红色，翼及尾沾红的雉种。头近黑色，具近白色冠羽及白色细纹。上体多灰带白色细纹，下体沾绿色。胸部红色多变。雌鸟色暗且单一，胸为皮黄色 |  |
| 鹇属 *Lophura* | • 羽冠或有或无，脸部裸出<br>• 雌雄异色 | 白鹇 #<br>*Lophura nycthemera*<br>俗名：银鸡<br>雄鸟：体长 940～1100mm。尾长而白，背白，头顶黑，长冠羽黑色，中央尾羽纯白，背及其余尾羽白色带黑斑和细纹，下体黑色，脸颊裸皮鲜红色。与黑鹇区别在于尾更长更白，腿红色。雌鸟：上体橄榄褐色至栗色，下体具褐色细纹或杂白色或皮黄色，具暗色冠羽及红色脸颊裸皮。嘴黄色，脚鲜红色 |  |
| 虹雉属 *Lophophorus* | • 体形肥大，嘴长而稍曲，上嘴较下嘴略长<br>• 尾较翅短，宽阔扁平 | 绿尾虹雉⊕<br>*Lophophorus lhuysii*<br>俗名：贝母鸡、鹰鸡、火炭鸡<br>雄鸟：体长约 760mm、具紫色金属样光泽的雉类。头绿色，枕部金色。下体黑色带绿色金属光泽。形长的冠羽绛紫色。背为白色。嘴灰黑色；脚暗角质色（雄鸟）或淡角质色（雌鸟） |  |

续表

| 类别 | 主要特征 | 代表动物 | |
|---|---|---|---|
| 马鸡属 *Crossoptilon* | • 耳簇特别发达，突出于颈项。中央尾羽的羽枝大都披散下垂。犹如马尾，故有马鸡之称<br>• 两性同色。雄鸟一般体形较大，脸的裸出部也较雌鸟扩大 | 蓝马鸡⊕<br>*Crossoptilon auritum*<br>俗名：马鸡<br>体长约 950mm 的蓝灰色马鸡。具黑色天鹅绒式头盖，猩红色眼周裸皮及白色髭须延长成耳羽簇。枕后有一近白色横斑。尾羽弯曲，丝状中心尾羽灰色，与紫蓝色外侧尾羽成对比。嘴粉红色，脚红色 |  |

# 5.4 常见鸟巢的识别

营巢是鸟类所特有的繁殖行为。鸟巢的识别对于鸟类的研究和招引有着极为重要的意义。不同的鸟类适应不同的生活环境，它们在筑巢的地点、巢的形状以及巢材等方面各有不同。根据营巢的生境，鸟巢大致可以划分为：①建筑物上的鸟巢，如麻雀、家燕、金腰燕等鸟类的巢；②树洞鸟巢，如啄木鸟、戴胜、山雀等鸟类的巢；③树上或草茎上的编织巢，如鹎、伯劳、黄鹂、卷尾等鸟类的巢；④地面巢，如夜鹰、雉类、雁鸭类、金眶鸻等鸟类的巢；⑤岩缝或土洞中的巢，如白鹡鸰、崖沙燕、翠鸟等鸟类的巢；⑥水面浮巢，如䴙䴘类的巢。我们在野外实习过程中可能会遇到各种各样的鸟巢。下边，我们就对常见的一些鸟巢作一简单的介绍（表 5-9）。

**表 5-9 常见鸟巢的识别**

| 种类 | 巢的特征 | 卵壳的颜色 | 巢址 |
|---|---|---|---|
| 麻雀<br>*Passer montanus* | • 浅杯状<br>• 以干草茎叶筑巢<br>• 巢内径：6.5cm×9cm<br>• 巢深：3.5～5cm | 淡青色，上有褐色密斑 | 少数在树洞中营巢，多数在建筑物，如瓦房的屋檐下或建筑物的洞穴中营巢 |
| 家燕<br>*Hirundo rustica* | • 碗状或半碗状<br>• 以泥土筑巢，巢内垫以干草及羽毛等<br>• 巢内径：8cm×10cm<br>• 巢深：3cm | 白色，上有红褐色细斑及黑褐色斑点 | 在屋角、檐、梁等处 |

续表

| 种类 | 巢的特征 | 卵壳的颜色 | 巢址 |
|---|---|---|---|
| 金腰燕<br>*Hirundo daurica* | • 长颈瓶状<br>• 以泥土筑巢，巢内垫以干草及羽毛等<br>• 巢内径：5cm | 纯白 | 在屋角、檐、梁等处 |
| 小白腰雨燕<br>*Apusaffinis* | • 球状或椭圆状，群巢<br>• 用植物细纤维、禾草或羽毛为材料，加亲鸟口涎或湿泥混合筑成 | 纯白色 | 巢筑于峭壁、洞穴或建筑物上 |
| 星头啄木鸟<br>*Dendrocopos canicapillus* | • 树洞巢<br>• 以木屑为垫衬，不另加巢材。洞口直径：5cm×5cm | 纯白色 | 多在枯朽的树干上凿洞为巢 |
| 戴胜<br>*Upupa epops* | • 浅杯状<br>• 以干草、树皮、羽毛等筑巢，结构简陋 | 暗白或淡青灰色 | 利用啄木鸟的弃洞或天然树洞，也在岩缝、墙洞及柴堆的缝隙内筑巢 |
| 八哥<br>*Acridotheres cristatellus* | • 粗松的杯状巢<br>• 以干草茎筑巢，内衬以厚层草叶及羽毛 | 天蓝色或玉蓝色 | 多聚成小群营群巢。巢在树洞、岩缝及建筑物的洞穴里 |
| 大山雀<br>*Parus major* | • 巢的形状大小因洞腔而异<br>• 以草根、苔藓、羽毛等编成毡状物<br>• 巢窝内径：6cm×7cm | 白色，布以红褐色细斑，钝端较密集 | 利用天然树洞、啄木鸟弃洞及岩缝筑巢，也常见于建筑物洞穴内 |
| 白鹭<br>*Egretta garzetta* | • 简陋的浅盆状<br>• 以枯枝筑巢 | 青色 | 多在近水的，高大乔木的树冠顶部或竹林顶部筑群巢 |
| 珠颈斑鸠<br>*Streptopelia chinensis* | • 简陋的浅盘状<br>• 以枯枝搭巢 | 白色 | 多在树上水平伸出的枝杈基部营巢 |
| 白头鹎<br>*Pycnonotus sinensis* | • 高杯状，结构松散<br>• 以干草茎筑巢，内衬以细根及植物纤维<br>• 巢内径：6.5cm×6.5cm | 白色，密布紫红色细斑及淡紫色疏斑，整体呈玫瑰色 | 多在灌木丛或低矮的乔木上筑巢 |

续表

| 种类 | 巢的特征 | 卵壳的颜色 | 巢址 |
|---|---|---|---|
| 棕背伯劳<br>*Lanius schach* | • 浅杯状，外壁疏松<br>• 干草茎，内衬以细根、植物纤维、少量棕毛及羽毛<br>• 巢内径：8cm×9.5cm<br>• 巢深：5.5cm<br>• 巢高 9.5cm | 暗白色，布以褐色及淡灰色细斑，钝端较密集 | 营巢于阔叶树上 |
| 黑枕黄鹂<br>*Oriolus chinensis* | • 悬挂巢，结构十分细密<br>• 以长条的植物纤维及干草茎编成，内衬以细根及草茎<br>• 巢内径：8cm×10cm<br>• 巢深：6.5cm<br>• 巢高 9cm | 粉红色，布以大小不等的玫瑰紫色斑 | 在高大乔木的水平枝杈间营巢 |
| 黑卷尾<br>*Dicrurus macrocercus* | • 杯状巢<br>• 结构紧密，主要以草茎及根营巢，常用蛛丝将巢壁及巢缘缠绕<br>• 巢内径：8cm×8.5cm<br>• 巢深：4cm<br>• 巢高：7cm | 白色，近钝端有红褐色及淡灰色疏斑 | 在高大乔木的水平枝杈间营巢 |
| 发冠卷尾<br>*Dicrurus hottentottus* | • 杯状巢<br>• 结构疏松，巢壁不以蛛丝缠绕<br>• 巢内径：10.5cm×11cm<br>• 巢深：6cm<br>• 巢高：11cm | 淡粉色布以褐色细斑，钝端较密集 | 在高大乔木的水平枝杈间营巢 |
| 喜鹊<br>*Pica pica* | • 球形，巢口位于侧方<br>• 巢外壁以枯枝编成，混以泥土加固，内壁为嫩枝衬以草茎、羽毛等<br>• 巢内径：16cm×20cm<br>• 巢深：12cm<br>• 巢高：90cm | 淡青色，具灰褐色斑块及纵纹，钝端较密集 | 在靠近村落的高大乔木的枝杈上营巢 |

续表

| 种类 | 巢的特征 | 卵壳的颜色 | 巢址 |
| --- | --- | --- | --- |
| 红嘴蓝鹊 *Urocissa erythrorhyncha* | • 球形，结构较疏松<br>• 巢外壁以枯枝编成，混以泥土加固，内壁为嫩枝衬以草茎、羽毛等<br>• 巢内径：13cm×16cm<br>• 巢深：6.5cm<br>• 巢高：14cm | 淡灰橄榄绿色，上布以褐色和灰色密斑，钝端较密集 | 在阔叶林区的高大乔木的枝杈上营巢 |
| 大嘴乌鸦 *Corvus macrorhynchos* | • 盆状巢<br>• 巢外壁以枯枝编成，内壁以嫩枝和树根编织，内衬以草茎、羽毛等<br>• 巢内径：24cm×23cm<br>• 巢深：10～20cm<br>• 巢高：23～30cm | 淡青绿色，布以淡灰及褐色斑块 | 在高大乔木的枝杈上营巢 |
| 乌鸫 *Turdus merula* | • 浅杯状巢<br>• 以细枝编成，内壁衬以草茎，巢底及外壁混以泥土及苔藓<br>• 巢内径：10cm×12cm<br>• 巢深：6.5cm<br>• 巢高：10cm | 玉绿色，布以锈色及淡紫色斑纹 | 巢位于乔木垂直向上伸出的树杈基部 |
| 画眉 *Garrulax canorus* | • 浅杯状巢<br>• 以草茎、叶及细根等编成。巢的外壁较疏松，内铺以致密的薄层草茎。巢的边缘常以蛛丝缠绕<br>• 巢内径：8cm×9cm<br>• 巢深：8cm<br>• 巢高：11cm | 蓝绿色 | 在距地面不高的灌丛枝杈间营巢，噪鹛类的巢与之类似 |
| 纯色山鹪莺 *Prinia inornata* | • 球状悬巢<br>• 以草茎、树皮纤维、苔藓和蕨类植物编成，内衬以羽毛 | | 在树枝间营巢 |

续表

| 种类 | 巢的特征 | 卵壳的颜色 | 巢址 |
|---|---|---|---|
| 寿带<br>*Terpsiphone paradise* | • 杯状巢<br>• 以树皮纤维、草茎、细根、苔藓及蕨类植物等编成。巢壁紧密而较薄。外周及巢周缘常缠以蛛丝<br>• 巢内径：5.6cm×6.3cm<br>• 巢深：4cm<br>• 巢高：7.6cm | 淡橙色，布以稀疏的红褐色斑 | 距地不高的枝杈间 |
| 银喉长尾山雀<br>*Aegithalos caudatus* | • 球形编织巢<br>• 全由苔藓、树皮纤维和花序等编成。外以蛛丝缠绕，松软而富有弹性。巢内壁衬以树皮纤维、松针及羽毛等。巢口开口于侧上方1/3处<br>• 巢口内径：2cm×3cm<br>• 巢深：6cm<br>• 巢高：13cm<br>• 巢宽：9.5cm | 白色，布以淡红色细斑 | 在枝杈基部营巢 |
| 白腰文鸟<br>*Lonchura striata* | • 呈球形或长颈瓶状<br>• 以芒草、稻穗及竹叶等筑巢<br>• 巢内径：5cm×5cm<br>• 巢深：9cm<br>• 巢高：12cm | 纯白色 | 在枝杈上营巢 |
| 金翅雀<br>*Carduelis sinica* | • 浅杯状巢<br>• 以细根、草茎等编成，内壁衬以细根和草茎为主，极少选用兽毛<br>• 巢内径：5cm×5.5cm<br>• 巢深：4cm<br>• 巢高：6.8cm | 淡青色。布以稀疏的紫褐色及褐色细斑，钝端较密集 | 在枝杈上营巢 |

续表

| 种类 | 巢的特征 | 卵壳的颜色 | 巢址 |
|---|---|---|---|
| 黄喉鹀<br>*Emberiza elegans* | • 浅杯状<br>• 以草茎编成，内壁衬以较多的棕毛<br>• 巢内径：6cm×6cm<br>• 巢深：4cm<br>• 巢高：5～8cm | 白色，布以紫褐色细斑及较大的黑斑 | 在距地不高的灌丛基部营巢（注：三道眉草鹀、灰眉岩鹀等在地表营巢） |
| 雉鸡<br>*Phasianus colchicus* | • 浅窝状，巢形简陋<br>• 在土穴内垫以少许草叶及羽毛等物<br>• 巢内径：15cm×20cm<br>• 巢深：4～5cm | 淡黄色 | 林间草地上挖穴为巢 |
| 白鹡鸰<br>*Motacilla alba* | • 巢呈浅杯形<br>• 以草茎、细根及细枝等编成，内壁衬以兽毛、羽毛、棉花等<br>• 巢内径：7cm×8cm<br>• 巢深：3～6cm<br>• 巢高：4～10cm | 白色，具大小不一的褐色斑 | 在山溪附近的岩隙中筑巢，也利用建筑物的洞穴 |
| 崖沙燕<br>*Riparia riparia* | • 浅杯状巢<br>• 巢室内以干草、羽毛编成<br>• 巢内径约 10cm | 白色 | 在沙岸的峭壁上凿土洞营巢 |
| 小䴙䴘<br>*Tachybaptus ruficollis* | • 水面浮巢，呈厚饼状，能随水升落<br>• 将芦苇或蒲草等弯折而成，上垫以厚层碎草及绒羽<br>• 巢内径：15cm×25cm | 白色 | 在多水草的溪流中营巢 |

# 5.5 鸟类数量调查统计方法

鸟类数量调查的方法有样线法、样点法、标图法、标记重捕法、鸣声回放法等，其中样线法和样点法是最常采用的两种鸟类调查方法。样线法是指观察者按照一定的速度沿样线行进，同时记录样线两侧发现的（包括见到的和听到的）鸟类个体。样点法是指观察者在事先选取的具一定间隔的地点停留 5～10min，计数周围一定范围内发现的鸟类。与其他鸟类调查方法相比，在对相同面积的区域进行调查时，样线法和样点法所花费的调查时间较少。通过长期的数量监测，我们可以得到调查区域鸟类的如下信息：①确定某种鸟类的有无；②反映不同鸟类的相对数量；③了解鸟类种群数量的时间与空间动态。

## 5.5.1 样线法

### 1. 调查记录

在实习地点可以选择几种不同的生境，并选取有代表性的地段进行样线统计。统计的时间要在鸟类活动最强的时刻（鸟类一般在日出后和日落前 2～3h 之内）进行。

在每一种栖息地或环境中一般布设 1～2km 的样线。统计时，行走速度以 1～1.5km/h 为宜，统计过程中最好不要停留，如必须停留较长时间，那么在记录时应扣除停留的时间。记录的方法为：当遇到同种鸟类为 2 只以上的，直接以阿拉伯数字填上；若遇到单只鸟类，则用画“正”字的方法记数，见到一只画上一笔。备注栏里可以填一些鸟的生境、行为等内容。统计时一般只记录见到或听到的两侧的鸟类，由前向后飞的鸟类也要统计在内，但由后向前飞的鸟类（除非为新的记录），为避免重复，一般不记录。样线编号可根据调查地点来命名，如南充市嘉陵段的样线，可写为 NC-001。鸟类样线统计表如表 5-10 所示。

**表 5-10 鸟类样线统计表**

| | | | | |
|---|---|---|---|---|
| 日期 | | 地点 | | 天气 |
| 调查开始时间 | | 调查结束时间 | 样线编号 | NC-001 |
| 起点 | | 终点 | | |
| 调查人员 | | | | |
| 调查环境描述 | 嘉陵江畔江滩宽阔，江边为草地及面积较大的蔬菜地；该江段为渠化江段，水面宽阔而清澈 | | | |
| 种数 | 种类 | 数量 | 小计 | 备注 |
| 1 | 小鸊鷉 | 正一 2 | 8 | |
| 2 | 牛背鹭 | 3 一 | 4 | |
| …… | …… | …… | | |
| 13 | 金眶鸻 | — | 1 | |

样线统计法包括固定距离样线法和可变距离样线法，这里只介绍简单的固定距离样线法：研究者沿着直线行走，并记录一定距离内所听和所看到的鸟类，样线宽度在森林环境中一般是每边 25m，而在开阔地每边在 50m。此样线的长度和

宽度相乘即得调查面积。每一样线至少进行 2 或 3 次数量调查。固定距离样线法能估计出单位面积鸟类数量（即密度），以便对不同地区或不同生境的鸟类丰盛度和多样性进行比较。

## 2. 数据统计与分析

在进行数据分析时，首先要对已有的调查资料进行整理，如表 5-11 所示。

**表 5-11 嘉陵江中游夏季水鸟数量统计**

| 项目 | | 样线 | | | 小计 | 占总个体数比例/% | 等级 |
|---|---|---|---|---|---|---|---|
| | | NC-001 | NC-002 | NC-003 | | | |
| 统计日期 | | 7 月 3 日 | 7 月 4 日 | 7 月 5 日 | | | |
| 统计时间/h | | 1.1 | 1.5 | 2 | | | |
| 编号 | 种类 | | | | | | |
| 1 | 小鸊鷉 | 8 | 6 | — | 14 | 11.38 | +++ |
| 2 | 牛背鹭 | 4 | — | 2 | 6 | 4.88 | ++ |
| 3 | 白鹭 | — | 8 | 7 | 15 | 12.2 | +++ |
| …… | …… | …… | …… | …… | …… | …… | …… |
| 23 | 金眶鸻 | 1 | — | — | 1 | 0.81 | + |
| 合计 | | 46 | 35 | 42 | 123 | | |

注：+++表示优势种，≥10%；++表示常见种，1%～10%；+表示稀有种，<1%。

1）鸟类密度的计算　进一步可对每条样线的鸟类密度进行计算。计算公式为

$$D = N/2LW$$

式中，$D$ 为鸟类密度；$N$ 为在 $W$ 宽度内所记录的鸟类数量；$L$ 为样线长度；$W$ 为样线单边宽度。

在计算多次调查所得结果时，大部分情况下只需求其平均数即可。

2）鸟类优势度分析

（1）根据占总记录个体数的百分比来划分可根据统计到的鸟类个体数占总个体数的比率来划分：若占总个体数的比例≥10%，则为优势种；若占总个体数的比例为 1%～10%，则为常见种；若占总个体数的比例<1%，则为稀有种。

（2）鸟类频率指数估计法也是较常用的划分鸟类数量等级的一种方法。在调查期间可用各种鸟的遇见百分率（$R$）与每天遇见数（$B$）的乘积（$RB$）作为指数的方法，进行鸟类数量等级的划分。

$$R = \text{遇见鸟类的天数}(d) \times 100/\text{工作总天数}(D)$$

$$B = 鸟种的总数/工作总天数$$

式中，$R$ 为某种鸟遇见的百分率；$B$ 为平均每天遇见的数量。$RB$ 的值在 500 以上的为优势种，200～500 为常见种；200 以下的为稀有种。

3）鸟类居留类型分析　根据鸟类是否进行迁徙，常将鸟类分为留鸟和候鸟。留鸟是指终年栖息于出生地（繁殖区）不进行长距离迁徙的鸟，如麻雀、白头鹎、大山雀等。候鸟是指春秋两季沿着固定的路线，在繁殖区和越冬区之间进行长距离迁居的鸟类。可以分为以下三种类型。

（1）夏候鸟：春季飞来某地繁殖，秋季飞往南方越冬的鸟类称为某地的夏候鸟，如金腰燕、黑枕黄鹂、牛背鹭、黑卷尾等为南充地区常见的夏候鸟。

（2）冬候鸟：秋季飞来某地越冬，翌年春季飞往北方繁殖的鸟类为某地的冬候鸟，如绿头鸭、赤麻鸭、绿翅鸭等为南充地区的冬候鸟。

（3）旅鸟：每年春季飞往我国以北地区繁殖，又于每年秋季飞往我国以南地区越冬，迁徙时路过某地的鸟，如黄头鹡鸰（*Motacilla citreola*）、黄鹡鸰（*Motacilla flava*）等为南充地区的常见旅鸟。

通过对记录种类的统计分析，可以获得该调查区域鸟类的居留情况。

## 5.5.2　样点法

样点法（固定半径样点法）是记录某一特定点周围一定半径范围内所有鸟类（包含听到的和看到的鸟类）个体的数量统计方法。样点半径为 50～200m。在进行样点调查时一般在相同的样点不进行重复统计。样点应随机地确定，且两个样地不能重叠。样点间的距离应在 200m 以上。每一个样点需要统计的时间为 10min。

鸟类密度的计算按以下公式进行：

$$D = N/3.14r^2$$

式中，$D$ 为密度（只数/单位面积）；$N$ 为每个样点的个体数；$r$ 为样点半径（m）。

其他的分析统计方法同样线法。

# 第6章 兽类实习

目前，世界上现存的兽类有5416种（Wilson and Reeder，2005），我国记录有645种（潘清华等，2007）。西南地区的兽类资源非常丰富，据初步统计，该区有300余种，占全国兽类总数的46.51%以上。通过兽类野外实习，主要达到以下目的：①初步掌握兽类的野外识别方法；②了解野外兽类调查的方法；③了解兽类与环境的相互关系；④初步掌握小型兽类剥制标本的制作方法。

## 6.1 常见兽类的野外识别

### 6.1.1 兽类野外识别的依据

#### 1. 外形特征

兽类的体型大小、毛被颜色、尾的长短、角的有无、形状等都是重要的野外识别依据。现分述如下。

1）体型大小　小型兽类指体型大小如鼠类的兽类，主要包括食虫类（猬形目、鼩形目）、翼手目、兔形目（鼠兔科）及啮齿类的大多数种类。大中型兽类主要包括灵长目、食肉目、偶蹄目和奇蹄目等类群的种类。

2）毛被颜色　不同兽类有着不同的毛被颜色，包括整个身体的基本毛色及各部位特殊的斑纹。如大熊猫全身以黑、白色为基色；黑熊则以黑色为基色，仅在胸部有一“V”形白斑。

3）特殊的外形　鼹亚科动物往往有一对外翻的前掌；兔科动物有长长的耳朵；菊头蝠科的种类往往有特殊而复杂的鼻叶。此外，尾的长短（如川金丝猴的尾长近于或稍长于体长；猕猴的尾长约为体长之半，藏酋猴的尾长不及后足长）、角的有无及其形状（是洞角还是实角？角的外形、分叉情况）等都是重要的野外识别依据。

#### 2. 生境

不同的兽类往往有着不同的生境。例如，川西斑羚通常喜欢在密林间的陡峭崖坡出没；毛冠鹿则通常在一些比较平缓的森林中活动；岩羊喜欢海拔较高的无林地区（如高山草甸、流石滩）活动。因此。在野外识别动物时，还应结合动物的生境进行分析。

### 3. 活动痕迹识别

兽类的活动痕迹是指兽类活动时遗留下来的一切痕迹，主要包括足迹、粪便、食迹、卧穴及爪痕等。它们在兽类的调查中是重要的间接证据，能为我们了解兽类的活动状况提供许多重要的信息。

1）足迹　足迹因在野外中容易见到，因此在兽类的野外识别中比较重要。我通常把河边沙滩或雨后泥土地上的，称为黑踪，而把冬季雪地上留下的足迹叫做白踪。一般根据足迹成像的特点，分为单足迹、足迹组和足迹链三种类型。

（1）单足迹，是指动物的单个脚印。不同的种类足迹有着不同的形状。下边以大中型兽类部分目科为代表，分别简述其足迹的特点（表 6-1）。

**表 6-1　部分大中型兽类代表类群足迹特征**

| 类别 | 着地类型 | 足迹特征 | 前足迹 | 后足迹 |
|---|---|---|---|---|
| **一、灵长目 PRIMATES** | | | | |
| 猴科 Cercopithecidae | 蹠行性 | 前后足似人手，均具 5 指（趾），但后足印显著大于前足印 |  |  |
| **二、食肉目 CARNIVORA** | | | | |
| 犬科 Canidae | 趾行性 | 前后足均 4 趾着地，前端具 4 爪 |  |  |
| 熊科 Ursidae | 蹠行性 | 前后足均 5 趾着地，前端有五爪，趾间靠近，爪印清晰。前足间趾垫宽，掌垫小而圆；后足颇似人脚印 |  |  |
| 猫科 Felidae | 趾行性 | 前后足均 4 趾着地，前端无爪印 |  |  |
| 鼬科 Mustelidae | | | | |
| 水獭类 | 蹠行性 | 前后足均 5 趾着地；网状，近乎圆形。在松软的泥沙地表，爪和蹼均能呈现（小爪水獭无爪印） |  |  |

续表

| 类别 | 着地类型 | 足迹特征 | 前足迹 | 后足迹 |
|---|---|---|---|---|
| 獾类 | 蹠行性或半蹠行性 | 前后足 5 趾着地；前爪特别发达，爪长近似趾长 |  |  |
| 鼬类 | 蹠行性或半蹠行性 | 前后足均 5 趾着地，趾及爪相互分得很开 |  | 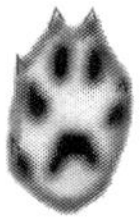 |
| **三、偶蹄目 ARTIODACTYLA** | | | | |
| 猪科 Suidae | 蹄行性 | 3、4 趾着地，足印较大而钝；2、5 趾悬空（称为悬蹄） |  |  |
| 鹿科 Cervidae | 蹄行性 | 3、4 趾着地，左右蹄印多紧靠，前部窄而略尖 |  |  |
| 牛科 Bovidae | 蹄行性 | 3、4 趾着地，左右蹄印多部紧靠；蹄印前足印通常较后足印大 | 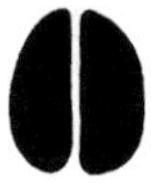 |  |

单足迹测量方法：选择轮廓清晰的足迹，测量其最大长度和宽度，对于食肉类还要测量其掌垫（踵）的宽度，对于有蹄类动物，如果悬蹄印迹明显，测量时则应包括在内（图 6-1）。

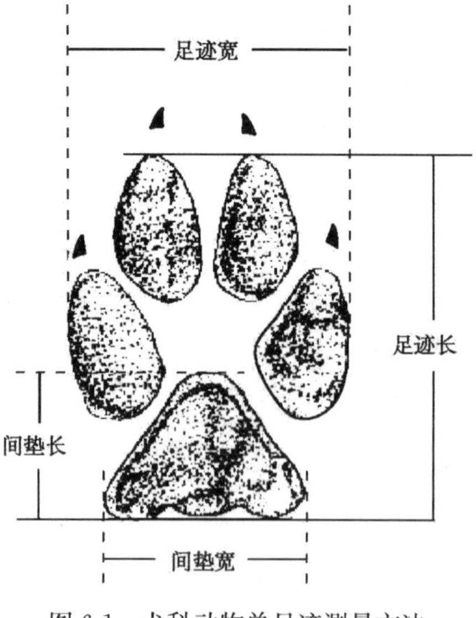


图 6-1　犬科动物单足迹测量方法

(2) 足迹组，是指动物前后四足的脚印组。因种类、性别、行为特点等有很大的变化。根据足迹组的长度（即步距）常可估计同种兽类个体的大小（图 6-2）。

图 6-2　猞猁步距的测量

(3) 足迹链，是指动物行走时在泥地或雪地上留下的成行脚印。随动物种类、行走姿势和活动特点的不同而各异。

2）粪便　动物每天都要排便，因此，在野外动物的粪便是很容易见到的。当我们在野外见到动物的粪便时，最好先用相机对粪便所在的小生境进行拍照，然后将卷尺或常见物品如签字笔、硬币等置于粪便旁作为参照物，再对动物粪便进行拍照，这样有利于估算粪便的大小。利用动物的粪便来判定动物种类时我们主要从以下 3 个方面来考虑。

(1) 粪便的形状。扁球形的粪便是兔科动物鉴别性的特征，鼠兔类的粪粒呈胡椒大小的球状。多数偶蹄目动物（特别是鹿科动物）的粪粒常呈“子弹形”，一端突起，另一端常有“酒窝”。食肉目中犬科动物的粪便常呈粗的“索状”，猫科动物的粪便为断节绳索状，而鼬科动物的粪便通常更细，且两端具长尾的“褶索状”，豪猪的粪粒常呈花生大小、粗短的散粒或颗粒黏成节筒状，猪獾的粪便常呈盘曲的长条形。但要注意的是，同一种动物，由于食物含水量不同，其形状也可能不同。例如，扭角羚，当以水分较多的植物器官为食时，粪便常呈堆状；牛粪，当食物中的含水量少时，粪便则呈粗壮的“子弹形”粪粒。

(2) 粪便的直径。粪便的大小一般与动物的体型大小相关，体型越大，其粪便直径也就越大。例如，同为食肉目的赤狐和狼，我们可以通过粪便直径的测量来区别：赤狐的粪便直径小于 18mm，而狼的粪便直径在 25mm 以上。

(3) 粪便的位置。不同动物排便的位置通常与其生活习性有关。例如，鼠兔通常有自己专门的“厕所”；猫科动物的粪便有标记的作用，因此，常在一些道路旁见到；森林中的鼬科动物通常将粪便排在兽径上的倒木上；中华鬣羚喜在岩石下固定的场所排便。

3）食迹　食迹是指动物采食时留下的痕迹。例如，在果实成熟的季节通常会见到被黑熊采食时折断的阔叶树枝；川金丝猴在冬季取食树枝枝皮时，在被食树下，常可见大量剥光了皮的短的枝条；大熊猫取食竹竿的地方，常可见到残留的竹桩和弃梢。

4）卧穴　卧穴是指动物卧躺休息的地方。根据卧穴的大小可以初步判定动物的大小。最重要的是在这些卧穴处及其周围，往往可能会发现动物留下的毛发或粪便，这对野外动物的识别很有帮助。

5）爪痕　一些善于爬树的种类，如黑熊，通常在一些树干上留下爪痕。

## 6.1.2　常见大、中型兽类的野外识别

西南地区常见的大、中型兽类主要包括灵长目、食肉目、偶蹄目及啮齿目豪猪科等，现将各类群的代表动物及其主要的野外识别特征列于表 6-2。

**表 6-2　常见大、中型兽类的野外识别**

| 种名 | 形态特征 | 生态习性 | 痕迹识别 |
|---|---|---|---|
| **一、灵长目 PRIMATES** | | | |
| **（一）猴科 Cercopithecidae** | | | |
| 川金丝猴⊕<br>*Rhinopithecus roxellanae*<br>俗名：线猴<br> | • 尾长大于头体长；被毛金黄，毛发长。唇肥厚而突出，成兽嘴角上方有很大的瘤状突起；鼻孔上仰，故又称仰鼻猴<br>• 头骨有颞嵴，而无矢状嵴<br>• 齿式：2·1·2·3/2·1·2·3=32 | 栖息于海拔 1500～3300m 的亚热带山地常绿、落叶阔叶混交林、落叶阔叶林、针阔混交林及针叶林。主食野果、嫩芽、叶、枝皮、竹笋及苔藓等 | • 粪便：呈算盘珠状<br>• 食迹：在被食树下常可见大量食皮或食叶后扔弃的枝干<br>• 足印：前、后足颇似人手，均具 5 指（趾），但后足印显著大于前足印 |
| 猕猴 *Macaca mulatta*<br>俗名：黄猴<br> | • 体中等大，较瘦弱；尾呈刷状，其长约等于体长之半；额、头和体大部橙黄色。具颊囊<br>• 头骨相对小而弱。颌、鼻骨较短。眼眶较大，眉弓弱<br>• 齿式：2·1·2·3/2·1·2·3=32 | 栖息于阔叶林、针阔混交林及稀树裸岩等地，多在悬崖或树上过夜。成群活动。食性杂，以野果、野菜、幼芽、嫩叶、花和竹笋为食，也食小鸟，鸟卵和昆虫等 | • 粪便：成形的粪便为圆条折堆状，末端常带针状细尾<br>• 足印：似川金丝猴 |

续表

| 种名 | 形态特征 | 生态习性 | 痕迹识别 |
|---|---|---|---|
| 藏酋猴㊉ *Macaca thibetana*<br>俗名：青猴<br> | • 体较猕猴粗壮；尾明显短于其后足；全身背侧毛色黑褐，腹侧浅灰；脸周具蓬松长毛。耳小而多隐藏于其周围毛发；四肢壮实且近乎等长；吻长较猕猴突出，面部皮肤肉色，常有黑斑；具有颊囊<br>• 鼻骨相对较平，略呈三角形。眉弓粗厚。矢状嵴和枕嵴均较发达<br>• 齿式：2·1·2·3/2·1·2·3=32 | 栖于亚热带常绿阔叶林或落叶混交林，以及河谷两岸残存的森林灌木林中。成群活动。主要以植物性食物为食，包括树叶、种子及水果，也吃竹笋，蜥蜴和小鸟等，秋季有时取食玉米等作物 | • 粪便：成形粪便为一端粗一端细的节状，前端略小圆，其后明显膨大，接着逐渐缩小，至尾端呈略弯的圆锥状<br>• 足印：前、后足印均与猕猴的相似而较宽长 |
| **二、食肉目 CARNIVORA** | | | |
| **（一）犬科 Canidae** | | | |
| 豺＃ *Cuon alpinus*<br>俗名：豺狗<br> | • 体形似犬而小于狼，耳短而圆，四肢较短；毛色红棕，尾尖带黑色<br>• 头吻较宽短；上腭拱形；额扁平而低，额骨的中部隆起；下颌每侧臼齿2枚<br>• 齿式：3·1·4·2/3·1·4·2=40 | 栖于海拔2500～3500m的山地草原、亚高山草甸及山地疏林中。常集小群活动，捕食鹿、野猪、獾等，偶尔取食少许植物 | • 粪便：索状不明显、少针尾<br>• 足印：4个趾印几等大，前窄后宽；两中趾印尖部略外斜，后部间距小；间趾垫印较小，前缘窄凸，后中部显著外凸 |
| 赤狐＃ *Vulpes vulpes*<br>俗名：狐狸<br> | • 嘴狭长，耳尖而直立，体型细长，四肢较长；耳背部黑褐色，与头部毛色明显不同；尾上部为赤褐色，尾端白色；喉为白色；颈背、肩、背、腰和臀部为棕褐色，但毛尖浅淡<br>• 吻部在犬齿之后不是明显地窄，几乎两侧平行，齿列长约为臼齿舌缘宽的1.5倍<br>• 齿式：3·1·4·2/3·1·4·3=42 | 栖息于中低山林区及高山灌丛。杂食性，取食鸟、鼠、蛇、蜥蜴、蛙、鱼、昆虫等各种小型动物，也食浆果、果实、草等 | • 粪便：多稀或呈细索状<br>• 足印：其前、后足均仅呈4个椭圆趾印，中间两个显著小于外侧两个，各趾和间趾垫间具较大空间。由于足背和足掌均被密毛，在行走时一般间趾垫和趾垫印，尤其后间趾垫常缺 |

续表

| 种名 | 形态特征 | 生态习性 | 痕迹识别 |
| --- | --- | --- | --- |
| **（二）熊科 Ursidae** | | | |
| 马熊⊕<br>*Ursus arctos pruinosus*<br>俗名：人熊<br> | • 体型比黑熊大，吻长而头宽圆。肩部隆起，胸部白斑常沿肩部往上几乎在颈背相连，爪乳白色<br>• 颅形狭长，矢状嵴不发达，眶后突间联合处位于颅全长前 1/2 处，鼻骨长大于第一上臼齿（$M^1$）外缘间的宽度<br>• 齿式：3·1·4·2/3·1·4·3=42 | 栖息于海拔 2000～4500m 的高山针阔混交林、针叶林、高山灌丛、草甸等各种环境。独栖，白天活动。杂食性，但动物性食物较黑熊多。以树枝芽、根和嫩草、种子等为食，亦捕食啮齿类、鼠兔、鸟、昆虫等 | • 粪便：多呈散堆状<br>• 足印：4 足均呈 5 趾印。主要差异在于前足第 1 趾印最小，第 5 趾印稍大于略近等大的第 2、4 趾印。腕垫（掌垫）也呈小而圆，但裸露可见，虽游离较远却在足印中常呈现。间垫前缘最凸点在 3 趾后，从此点划一横切线多穿过第 1 趾和第 5 趾印的后缘 |
| 黑熊⊕<br>*Selenarctos thibetanus*<br>俗名：狗熊、黑瞎子<br> | • 体型中等，比马熊稍小；头阔，吻较短，颈短粗；体黑色，胸部有月牙形白色胸斑；爪黑色<br>• 颅形狭长，矢状嵴不发达，眶后突间联合处近于颅全长 2/5 处；鼻骨长等于第一上臼齿（$M^1$）外缘间的横宽<br>• 齿式：3·1·4·2/3·1·4·3=42 | 多栖息于中、高山的常绿阔叶林或混交林区。杂食性。主食嫩树叶、青草、蘑菇，喜食果实、种子及野蜂蜜，也食昆虫及小型脊椎动物。秋季有取食作物的现象 | • 粪便：多呈散堆状，最后团堆常具针尾<br>• 足印：前、后足印呈差异显著的两种形态：前足间垫宽大，前缘横切线穿过第 1 趾印的中前部。掌垫小而圆，偏于足印的外侧；后足印颇似人脚印<br>• 食迹：在一些阔叶树上常可见被黑熊取食时折断的树枝 |
| **（三）大熊猫科 Ailuropodidae** | | | |
| 大熊猫⊕<br>*Ailuropoda melanoleuca*<br>俗名：白熊<br> | • 体肥胖似熊，但头圆，尾较熊长；体色黑白分明，四肢和肩部黑色；竖立的圆耳黑色，眼大而黑，眼周、鼻部黑色<br>• 头骨颧弓宽大而粗壮，矢状嵴很高，吻短，臼齿宽大于长，翼间孔几与最后一枚臼齿后缘平齐<br>• 齿式：3·1·3～4·2/3·1·3～4·3=40～42（老年个体上、下颌第一前臼齿常脱落、齿槽封闭，仅有 3 枚前臼齿） | 栖息于海拔 1300～3600m 的阔叶林、混交林和针叶林下竹丛中。独栖。以竹茎、竹叶及竹笋为食。爱饮水 | • 粪便：呈纺锤形，由未消化的竹叶或竹竿咬节组成<br>• 足印：前后足均具 5 趾。足印似熊脚印，但因为足底常具长绒毛，因此足印常较模糊<br>• 食迹：大熊猫取食竹枝时，常留下残桩和弃稍<br>• 卧穴：在大熊猫卧躺休息的地方常有较多的粪团 |

续表

| 种名 | 形态特征 | 生态习性 | 痕迹识别 |
| --- | --- | --- | --- |
| **（四）小熊猫科 Ailuridae** | | | |
| 小熊猫# *Ailurus fulgens*<br>俗名：九节狼<br> | • 体形似猫而较肥壮，脸圆，但吻较家猫突出，耳大直立向前；全身红褐色，嘴缘为乳白色；颊有棕褐色脸斑；眼内、外侧各具乳白色斑；耳缘具长的白色毛，耳背为黑褐色；四肢粗短亦为黑褐色；尾粗长，超过体长之半，具有大小不同的9个棕栗及沙白色环纹，尾尖为黑褐色<br>• 头骨高而圆，听泡相对扁平；矢状嵴低<br>• 齿式：3·1·3·2/3·1·4·2=38 | 栖息于海拔1400～3200m的阔叶林、针阔混交林或针叶林带。食物99%为竹叶或兼食竹笋 | • 粪便：植物性粪便多呈散堆状似青果形的颗粒，肉食粪形态似猫类带茶褐色<br>• 足印：前后足均具5趾，趾尖端着生乳白或苍白色伸缩性爪，故足印中的爪印时显时隐。由于足底多被厚密黑毛，因此多为模糊印迹 |
| **（五）鼬科 Mustelidae** | | | |
| 黄喉貂（青鼬）△<br>*Martes flavigula*<br>俗名：蜜狗、黄腰狸<br> | • 是貂属中最大的一种，体形细长，耳、四肢均短小，尾圆柱状，不蓬松，约为体长的2/3；喉胸部具一黄色块斑；身体前半部分为浅褐色至淡黄褐色；后半部为浅黑褐色；四肢和尾黑色；头部和背侧的毛色较暗；腹部为淡黄色<br>• 颅基长大于90mm，听泡长大于19mm；颧骨宽大于50mm<br>• 齿式：3·1·4·1/3·1·4·2=38 | 栖息于各种林型的森林里，低至河谷灌林，高至海拔3000m的针叶林。成对捕猎或集成小家庭群，以小型兽类为主食，也食鸟、蛙，酷爱食蜂蜜 | • 粪便：多呈一端钝、一端为圆锥状的约100mm的浅棕色长条<br>• 足印：属跖行性。前后足均具5趾。前足趾印间距较大，掌印为具5～6个凹点的正反“c”形；后足的2～5趾印相距较近，中间两个趾印几乎紧靠，跖印常有4～5个凹点，其外中部内折，后端呈尖角形 |

续表

| 种名 | 形态特征 | 生态习性 | 痕迹识别 |
| --- | --- | --- | --- |
| 黄腹鼬 # *Mustela kathiah*<br>俗名：香姑狼、松狼<br>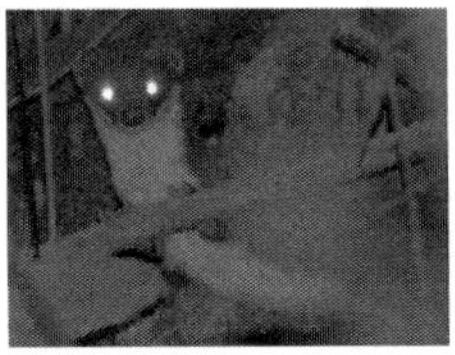 | • 体形较小，尾长超过体长之半；背腹毛色分界明显，背为栗褐色，腹为橙黄色<br>• 颧弓拱形，听泡长度小于16mm；眶后区短，眶后突相对尖而长<br>• 齿式：3·1·3·1/3·1·3·2=34 | 栖于山地林缘、河谷、灌丛，也在农田、村落附近活动。独栖，具领域性。食物为鼠类、鸟类、蛙类、昆虫等 | • 粪便：索状，较黄鼬的细小，内含被捕食动物的毛发及未消化的骨块。常排于倒木、岩石上<br>• 足印：4足印均较小，前足印长多不及30mm，后足印长约40mm。前、后足印都呈现5趾，且各趾印相距均较开，多呈椭圆形。前掌近乎中空的椭圆环印，常由6或7个大小不等的凹点围城；后跖印多显长形，其前端具大小相近的4个明显凹点 |
| 黄鼬 # *Mustela sibirica*<br>俗名：黄鼠狼<br> | • 体形中等的鼬科动物，雌兽较小，约为雄兽的1/3；身体细长柔软，尾长约为体长的1/2；耳短而宽，四肢短小。体色棕褐色或棕黄色，逐渐过渡到淡黄褐色的腹部<br>• 颧弓扁平；听泡长度大于15mm；眶后区非常长，两边平行；眶后突相对短而钝<br>• 齿式：3·1·3·1/3·1·3·2=34 | 栖息于平原、丘陵及山区的河谷、村落附近。独栖，具领域性。穴居。以小型兽类为主食，也捕食蛙、鸟等 | • 粪便：细长，索状。常排于倒木、岩石上<br>• 足印：似黄腹鼬，但稍大 |
| 鼬獾 # *Melogale moschata*<br>俗名：鱼鳅猫、猸子<br>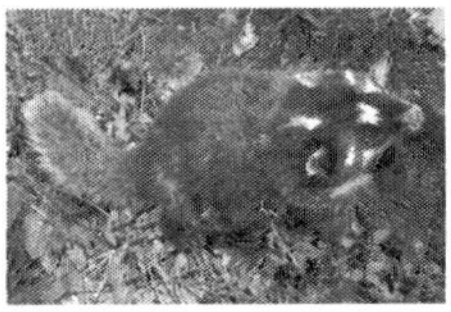 | • 小型獾类。体形粗短，尾长几为体长之半；体毛以青灰色为主，前额、耳前、耳缘及颊部白色，头顶后延至肩背部有一白色纵纹<br>• 颞嵴低平，几乎平行<br>• 齿式：3·1·4·1/3·1·4·2=38 | 栖息于丘陵、平原和中低山河谷、稻田、池塘、沟渠附近的草灌。独居。杂食性。以昆虫、蚯蚓、泥鳅、蛙等为食，亦食果实 | • 前后足5趾着地，趾印大小相近，前爪特别发达 |

续表

| 种名 | 形态特征 | 生态习性 | 痕迹识别 |
| --- | --- | --- | --- |
| 猪獾# *Arctonyx collaris*<br>俗名：獾子、拱猪、聋猪、汤猪、穿猪<br> | • 体形较粗壮，上唇与鼻垫间裸露，吻鼻部狭长而圆，酷似猪鼻；体毛黑褐色间杂灰白色针毛。两颊在眼下各有一条污白色条纹，下颌及喉白色；爪白色<br>• 鼻骨狭长，眶前区向前下方较倾斜，眶前孔特大；腭骨两侧缘向外略微膨胀；听泡较狗獾的扁平；翼间窝较狗獾的靠后；矢状嵴不发达<br>• 齿式：3・1・3・1/3・1・3・2=34 | 栖息于海拔3500m以下的林区。独居。杂食性，主要以植物的块茎、根、蚯蚓、蜗牛和昆虫为食 | • 粪便：常呈盘曲的条形，土灰色<br>• 足印：跖行。前后足均具呈斜弧形排列的5趾，除第1趾印明显较小外，其余4个趾印近乎等大。前爪显著较长。间垫印大而显著，其后中部具一歪三角形的深凹。掌垫印大而圆，位于足印的中外侧<br>• 拱迹：在其活动区域，常可见被拱过的痕迹，但较野猪的拱迹小得多 |
| 狗獾⊕ *Meles leucurus*<br>俗名：獾子、拱猪、聋猪、汤猪、穿猪<br> | • 体形肥大粗壮，鼻垫与上唇之间被毛，头部具3道白色纵纹，体背为黑色与白色相杂，颏、喉为棕黑色，胸、腹部、四肢为黑棕色，尾大多呈黄白色，爪黑色<br>• 头骨矢状嵴发达，听泡凸出<br>• 齿式：3・1・3・1/3・1・3・2=34 | 主要栖息于僻静的深丘、及山中的灌丛和森林。挖洞穴居。杂食性。以植物根茎、昆虫、蛙、鼠及动物尸体为主 | • 粪便：常呈盘曲的条形，土灰色<br>• 足印：似猪獾<br>• 拱迹：似猪獾 |
| 果子狸⊕ *Paguma larvata*<br>俗名：花面狸、树围子<br> | • 体以淡棕褐色为主，尾较长，尾端黑褐色，无环纹；从鼻镜经颜面中央至额顶有一条宽阔的白纹<br>• 颧弓强健外扩，鼻颌宽短；眶后缢痕的宽度等于眶内宽度，且眶上突小；上门齿不紧凑，牙齿圆形，犬齿直，两侧扁平<br>• 齿式：3・1・4・2/3・1・4・2=40 | 栖息于阔叶林带。主食果实，也吃啮齿类、昆虫和植物的根。独居，昼伏夜出，善攀援 | • 粪便：成形粪便为暗绿色3节堆放，杂有果渣或枝节<br>• 足印：蹠行性。前后足均具5个近等大呈弧形排列的趾印，后足第3、4趾印后半部相连。前足有爪印，后足无爪印 |

续表

| 种名 | 形态特征 | 生态习性 | 痕迹识别 |
|---|---|---|---|
| （六）猫科 **Felidae** | | | |
| 云豹△ *Neofelis nebulosa*<br>俗名：狗豹子<br> | • 身体比狗稍大，四肢较短，尾长接近头体长，体侧具16块（其中6块较大）云块状斑；两条间断的黑色条纹从脊柱延伸到尾基部；颈上有6条纵纹，始于耳后；四肢和腹侧有大的黑色椭圆形斑块<br>• 成年的云豹头骨全长普遍为16～19cm，头骨颅形狭长，尤其眶间宽特别狭窄<br>• 齿式：3·1·3·1/3·1·2·1=30 | 栖息于中、低山阔叶林带。性凶猛，善攀援和游泳，睡眠主要在树上。捕食小型脊椎动物，如两栖类、爬行类、鸟类、啮齿类等 | • 粪便：呈弯曲并具针尾的细索条状，粪便中常含有被捕食动物的毛发、骨骼等<br>• 足印：前足印明显大于后足印，4足均具近乎等大而不带爪印的4个趾印。前足间趾垫印短宽，仅略窄于两外侧趾连线横宽；后足间趾垫印前端尖凸，后部中凸略与两外突齐平 |
| 金钱豹△ *Panthera pardus*<br>俗名：豹子<br> | • 体型大，但较虎小，头圆、耳短，尾长超过体长之半，四肢粗短有力；体色橙黄，全身布满大小不同的黑斑和古钱状黑环；尾端为黑色，具2～4个白环<br>• 头骨狭窄，颧骨宽小于颅基长的70%，齿列长度小于颅基长的40%；雄性有发达的矢状嵴，而雌性几乎没有<br>• 齿式：3·1·2～3·1/3·1·2·1=28～30 | 隐栖于中、高山林区。独居。较其他大型猫类有更广泛的食谱，包括啮齿类、毛冠鹿、麂、草兔、野猪、鸟类等。觅食时，常沿山脊或山脚兽径，静伏袭击，有储食行为。善于爬树和游泳 | • 粪便：呈节堆状，后节甚细长，始端近圆形，向后渐小，末端具针尾。粪便中常含有被捕食动物的毛发、骨骼及草等<br>• 足印：后足印略大于前足印，4足均具近乎等大而不带爪印的4个趾印，后足趾印间距显大于前趾印。间趾垫印后中部凹陷深窄，前足间趾垫印较宽，后间趾垫印较小，窄于两外侧趾内缘横宽 |
| 豹猫# *Felis bengalensis*<br>俗名：野猫、山猫<br> | • 体型大小似家猫，但更加纤细，腿更长；颊为黄白色，每侧各具两条暗褐色纹；额部4条暗褐色条纹；耳背暗褐色。颏、喉黄白色；背为暗棕褐色，具纵行斑点<br>• 头骨圆形，门齿小而弱，犬齿长而发达<br>• 齿式：3·1·2·1/3·1·2·1=28～30 | 栖息于海拔3500m以下的丘陵、低山、中山、灌丛及森林、村舍郊野。以鼠、鸟等各种小型动物为食 | • 粪便：主具黑褐和淡棕灰两色，一般存在索条或两端略尖的颗粒两种形态。粪便中常含有鼠毛、骨骼等<br>• 足印：略比家猫的大。四足具排列较紧密且不带爪的4个椭圆形趾印。前后足的2个外趾印均大于2内趾印。间趾垫印为后足明显小于前足，其前凸显著较窄平 |

续表

| 种名 | 形态特征 | 生态习性 | 痕迹识别 |
| --- | --- | --- | --- |
| 三、偶蹄目 ARTIODACTYLA | | | |
| （一）猪科 Suidae | | | |
| 野猪⊕ *Sus scrofa*<br>俗名：山猪<br> | • 形似家猪，吻部突出；雄性獠牙发达；耳小而直立；体褐色，具粗毛；雄性从头顶到颈后有一毛脊<br>• 头骨细长<br>• 齿式：3·1·4·3/3·1·4·3=44 | 栖息于森林、灌草丛。杂食。以嫩枝、菌类、果实、块根及动物尸体等为食。除雄性独居外，一般成群活动 | • 干性粪便多呈不规则的丸、渣堆集<br>• 足印似家猪脚印，蹄尖较钝。后足悬蹄的印迹较明显<br>• 拱迹：在其活动区域内，常可见其拱过的痕迹，较獾类动物的拱迹要大得多 |
| （二）麝科 Moschidae | | | |
| 林麝# *Moschus berezovskii*<br>俗名：香獐、獐子<br> | • 体形小；通体毛色一般为深棕褐色，颈纹明显，臀部毛色近黑色；毛粗硬，呈波状弯曲，脆而易脱落；耳郭内缘具长毛；成体不具斑点<br>• 两性均无角；雄麝犬牙发达，呈獠牙状；吻短，小于颅全长之半，泪骨宽大于长，鼻骨短<br>• 齿式：0·1·3·3/3·1·3·3=34 | 栖息于海拔3200m以下的针叶林、针阔混交林及阔叶林。性胆怯，独居。善攀爬跳跃。多以灌木嫩枝叶、苔藓、松萝、嫩草等为食 | • 4足蹄印窄细，双蹄印前部甚尖而叉开<br>• 粪便呈短小的散粒堆放，雄麝新鲜粪便带有麝香味 |
| （三）鹿科 Cervidae | | | |
| 小麂# *Muntiacus reevesi*<br>俗名：黄麂、角麂<br> | • 小型麂类，通体栗色，额部两侧各具1条较宽的黑纹；颏、喉白色<br>• 头骨较短而宽，泪窝极大，前颌骨与鼻骨分离；雄兽具角又有“獠牙”，角短而直，仅分一叉；角基沿额骨两侧突出成棱状脊<br>• 齿式：0·1·3·3/3·1·3·3=34 | 栖息于海拔2200m以下的林缘、草丛等环境。主要以灌木和草本植物的嫩芽和幼叶为食。喜独居或雌雄同栖。受惊时常发出短促洪亮的吠叫声 | • 粪便：较毛冠鹿的小，而一端多缺“酒窝”的粒状<br>• 足印：足蹄印在已知鹿种中为最尖小者（长35mm以下，宽20mm左右） |

续表

| 种名 | 形态特征 | 生态习性 | 痕迹识别 |
| --- | --- | --- | --- |
| 毛冠鹿⊕<br>*Elaphodus cephalophus*<br>俗名：青麂、青鹿<br> | • 小型鹿，额部有一马蹄形的黑色毛冠，雄兽角短小不分叉，几隐于其中；体毛青灰；耳内侧有纵行白毛<br>• 头骨听泡小，泪窝大，其直径大于眼窝的直径；雄兽具獠牙<br>• 齿式：0·1·3·3/3·1·3·3=34 | 常栖于海拔1000～3200m的林区。食物为草、树叶和果实。常独栖 | • 粪便：粪粒相对短小而圆<br>• 足印：4足蹄印与其他鹿种类的相似，但较大 |
| 水鹿# *Rusa unicolor*<br>俗名：黑鹿<br> | • 背部一般呈黑褐或深棕色。雄鹿鹿角通常为3叉，成年雄鹿在颈部和背前部长有长的鬣毛，耳宽大<br>• 泪窝显著，泪窝长径大于眼窝长径；鼻骨与额骨发达，约占颅全长的3/4<br>• 齿式：0·0～1·3·3/3·1·3·3=32～34 | 栖息于海拔1400～3500m的林区。以草、树叶、嫩枝、蕨类和果实为食。通常独居或成小的母子群 | • 粪粒主要有圆形和长椭圆形两类<br>• 蹄印靠紧，前部窄而略尖，后部相对较宽 |
| **（四）牛科 Bovidae** | | | |
| 扭角羚⊕ *Budorcas taxicolor*<br>俗名：白羊、羚牛、牛羚、盘羊、野牛<br> | • 体形庞大，肩高大于臀高，尾短；吻鼻部大而裸露，前额向上隆起；两性均有由上而后转向外后的角<br>• 鼻骨短，吻隆起，泪骨平而无凹窝<br>• 齿式：0·0·3·3/3·1·3·3=32 | 栖息于海拔1500～4000m的森林、灌丛和草甸，群居。以青草、树枝、树皮、竹笋等为食 | • 粪便：干性粪粒呈长椭圆形<br>• 前足蹄印显著较后足蹄印大而圆 |
| 中华鬣羚#<br>*Capricornis miineedwardsii*<br>俗名：岩驴、山驴子、明鬃羊<br> | • 体型较羊大；体高腿长，耳长似驴；颈背有长的黑色鬣毛；尾短较短，约为后足长之半；通体以黑色为主<br>• 雌雄均具角，角短而尖，角下2/3段的腹侧具横棱及纵行小沟；泪骨与鼻骨直接相连<br>• 齿式：0·0·3·3/3·1·3·3=32 | 栖息于海拔1400～4000m的中、高山林区。喜在陡岩处活动，独栖。以各种青草和灌木的嫩枝叶、果实等为食。有定点排便的习性 | • 粪便：粪粒显较鹿类的大，每次排数十粒，散堆状，常在岩脚处集成大堆<br>• 足印：足蹄短钝结实 |

续表

| 种名 | 形态特征 | 生态习性 | 痕迹识别 |
|---|---|---|---|
| 川西斑羚⊕<br>*Naemorhedus griseus*<br>俗名：岩羊<br> | • 大小如山羊；尾短；体背至臀部灰棕色，毛尖黑褐色；鬣毛短，黑褐色，向后延伸为背纵纹；喉部白色，具红褐色边缘；四肢短，前肢前沿有黑纹，下延超过肘关节<br>• 雌雄均具角，角短而直；除角尖外，角的横棱较中华鬣羚显著，泪骨与鼻骨有空隙隔开<br>• 齿式：0·0·3·3/3·1·3·3=32 | 栖息于海拔1400～3800m的中、高山林区。尤喜在有树有草的险峻山岭或峭壁裸岩。独栖或双栖。栖息地比较固定，一般都在向阳的山坡。以各种青草、灌木的嫩枝叶、果实、青草、地衣、苔藓等为食 | • 粪便：具干性，多呈不规则颗粒叠堆，少数颗粒具针尾<br>• 足印：与家山羊的近似，略似"肾形"，但偶蹄印相距较开，且内、外印多呈前后错位排列 |
| 岩羊# *Pseudois nayaur*<br>俗名：青羊、盘羊<br> | • 体形似绵羊，毛色青灰，四肢前面及腹面具黑纹<br>• 两性均有角，角粗大似牛角<br>• 齿式：0·0·3·3/3·1·3·3=32 | 栖息于高原、丘原和高山裸岩与山谷间的草地，群栖。以草、地衣等为食 | • 粪粒与山羊的类似<br>• 足印呈不规则长条形，双蹄的前部窄小，后部宽大，中部明显收缩。每个蹄印中后部正面还呈现出较宽长的凹痕 |
| **四、啮齿目 RODENTIA** | | | |
| **豪猪科 Hystricidae** | | | |
| 豪猪 *Hystrix hodgsoni*<br>俗名：刺猪、箭猪<br><br>(姚刚 摄) | • 头部、颈侧及体背棕色，额和前背之间的中间区的棘刺基部淡棕色，上边白色，形成白色条纹；体背密被长刺。前部棘刺正方形，后部棘刺圆形<br>• 鼻骨长而宽，长于颅全长之半。颧弓前半粗壮，结实，后半细弱；听泡小而圆。上齿列左右平行；中翼骨窝宽，前缘达第三臼齿之中部；臼齿齿冠平，珐琅质横褶围绕齿质岛<br>• 齿式：1·0·1·3/1·0·1·3=20 | 栖息于森林及开阔田野。穴居生活。主食植物的根、块茎、树皮、草本植物和落下的果实 | • 粪粒呈粗短的散粒或颗粒黏成节筒状<br>• 野外常可见其脱落的长刺及啃食树干基部树皮后留下的齿痕<br>• 前、后足均显5个卵圆形趾垫印，内侧第1个甚小 |

图片来源：△表示仿《中国兽类野外手册》（史密斯和谢焱，2009）；#表示由张铭拍摄；⊕表示由胡杰拍摄。

## 6.1.3　常见小型兽类的识别

### 1. 小型兽类的测量

1）外形量度　　小型兽类外形测量的内容包括：体重、体长、尾长、耳长、后足长、吻长、前臂长（翼手目）等。

**体重**：小型兽类的体重常以克为单位。

**体长**（头躯长）：从吻端至肛门或尾基部的长度。

**尾长**：从肛门（或尾基部）至尾端，不计端毛的长度。

**耳长**：从耳壳基部缺口至耳顶端的长度（不计簇毛的长度）。

**后足长**：后肢跗蹠部连趾的长度（不计爪长）。

**吻长**：眼先至吻端的长度。

**前臂长**（翼手目）：前肢肘关节至腕关节的长度。

此外，还需鉴定性别，若是雌兽，应记录乳头的数目及位置。同时，还应对其生活环境作一描述（表 6-3）。

**表 6-3　小型兽类野外采集记录表**

| | | | |
|---|---|---|---|
| 种名 | | 编号 | |
| 采集地点 | 市　　乡（镇） | 小地名 | |
| GPS 位点 | 经度： | 采集日期 | 年　月　日 |
| | 纬度： | 采集人 | |
| 海拔高度/m | | 采集方法 | |
| 测量人 | | 记录人 | |
| 体重/g | | 体长/mm | |
| 尾长/mm | | 吻长/mm | |
| 耳长/mm | | 后足长/mm | |
| 前臂长/mm | | 性别 | |
| 乳头数目 | | 乳头位置 | |
| 生活环境 | | | |
| 备注 | | | |

2）头骨量度　这里以啮齿目动物头骨为例，简单介绍其相关术语及测量方法（图 6-3）。

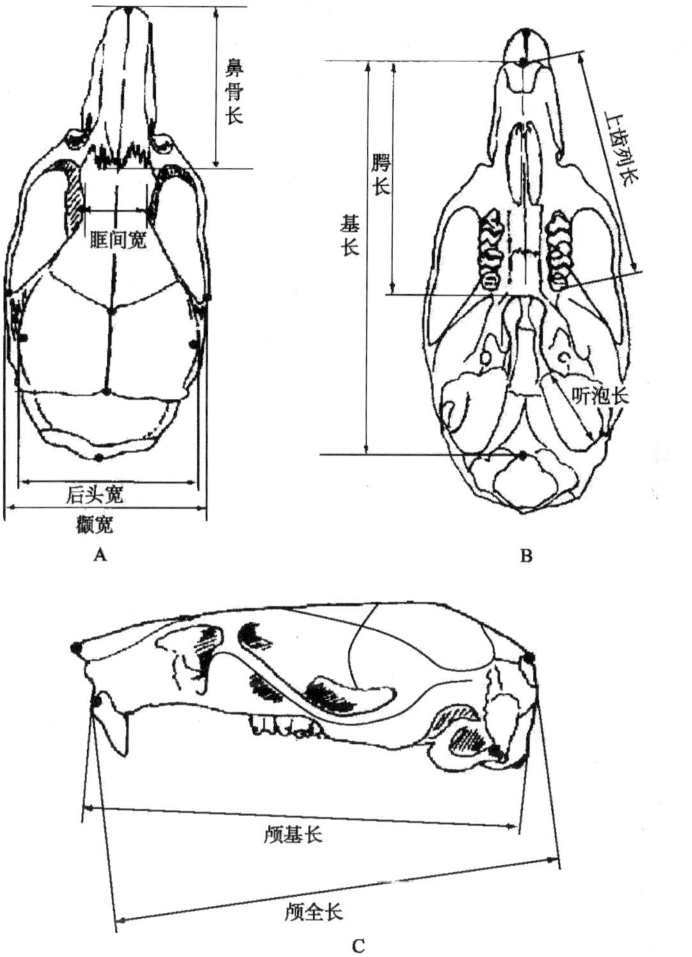


图 6-3　啮齿目头骨测量示意图（夏霖等，2006）
A. 头骨上颌背面观；B. 头骨上颌腹面观；C. 头骨上颌侧面观

**颅全长**：头骨的最前端突出部至最后端的突出部的距离，即头骨的最大长度。

**颅基长**：枕髁后缘至前颌骨的最前端的距离。

**基长**：枕骨大孔前缘至门牙槽的前缘距离。

**基底长**：自枕骨大孔前缘至门牙槽后缘的距离。

**颧宽**：颧弓外缘间的最大宽度。

**眶间宽**：左右眼眶内缘间的最小距离。

**鼻骨长**：鼻骨的最大长度。

**颅宽（后头宽）**：脑颅部的最大宽度。

**听泡长**：听泡的最大长度。

**腭长**：自翼间孔前缘至前门牙槽前缘的距离。

**上齿列长**：第一门牙槽前缘至最后臼齿槽后缘的直线长。

## 2. 小型兽类常见目、科检索

1）常见目检索

### 小型兽类常见目的检索

1（2）前肢特别发达并具翼膜，适于飞行 ………………………………… 翼手目 Chiroptera

2（1）构造不适于飞行

3（6）门牙粗大呈锄状，无犬齿；上下唇几等长

4（5）上颌具1对门牙 ……………………………………………………………… 啮齿目 Rodentia

5（4）上颌具前后两对门牙 ……………………………………………… 兔形目 Lagomorpha

6（3）门牙不呈锄状，有犬齿；吻部尖长，向前超过下唇甚远

7（8）披毛短而柔软；颧弓缺如，不完全或发育微弱……………………… 鼩形目 Soricomorpha

8（7）皮毛长，背部有长而尖的棘刺；颧弓发育完全 ……………… 猬形目 Erinaceomorpha

2）西南地区鼩形目分科及亚科检索

### 西南地区鼩形目分科及亚科检索表

1（4）头骨颧弓缺失；无听泡；下颌骨齿突有两髁形成双关节。第一对上门齿平伏并形成前部一个钩状根尖和后部一个单尖状的跟座 ………………………………… 鼩鼱科 Soricidae

2（3）齿冠栗红色（短尾鼩属 *Anourosorex*、水鼩属 *Chimarrogale* 和蹼足鼩属 *Nectogale* 除外）；尾均匀覆以短毛 ……………………………………………………… 鼩鼱亚科 Soricinae

3（2）齿尖全白色，尾除覆以短毛外，还有稀疏的长毛 ………… 麝鼩亚科 Crocidurinae

4（1）头骨颧弓和听泡均存在；下颌骨齿突有1个髁关节。第一对上门齿小或大，倒伏，直向下伸出，不分成根尖和跟座 ……………………………………………………… 鼹科 Talpidae

5（6）身体鼩形，前足和前爪正常；耳郭很发达 …………………… 鼩鼹亚科 Uropsilinae

6（5）身体鼹形，前足宽阔，前爪加长适于挖掘；耳郭缺失

7（8）第一上门齿很大，远大于很缩小的犬齿；第二上门齿不与第一上门齿相接触 ……
……………………………………………………………………… 美洲鼹亚科 Scalopinae

8（7）上门齿并不十分增大并小于犬齿；第二上门齿与第一上门齿相接触 ………………
……………………………………………………………………………… 鼹亚科 Talpinae

3）西南地区翼手目分科检索　翼手目是唯一真正具有飞翔能力的哺乳动

物。其主要的特征为：具有特化的前肢。第一指很短，不包围在翼膜内，具有钩爪；第2～5指骨特别延长；具有翼膜；桡骨比肱骨长；尺骨退化。后肢很短，并发生扭转，使膝关节向后，足掌朝前，具5趾和钩状爪，适于悬挂身体。眼小，耳大（图6-4）。头骨愈合成度高，坚固而轻，咽颅较短，眼窝与颞窝相连，听泡特别发达。多数种类为食虫性，臼齿具“W”形外脊；肩带发达，胸骨具龙骨突起。雄体具阴茎骨。

(1) 翼手类分类相关术语。

**肱膜**：指桡骨与肱骨间相连的翼膜（图6-4）。

**股间膜**：指后肢间相连的翼膜（图6-4）。

**指间膜**：为各指之间相连的翼膜（图6-4）。

**距**：指脚跟部软骨质或骨质的棒状结构，起支撑的作用（图6-4）。

图6-4　蝙蝠的外形

**鼻叶**：指蝙蝠鼻孔周围特别精细而杂乱的皱折。常见于菊头蝠科和蹄蝠科的种类（图6-5）。菊头蝠科的鼻叶包括马蹄叶、鞍状叶、连接叶和顶叶；蹄蝠科的鼻叶包括前叶、中叶、顶叶及小叶。

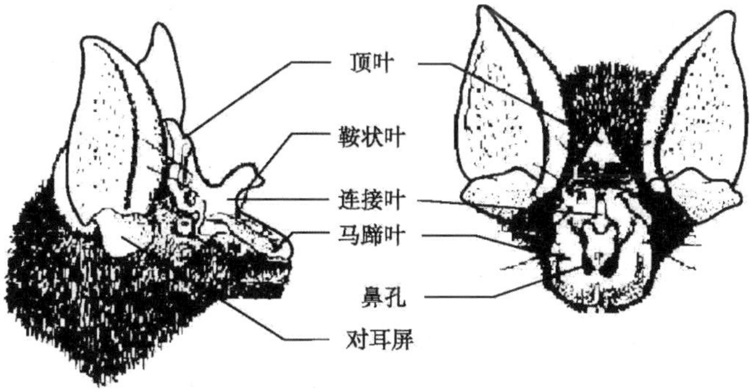


图6-5　菊头蝠科和蹄蝠科的鼻叶（王西之和胡锦矗，1999）

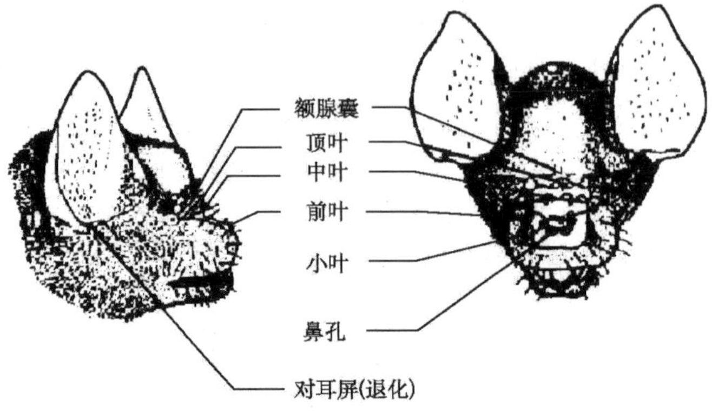


图 6-5 菊头蝠科和蹄蝠科的鼻叶（续）

**耳屏**：指蝙蝠外耳基部的一片皮肤瓣。不同的种类其形状也各异，如蝙蝠科的耳屏（图 6-6）。值得注意的是，一般有复杂鼻叶的蝙蝠大多数都没有耳屏，而有耳屏的一般都没有复杂的鼻叶。

**对耳屏**：与耳屏相对的瓣状突起。如菊头蝠科的种类常具有对耳屏（图 6-5）。

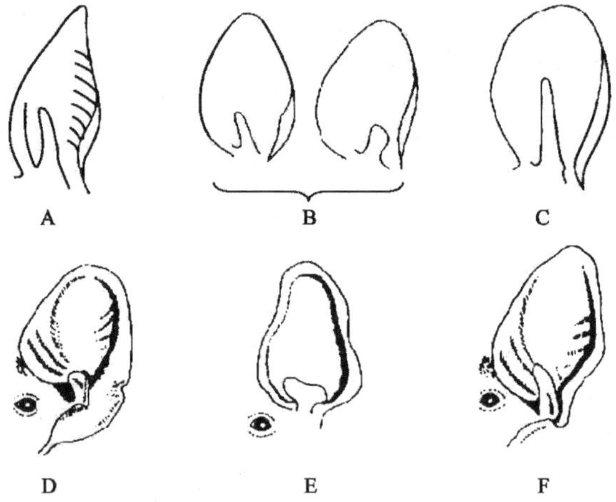


图 6-6 蝙蝠科的耳屏（王酉之和胡锦矗，1999）

A. 鼠耳蝠 *Myotis*；B. 伏翼 *Pipistrellus*；C. 彩蝠 *Kerivoula*；D. 蝙蝠 *Vespertilio*；E. 山蝠 *Nyctalus*；F. 棕蝠 *Eptesicus*

（2）西南地区翼手类分科检索表。

## 西南地区翼手目分科检索

1（2）耳构造简单，无耳屏或对耳屏，耳缘呈一完整的卵圆形；前肢第二指相当游离，

具三节指骨，通常具爪 …………………………………………………… 狐蝠科 Pteropodidae

2（1）耳壳构造复杂，有耳屏或对耳屏，耳缘不形成一完整的环形；前肢第二指不呈游离状，具二指骨或更少，不具爪

3（8）吻鼻部有突出的叶状衍生物，构成鼻叶

4（5）耳屏两叉形，无对耳屏，鼻叶构造简单 ………………… 假吸血蝠科 Megadermatidae

5（4）无耳屏，有 1 对发达的对耳屏，鼻叶构造复杂

6（7）足趾各具两节趾骨；鼻叶包括 1 马蹄形构造及 1 横列的长形顶叶；下颌每侧各具 2 枚前臼齿 ……………………………………………………………… 蹄蝠科 Hipposideridae

7（6）足趾各具 3 节趾骨，鼻叶包括 1 马蹄形构造、1 纵列的鞍状叶和连接叶，以及一个近于三角形的顶叶；下颌每侧各具 3 枚前臼齿………………………… 菊头蝠科 Rhinolophidae

8（3）吻鼻部无突出的叶状衍生物

9（10）尾末端不从股间膜穿出 ………………………………………… 蝙蝠科 Vespertilionidae

10（9）尾末端从股间膜穿出

11（12）第 2 指无指骨，尾自股间膜背面穿出 ………………… 鞘尾蝠科 Emballonuridae

12（11）第 2 指有指骨，尾自股间膜后缘穿出 ……………………… 犬吻蝠科 Molossidae

4）西南地区啮齿目分科检索

（1）啮齿目动物的牙齿。

啮齿目动物的牙齿比较复杂，典型田鼠类及鼠科动物的臼齿见图 6-7 和图 6-8。

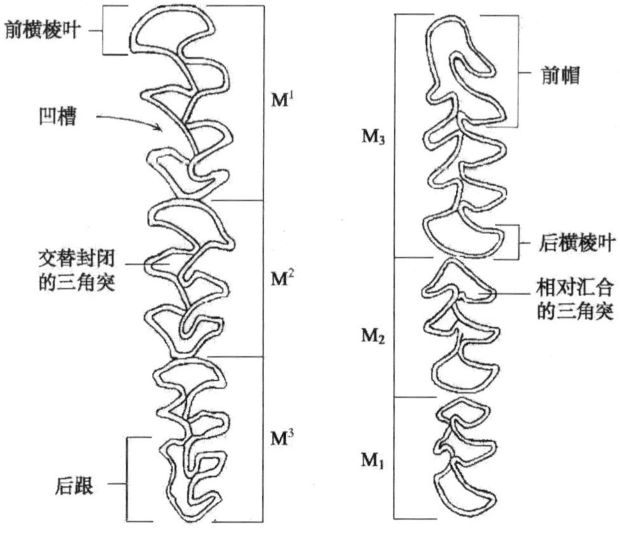


图 6-7　典型田鼠类臼齿咬合面模式（史密斯和谢焱，2009）

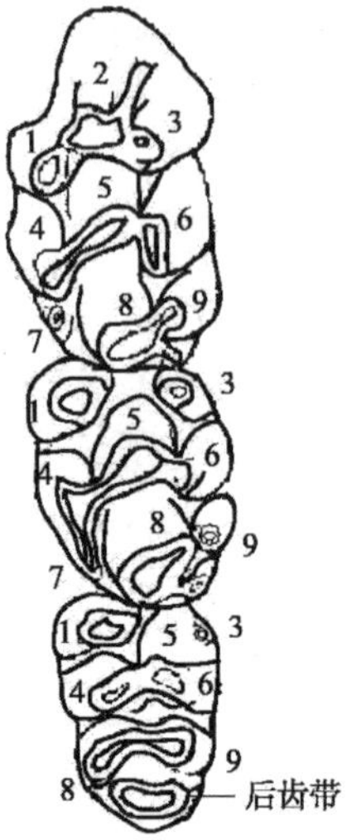


图 6-8　典型鼠科动物的上臼齿列（史密斯和谢焱，2009）

（2）仓鼠科（Cricetidae）两种腭骨的比较。

仓鼠科中有的种类其腭骨向后延伸连接翼间窝前缘，形成骨桥（图 6-9A），如松田鼠属（*Neodon*）和田鼠属（*Microtus*）的动物；而有的种类其腭骨后缘在鼻孔与翼突的基部截然中断，即无骨桥，如绒鼠属（*Eothenomys*）和沟牙田鼠属（*Proedromys*）的种类（图 6-9B）。

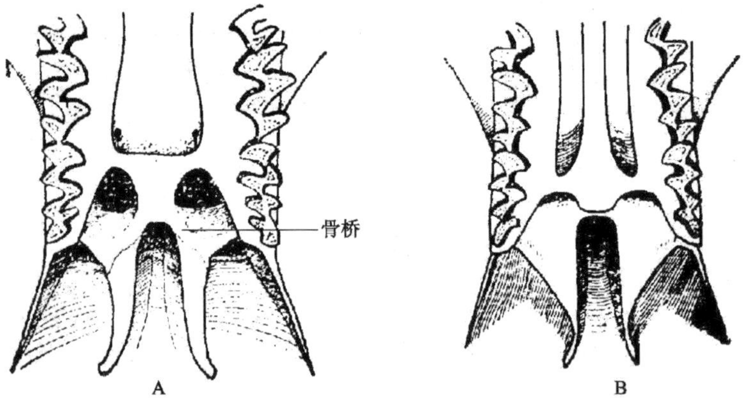


图 6-9　仓鼠科两种腭骨的比较（四川资源动物志编委会，1984）

A. 有骨桥；B. 无骨桥

（3）西南地区啮齿目分科检索。

## 西南地区啮齿目分科检索表

1（2）体被硬刺；下颌骨腹面呈 U 形 ………………………………… 豪猪科 Hystricidae

2 (1) 体无硬刺；下颌骨腹面呈 V 形
3 (6) 整条尾密被长毛，蓬松状
4 (5) 头骨眶后突长而尖，颊齿多为 5/4 ………………………………… 松鼠科 Sciuridae
5 (4) 头骨无眶后突，颊齿 4/4 ……………………………………………… 睡鼠科 Gliridae
6 (3) 尾不完全密被长毛，不呈蓬松状
7 (8) 齿式为 1.0.1.3/1.0.0.3=18；后肢延长适于跳跃 ………………… 跳鼠科 Dipodidae
8 (7) 齿式为 1.0.0.3/1.0.0.3=16；后肢正常
9 (10) 眼极小，完全被毛覆盖 …………………………………………… 鼹形鼠科 Spalacidae
10 (9) 眼正常，不完全被毛覆盖
11 (12) 尾毛稀疏而长，骨腭（颚）具 2～3 对小孔；臼齿棱脊斜列 ………………………
…………………………………………… 刺山鼠科（猪尾鼠科）Platacanthomyidae
12 (11) 尾毛密而短；骨腭（颚）无小孔；臼齿咀嚼面横裂
13 (14) 第一、二上臼齿咀嚼面的齿尖排成 3 纵列，或被珐琅质分割成横裂的板状 ……
……………………………………………………………………………… 鼠科 Muridae
14 (13) 第一、二上臼齿咀嚼面的齿尖排成 2 纵列，或呈三角形/菱形的珐琅质齿环……
………………………………………………………………………… 仓鼠科 Cricetidae

### 3. 常见小型兽类简介

西南地区常见的小型兽类主要包括猬形目、鼩形目、啮齿目（绝大多数）、翼手目和兔形目的种类。代表动物及其识别特征如表 6-4。

**表 6-4 常见小型兽类的识别特征**

| 种名 | 外形特征 | 头骨特征 | 生态习性 |
|---|---|---|---|
| 一、猬形目 ERINACEOMORPHA | | | |
| 猬科 Erinaceidae | | | |
| 林猬△*Mesechinus hughi*  | • 体长 155～200mm，耳比棘刺短<br>• 棘刺和毛被深色，在棘刺深色的尖端有白色圈环，棘刺光滑 | • 头骨人字嵴明显向上后方突出，矢状嵴和枕嵴几乎垂直<br>• 齿式：3·1·3·3/2·1·2·3=36 | • 一般栖息于山地落叶、阔叶林<br>• 夜行性<br>• 主食昆虫和其他无脊椎动物 |
| 中国鼩猬△ *Neotetracus sinensis*  | • 体长 100～130mm，成年体背色调为暗橄榄绿并多杂黑褐色长毛，腹毛茶黄或乌黄色<br>• 尾细长，一般超过头体长之半；尾上黑下白<br>• 前、后足均具五趾，且前足略显短宽，而后足明显较细长 | • 头骨吻部微短，颧弓较细弱<br>• 齿式：3·1·3·3/3·1·3·3=40 | • 栖于海拔 800～2500m 的阴湿稀疏林地中<br>• 营夜间独行<br>• 主食昆虫，兼食果类<br>• 全年繁殖，每胎 2～5仔 |

续表

| 种名 | 外形特征 | 头骨特征 | 生态习性 |
|---|---|---|---|
| **二、鼩形目 SORICOMORPHA** | | | |
| **（一）鼩鼱科 Soricidae** | | | |
| 灰麝鼩△*Crocidura attenuata*<br> | • 体长60～89mm；体背面包括头部、背面为深灰色，毛尖微染棕色；腹面为淡灰色<br>• 尾为体长的68%左右；基部1/2较粗，全尾均具散的长毛，上下均为暗棕色<br>• 四足背面白色 | • 头骨微呈坚实感，吻端较钝，具低而明显的“人”字脊，该脊在枕部相遇；矢状嵴不发达<br>• 齿式：3·1·1·3/1·1·1·3=28 | • 栖于海拔300～3000m的灌丛和农田<br>• 主食昆虫等动物性食物，及少量的淀粉类食物<br>• 每胎仔数4或5只 |
| 微尾鼩△<br>*Anourosorex squamipes*<br> | • 体长74～110mm；两颊长具一赭色细斑，背部呈深灰至黑棕色，腹面淡灰，微染淡黄色<br>• 尾非常短细，黑棕色<br>• 四足背面灰黑色，指(趾)、爪均白色 | • 头骨坚实，具一低而强的矢状嵴，枕脊突出，后面观呈半月形；头顶部最大宽度处形成突出角<br>• 齿式：2·1·1·3/1·1·1·3=26 | • 栖于海拔300～3000m的农田、灌丛等环境<br>• 营地下及地面生活<br>• 杂食性<br>• 终年均可繁殖，每胎3～7仔 |
| **（二）鼹科 Talpidae** | | | |
| 长吻鼹⊕<br>*Euroscaptor longirostris*<br> | • 体长90～145mm；体毛柔软，具光泽，身体暗灰到黑色；吻狭长<br>• 尾短，长11～25mm，棒形，被有稀疏白毛<br>• 前足宽阔外翻，适于掘土 | • 头骨具纤细的颧弓，眶间区圆柱形，脑颅部宽圆，听泡小而扁平<br>• 齿式：3·1·4·3/3·1·4·3=44 | • 栖息于海拔1800～2900m的山地林区<br>• 主要在夜间活动<br>• 多以蚯蚓、地下蠕虫、甲虫等为食<br>• 3～4月开始繁殖，每胎产仔2～5只 |
| 鼩鼹△*Uropsilus gracilis*<br> | • 体长66～80mm；背面深棕色，腹面石板灰色；吻尖长<br>• 尾长50～69mm，端毛长。尾的颜色同背部，上下一色<br>• 四足背毛色同尾部 | • 头骨上面观呈等腰三角形，脑颅部圆；吻尖<br>• 齿式：2·1·3·3/1·1·3·3=34 | • 栖于海拔2200m以下的林缘灌丛及草地<br>• 以昆虫和蠕虫为食 |

续表

| 种名 | 外形特征 | 头骨特征 | 生态习性 |
|---|---|---|---|
| 三、啮齿目 **RODENTIA** | | | |
| （一）仓鼠科 **Cricetidae** | | | |
| 中华绒鼠△<br>*Eothenomys chinensis*<br> | • 体长101～125mm，较大型绒鼠；体背自吻端至尾基为灰棕色；腹面包括颏下、喉及四肢为灰蓝色，毛尖微染以淡棕色<br>• 尾长超过体长之半，为体长的55%～70%；上面深褐色，下面灰白色<br>• 四足背面颜色同体背 | • 头骨大而薄；沿眶间部两侧，具2纵脊；听泡无海绵骨质；腭骨无骨桥<br>• 齿式：1·0·0·3/1·0·0·3=16 | • 栖于海拔800～2800m的山地灌丛、林地及草坡<br>• 以草籽、草、嫩叶为食，冬季食物匮乏，也食嫩树皮 |
| 黑腹绒鼠△<br>*Eothenomys melanogaster*<br> | • 体长87～108mm；口鼻部棕色；体背棕褐，毛基黑灰色，毛尖赭色；背中部由于散在黑毛较多故色泽略深；腹面自颏下至尾基均为暗灰色泽，中央部微染以淡黄色泽<br>• 尾较短，为体长的40%；上面色深，下面色泽较淡<br>• 四足黑棕色，老年个体背色更呈赤褐色 | • 头骨侧面观较平，眶间部较宽；眶后脊不甚发达；腭骨无骨桥<br>• 齿式：1·0·0·3/1·0·0·3=16 | • 栖于海拔500～3000m的农田、灌丛、草地<br>• 喜食草类、大豆的根茎以及冬季环剥树皮为食<br>• 2～3月开始繁殖，然后在9～10月再次繁殖 |
| 高原松田鼠△*Neodon irene*<br> | • 体长80～108mm；背毛浅灰棕色，腹面为淡棕褐色，毛尖染以肉黄色<br>• 尾短，长22～40mm。尾背面棕色，腹面灰白色<br>• 四足背淡棕色 | • 吻部尖细，眶间部窄，中央具一纵脊，纵脊在顶骨前，呈“人”字形向两侧分开，消失于顶骨前缘；腭骨具骨桥<br>• 齿式：1·0·0·3/1·0·0·3=16 | • 栖于海拔2000～4000m的阜坡、灌丛、草原草甸<br>• 以草、草籽、嫩叶为食 |

续表

| 种名 | 外形特征 | 头骨特征 | 生态习性 |
| --- | --- | --- | --- |
| **（二）鼠科 Muridae** | | | |
| 小家鼠△*Mus musculus*<br> | • 体长 71mm，小型鼠；耳棕褐色；体背暗棕黄至暗棕灰色，背中部较深，体侧较淡；腹面污白色直至毛基，背腹间界限无明显分界<br>• 尾与体长相当或略长；上面暗棕色，下面污白色<br>• 前足背淡棕，指白色；后足色泽较前足为淡，趾白色 | • 门齿孔窄而长，后缘达第 1 上臼齿之中部；无眶上嵴；门齿切缘侧面观具一缺刻<br>• 齿式：1·0·0·3/1·0·0·3=16 | • 栖息于住宅、仓库、田野<br>• 喜食各种粮食和油料种子，初春也啃食麦苗、树皮及蔬菜等<br>• 繁殖期为 2～11 月，平均每胎产 4～5 仔 |
| 黑线姬鼠△<br>*Apodemus agrarius*<br> | • 体长 80～113mm，中等体型；耳外侧棕黄色；体背起于头顶部，止于尾基部为棕黄色泽；背部中央起于两耳之间，止于尾基前，具明显黑色纵走条纹；腹面毛尖白色，毛基淡灰色；背腹间色泽有明显界限<br>• 尾长为体长的 2/3；上面暗棕色，下面浅灰色<br>• 四足背毛白色，后足长≤22mm | • 头骨吻较长，眶上嵴起于眶间最宽处，止于间顶骨外缘；第三上臼齿具 2 个内叶<br>• 齿式：1·0·0·3/1·0·0·3=16 | • 喜栖于潮湿地带，主栖于农耕地，特别是水稻耕作区，少数为灌丛或草地，通常海拔低于 1000m<br>• 取食昆虫、野果和植物的绿色部分及种子<br>• 繁殖期为 5～11 月，每胎以 5～7 仔居多 |
| 高山姬鼠△<br>*Apodemus chevrieri*<br> | • 体长 88～110mm，中等体形；耳与体背同色；体背为鲜艳的暗赭色，背中部略深；腹面毛尖灰白色，毛基灰色；背腹无明显界线<br>• 尾长 83～105mm，短于体长<br>• 四足背灰色。后足长≥22mm | • 头骨与黑线姬鼠基本一致<br>• 齿式：1·0·0·3/1·0·0·3=16 | • 栖于海拔 1000～2500m 的农耕地、草地原野和开阔林地<br>• 以种子为主食，但也吃昆虫<br>• 四季均可繁殖，每胎 5～8 仔 |
| 中华姬鼠△*Apodemus draco*<br> | • 体长 87～106mm，中等体形；耳棕黑色，其前基部具棕色毛丛；体背为棕黄色；腹面毛色浅；背腹间有明显界限<br>• 尾微长于体长，为全长的 53%；上面黑棕色，下面灰白色<br>• 四足背面白色 | • 头骨吻长而尖细，眶上嵴不发达，门齿孔达臼齿前缘；第三上臼齿具 3 个内叶<br>• 齿式：1·0·0·3/1·0·0·3=16 | • 主要栖息于海拔 800～3500m 的林区、山间耕地及灌丛<br>• 主食植物果实种子及植物绿色部分<br>• 6～8 月繁殖，每胎产 2～6 仔 |

续表

| 种名 | 外形特征 | 头骨特征 | 生态习性 |
|---|---|---|---|
| 小泡巨鼠 * <br>*Leopoldamys edwardsi*<br> | • 体长 210～290mm，大型鼠；耳大而薄，前折能遮住眼部，棕黑色；体背自前额至尾基为赭黑色，背中部色深；体侧较淡；腹面为纯白色，背腹间无明显界限<br>• 尾粗，长度超过头体长；模糊两色，上面黑棕色，下面白色<br>• 四足浅棕白色。后足长一般超过 50mm | • 头骨大而狭长；颅部宽而平；鼻骨与前颌骨平行；眶上嵴发达；听泡小而低平，长约为头骨的 1/11<br>• 齿式：1·0·0·3/1·0·0·3=16 | • 栖于低山、丘陵林区<br>• 以种子、果实、竹笋、农作物为食<br>• 一年四季均能繁殖，每胎产 4 或 5 仔 |
| 川西白腹鼠△<br>*Niviventer excelsior*<br> | • 体长 127～175mm，中等体形；头顶灰棕色，口侧白色；其余体背一致为棕黄至棕褐色泽，背中部色泽较深，略呈深棕褐色；腹面纯白色，直至毛基<br>• 尾长，为体长的 125%～140%；上面淡褐色，下面白色；尾端具 1/5～1/3 的白色区<br>• 四足背面为十分浅淡的褐色 | • 头骨窄长型，吻部尖细，具眶上嵴，门齿孔较宽；颚骨较长，一般在 19mm 以上<br>• 齿式：1·0·0·3/1·0·0·3=16 | • 栖息于海拔 1500～2800m 的林区灌草丛<br>• 自然史不详 |
| 社鼠△<br>*Niviventer confucianus*<br> | • 体长 116～173mm，中型鼠；吻侧淡黄，头颈两侧黄棕色较重，耳色深棕；体背为棕黄褐色，中央部色泽较深；腹面为麦秆黄色，背腹间有明显分界<br>• 尾尖具白色区，约 1/3 的个体不甚明显；端部毛长呈笔状<br>• 四足背浅棕至灰白色 | • 眶上嵴发达；颚长小于 18mm，颚后缘与第 3 上臼齿后缘水平线略相平行；听泡小而低；臼齿列长 5.6～6.9mm<br>• 齿式：1·0·0·3/1·0·0·3=16 | • 栖于中、低山及丘陵区的灌丛、林缘及荒坡<br>• 取食林木嫩叶、农作物、坚果（桐子、松果、栗子等）、野果、嫩叶和昆虫<br>• 每胎以 5 仔居多 |

续表

| 种名 | 外形特征 | 头骨特征 | 生态习性 |
|---|---|---|---|
| 针毛鼠△<br>*Niviventer fulvescens*<br> | • 体长131～172mm，中型鼠；体背自前额至尾基为一致明亮的棕黄褐色，具大量刺状毛；腹面白色或微黄色，背腹间有明显界限<br>• 尾长于头体长，为头体长的125%～135%；上面棕黑色，下面白色 | • 头骨与社鼠十分近似，但略小。臼齿列长5.7～5.8mm<br>• 齿式：1·0·0·3/1·0·0·3=16 | • 栖息于山区、丘陵的林缘、灌丛、耕地等地<br>• 杂食性，食种子、野果及农作物<br>• 每胎产2～7只 |
| 黄胸鼠 * *Rattus tanezumi*<br> | • 体长105～215mm，中型鼠类。体背黄灰褐色；腹面白色，毛基灰色，胸部毛尖染以棕黄色泽，有些个体该色泽可延至腹部<br>• 尾长于头体长，上下均一为暗褐色<br>• 四足灰白色，唯前足背中央具灰褐色纵走条纹 | • 头骨较褐家鼠为小，吻较短；眶上嵴发达，颚嵴呈弧形<br>• 齿式：1·0·0·3/1·0·0·3=16 | • 为主要家栖鼠种之一，多在建筑物的上部活动<br>• 杂食性。喜食谷物类、红苕、花生等<br>• 每胎一般4～8仔 |
| 褐家鼠 * *Rattus norvegicus*<br> | • 体长150～250mm，中型鼠类；体背毛色泽灰褐色，随年龄增长而变为黄褐色，中央部黑毛多，较两侧深；腹面毛基灰色，毛尖白色或微染以淡黄色泽<br>• 尾明显短于体长；上面黑褐色，下面灰白色<br>• 四足白色 | • 头骨较黄胸鼠粗壮，脑颅部较窄，鼻骨较长；眶上嵴发达，与发达的颞脊相连，呈两平行直线向后延伸<br>• 齿式：1·0·0·3/1·0·0·3=16 | • 为主要家栖鼠种之一。主要栖于室内屋角、仓库等处及室外柴草垛、墙根、田埂等处<br>• 食性广杂，最喜欢食肉类及水果<br>• 终年繁殖，多为每胎6～9仔 |
| **（三）鼹形鼠科 Spalacidae** | | | |
| 中华竹鼠 *Rhizomys sinensis*<br>俗名：竹馏<br><br>（杨勇　摄） | • 体长216～380mm，大型啮齿类；吻周灰白色，耳灰棕色；体背棕灰色，毛基灰色；腹色与背色相近，唯较浅淡，接近淡棕至污白色；背腹色无明显界限；吻钝圆，眼退化，耳隐于体毛中，颈短而粗壮<br>• 尾短，仅具稀疏短毛；上下均为棕灰色<br>• 四肢短而粗壮，爪十分发达适于掘土；足与体背同色 | • 头骨短而粗壮呈三角形；眶间部较窄，为颚长的23%；眶上嵴、矢状嵴及人字嵴发达；颧弓极度外展粗壮；门齿孔小，听泡较低平<br>• 齿式：1·0·0·3/1·0·0·3=16 | • 分布于海拔1000～2500m的中、低山区及深丘的竹林地带<br>• 穴居生活<br>• 主食竹子、芒秆及其地下茎<br>• 四季均可繁殖，每胎产2～4仔 |

续表

| 种名 | 外形特征 | 头骨特征 | 生态习性 |
|---|---|---|---|
| 中华鼢鼠 *<br>*Eospalax fontanierii*<br>俗名：瞎风子、地滚子<br> | • 体长155～245mm。背毛暗铁锈色；毛基灰黑色，通常看不见；腹毛灰黑色带有浅红色毛尖；前额上有一块显著的白斑<br>• 尾长40～62mm，被有稀疏的毛 | • 头骨平阔；鼻骨后缘有缺刻；矢状嵴很发达；枕上骨从人字嵴向下转，稍微向后伸展<br>• 齿式：1·0·0·3/1·0·0·3=16 | • 主要栖息于海拔3000～4200m的草地<br>• 穴居，善于地下掘土<br>• 喜食植物多汁部分，如地下根、茎等<br>• 年产1～3胎，每胎1～7仔，多为2或3仔 |
| **（四）松鼠科 Sciuridae** | | | |
| 灰鼯鼠 #<br>*Petaurista xanthotis*<br>俗名：催生子、大飞鼠<br>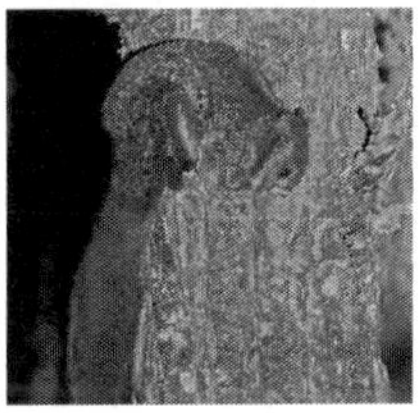 | • 体长325～430mm；体侧与前后肢之间有皮膜相连；皮毛淡灰黄色，柔软而疏松；背部毛色暗；耳圆，耳尖黑色，耳后有大橘黄色斑，耳基外侧鲜黄褐色；喉白色，腹毛浅灰色；足黑色但腿和皮翼外缘橘黄色；足背微黑色<br>• 尾长294～350mm，覆有稀疏的黑色长毛，毛尖橙色 | • 头骨宽阔，颅全长大于65mm；眶后突粗壮，其后缘与脑颅的纵轴相垂直；头顶骨具发达的纵脊；颊齿较其他鼯鼠更复杂<br>• 齿式：1·0·2·3/1·0·1·3=22 | • 栖息于海拔2000～3400m的亚高山针叶林带，为中国典型高山型鼯鼠<br>• 昼伏夜出。白天隐蔽于树洞或树上的巢穴中，夜间活动<br>• 以各种嫩叶、松、杉果等为食<br>• 夏季产仔，每胎2只左右 |
| 岩松鼠⊕<br>*Sciurotamias davidianus*<br> | • 体长140～210mm，中等体型；眼周具淡黄色眼圈，体背自颈部至尾基为灰棕黄色；腹面为浅棕色<br>• 尾蓬松<br>• 蹠部长有稠密的毛 | • 头骨宽而平，听泡小，颧弓平直<br>• 齿式：1·0·2·3/1·0·1·3=22 | • 常栖息于山地、丘陵等多岩石地区<br>• 地、树两栖<br>• 以浆果、坚果和种子等为食<br>• 年繁殖1或2次，产仔2～5仔/胎 |
| 隐纹花松鼠⊕<br>*Tamiops swinhoei*<br>俗名：花松鼠<br> | • 体长140～164mm，小型松鼠。背毛长而柔软，橄榄棕色或橄榄灰色；5条暗条纹，中间1条黑色；4条亮背条纹，橄榄黄色；腹毛浅白色<br>• 尾短于体长，尾毛稀疏不甚蓬松<br>• 耳后具白色丛毛 | • 鼻骨长度短于眶间宽；头骨圆凸；颧板斜突向上方，与颧弓形成钝角<br>• 齿式：1·0·2·3/1·0·1·3=22 | • 栖于亚高山针叶林<br>• 树栖<br>• 食物为嫩枝叶、果实和昆虫等<br>• 5～7月为繁殖季节，每胎1～4仔，以2或3仔居多 |

续表

| 种名 | 外形特征 | 头骨特征 | 生态习性 |
|---|---|---|---|
| **四、兔形目 LAGOMORPHA** | | | |
| **（一）兔科 Leporidae** | | | |
| 草兔⊕ *Lepus tolai*<br>俗名：野兔<br> | • 体长 360～540mm；体背呈褐棕黄至棕黄色，且具不规则的黑褐色条纹区；体侧色泽略淡；腹毛纯白色。前足背黄褐色，腹面淡黄色；后足背棕色，腹面淡棕褐色<br>• 耳长，耳尖黑色；后足长<br>• 尾上面具黑色背纹 | • 鼻骨长而宽，大于眶间距；眶后突发达，呈三角形；颚桥狭窄，吻突短而宽；听泡发达<br>• 齿式：2·0·3·3/1·0·2·3=28 | • 栖于草坡、灌丛附近<br>• 以草及农作物为食<br>• 每年繁殖 2～3 次，每胎 2～6 仔 |
| **（二）鼠兔科 Ochotonidae** | | | |
| 藏鼠兔△ *Ochotona thibetana*<br>俗名：岩兔<br> | • 体长 140～180mm。吻、鼻周灰棕色；体背为暗褐色，后部色泽较深暗，体侧棕黄色。腹面、颈及颈下污白色，余均为污灰色，毛尖染以黄色。四肢短小，外侧与体侧同色，内侧与腹色同。全足为淡棕黄色，掌面褐色<br>• 耳椭圆形，外侧暗褐色，内面棕褐色，具白色窄边缘；耳前基具淡色毛丛，耳后有淡色区。无尾 | • 头骨背面平直；鼻骨短，末端圆；颧弓平行；门齿孔与颚孔合并成一梨形大孔<br>• 齿式：2·0·0·2/1·0·0·3=26 | • 栖息于海拔 1500～3000m 亚高山林缘草地及灌丛<br>• 穴居<br>• 主食草<br>• 每胎 1～5 仔 |
| **五、翼手目 CHIROPTERA** | | | |
| **（一）蹄蝠科 Hipposideridae** | | | |
| 大蹄蝠⊕<br>*Hipposideros armiger*<br>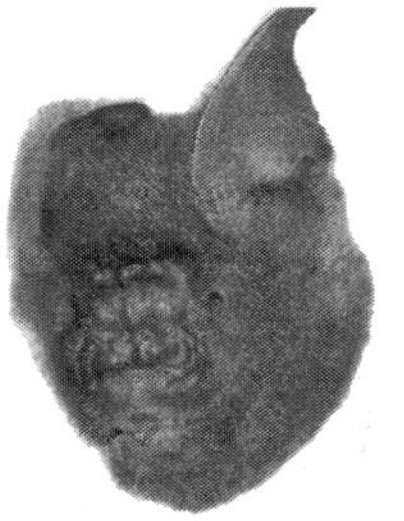 | • 体长 80～110mm，前臂长 82～99mm，体型相对较大。体毛长而密，体色变化很大，体背毛深棕褐色，胸部以下较暗，腹部毛为浅棕褐色<br>• 头部具复杂的鼻叶，有额线囊，位于后鼻叶基后部中央，额线囊口有成束笔状黑毛伸出，鼻叶和皮叶均为黑褐色，前鼻叶无中央缺刻，两侧各具 4 片小附叶<br>• 耳大而长，呈三角形，后缘内凹，无耳屏。翼膜起自胫部最前端，黑褐色 | • 头骨鼻额区由前向后逐渐升高，呈斜坡状，与矢状嵴前端呈一直线<br>• 齿式：1·1·2·3/2·1·2·3=30 | • 多栖于海拔 400～1500m 的浸蚀型岩洞内<br>• 冬季集大群。可与贵州菊头蝠、鼠耳蝠等多种共栖<br>• 觅食靠近地面，有时在树冠上面<br>• 夏初繁殖，每胎产 2 仔 |

续表

| 种名 | 外形特征 | 头骨特征 | 生态习性 |
|---|---|---|---|
| （二）菊头蝠科 **Rhinolophidae** | | | |
| 角菊头蝠<br>*Rhinolophus cornutus*<br>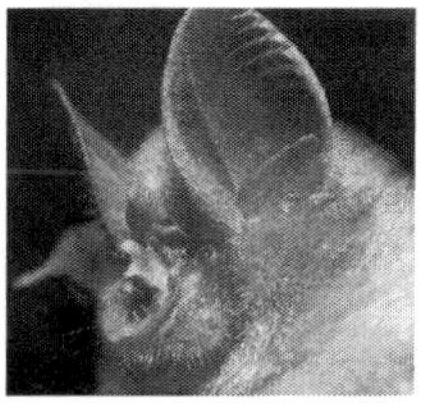 | • 体长 38～44mm，前臂长 38～41mm；体毛呈深棕褐色，背毛基部白色，腹面由喉部向腹由浅逐渐变深；尾明显长于胫长，第 3 掌骨短于第 4、第 5 掌骨<br>• 吻鼻具复杂的鼻叶，马蹄叶中间裂口处无小乳突，两侧无小附叶；鞍状叶基部宽于顶端，顶端圆形；连接叶呈三角形，顶端尖细，略向前弯曲，高出鞍状叶很多；顶叶基部较宽<br>• 耳很大，翼短 | • 头骨较窄，矢状嵴发达；上犬齿特大<br>• 齿式：1·1·2·3/2·1·3·3=32 | • 栖于潮湿的山洞内。捕食昆虫，特别嗜食蚊类 |
| （三）蝙蝠科 **Vespertilionidae** | | | |
| 中华山蝠 *Nyctalus plancyi*<br> | • 体长 65～75mm，前臂长 47～50mm；体毛短而色泽较深暗，背毛深褐色，腹毛略淡，基部暗褐色，毛尖沙灰色，下腹部色更浅<br>• 吻鼻部毛浅而稀少，第 5 指甚短<br>• 耳短宽，向后延伸到颌角后方，耳屏低矮，似横置的肾形 | • 头骨吻宽短，具低矮的矢状嵴和发达的人字嵴；有第 2 基底陷窝，外门齿很小，不及内门齿齿冠面之半<br>• 齿式：2·1·2·3/3·1·2·3=34 | • 喜栖于较古老的民宅或古建筑的屋檐下及墙缝等处<br>• 喜食飞行性小昆虫<br>• 夏初产仔，通常每胎 2 仔 |
| 西南鼠耳蝠 *<br>*Myotis altarium*<br> | • 体长 55～60mm，前臂长 42～46mm；头部毛暗褐色，体毛绒细且较长，背部为棕褐色，毛基色泽较深暗，呈黑褐色；腹部略似背毛，胸部的毛尖色较浅淡；尾长不及头体长；距很长，超过胫长的一半<br>• 第 3～5 掌骨近等长<br>• 耳壳狭长，前折超过吻端约 7mm；耳屏尖长 | • 脑颅明显凸起，上下颌前臼齿位于齿列中；头骨吻鼻部较短；矢状嵴和人字嵴均不甚发达<br>• 齿式：2·1·3·3/3·1·3·3=38 | • 中国特有种，栖于海拔 1000m 以下的山洞内 |

续表

| 种名 | 外形特征 | 头骨特征 | 生态习性 |
| --- | --- | --- | --- |
| 普通伏翼 * <br> *Pipistrellus pipistrellus* <br>  | • 体长 40～48mm，前臂长 30～32mm；背毛基部黑色，毛尖为棕色；腹毛基部黑褐色，毛尖灰白色；尾短于体长，末端不伸出股间膜外 <br> • 阴茎外观较长而直伸，无阴茎骨 <br> • 耳短，呈三角形，耳壳向前折转仅达眼与鼻孔之间；耳外缘基部具凸形突叶；耳屏短，其外缘基部具凹形切刻。翼膜较长，止于趾基部；距缘膜发达 | • 颧弓纤细，吻部宽扁，枕部高，矢状嵴及人字嵴发达，上颌小前臼齿（$P^2$）稍低于外门齿，位于齿列内侧，与犬齿和大前臼齿（$P^4$）接触 <br> • 齿式：2·1·2·3/3·1·2·3=34 | • 喜栖于屋檐、门窗缝隙，多活动在村落、住宅区旁 <br> • 以小的、飞行的鳞翅目和双翅目的昆虫为食 <br> • 夏初产仔，每胎 1 或 2 仔 |

图片来源：* 表示仿《四川兽类原色图鉴》（王酉之和胡锦矗，1999）；△表示仿《中国兽类野外手册》（史密斯和谢焱，2009）；⊕表示由胡杰拍摄。

# 6.2 大、中型兽类的数量调查方法

## 6.2.1 直接计数法

对于栖息在有限范围内的昼行性、群栖性的大、中型兽类，可以通过直接计数法统计其数量。例如，对于四川梅花鹿数量的调查，一般选择在其繁殖季节(集成大群的时候)，进行集中计数。该方法简单易行，但需要投入大量的人力和物力。

**1. 调查工具**

单筒望远镜、双筒望远镜、GPS、照相机、摄像机等。

**2. 调查方法**

首先通过访问调查、查阅历史资料等确定动物集群时间、地点、范围，并在地图上标出。调查前应进行预查，以确定恰当的观察地点和观察时间。在各调查样点，同步利用望远镜、照相机或摄像机统计数量，重复计数三次，以最大值进行最后的数据汇总，即得到该区域某种兽类的数量。但需注意该方法要求计数的时间应相对集中，以防止因动物迁移而漏计或重计。

## 6.2.2 样线法

样线法是在大面积上进行大、中型动物数量调查的最基本方法。调查时可以直接计数一定长度样线上遇见的动物实体，推算动物的密度。该方法少受环境条件的限制，需要人员少。

**1. 调查工具**

地形图、笔记本、望远镜、GPS、测距仪、罗盘。

**2. 调查方法**

在了解调查区域基本情况的基础上，设置几条贯穿各主要生境区的调查样线。调查时，以指南针定出的样线的方向为样带的中心线行进，发现动物时，记录动物的位置和个体数量，用罗盘测出动物出现处的方位与行进方向的夹角（视角），并用测距仪测出观察者与动物的距离（视距）。所有数据填入记录表6-5中。样线上行进的速度步行宜为每小时1～2km。

**表6-5 样线法动物调查数据记录表**

<table>
<tr><td colspan="2">调查日期</td><td></td><td colspan="2">调查地点</td><td></td><td>样线编号</td><td></td></tr>
<tr><td rowspan="3">样线起点</td><td>经度</td><td></td><td rowspan="3">样线终点</td><td>经度</td><td></td><td>开始时间</td><td></td></tr>
<tr><td>纬度</td><td></td><td>纬度</td><td></td><td>结束时间</td><td></td></tr>
<tr><td>海拔/m</td><td></td><td>海拔/m</td><td></td><td>调查者</td><td></td></tr>
<tr><td colspan="2">样线长度/m</td><td></td><td colspan="2">天气</td><td></td><td>记录者</td><td></td></tr>
<tr><td colspan="2">时间</td><td>数量</td><td colspan="2">年龄/性别</td><td>视距</td><td>视角</td><td>备注</td></tr>
<tr><td colspan="2"></td><td></td><td colspan="2"></td><td></td><td></td><td></td></tr>
<tr><td colspan="2"></td><td></td><td colspan="2"></td><td></td><td></td><td></td></tr>
</table>

根据视角（$\theta$）与视距（$L$）可以计算出动物离中心线的距离（$D$）。

$$D = L \times \sin\theta$$

算出每个动物距离样带中心线的距离后，就可以将其平均值作为样带的单侧平均宽度（$Y$）。最后将观察到的动物数除以样带宽度与样线长度的积，得到单位面积上的种群数量，乘以研究区域的总面积即可得到研究区域内动物的种群数量。

$$P = \frac{AZ}{2XY}$$

式中，$P$ 为种群数量；$A$ 为研究区域面积；$X$ 为调查样线的长度；$Y$ 为每侧样带宽度；$Z$ 为观察到的动物数。

注意：样线法必须符合三个假定：第一，动物出现的角度和距离与动物的种群密度有关；第二，动物在样地中呈随机分布；第三，观察到的动物的平均距离代表了整个种群的平均垂直距离。

## 6.3 小型兽类调查方法

### 6.3.1 翼手类的调查方法

**1. 调查工具**

昆虫网、迷网（粘网）、电筒、蛙袋、厚棉布手套。

**2. 调查方法**

翼手类统称蝙蝠，主要群居生活在岩洞中、屋檐下。在调查前，通过查阅有关采集地的文献资料，并对当地居民进行访问调查，寻找蝙蝠的栖息地，了解蝙蝠的数量和生活地点。在调查时，首先观察、拍摄和记录栖息环境，然后采用网捕的方法采集标本，将其带回室内进行种类和性别鉴定。

### 6.3.2 食虫类的调查方法

**1. 调查工具**

小塑料桶、锄头、鼠铗、诱饵（如花生米、豆腐干等）。

**2. 调查方法**

食虫类主要为穴居的小型兽类，眼小，喜生活于枯叶较多的地方，以无脊椎动物为主要食物。调查食虫类常见有两种方法：第一种方法为桶捕法，即在调查时，首先观察和寻找食虫类的最适栖息地，傍晚时分在栖息地每隔 5m 挖一个直径为 30cm、深度为 40cm 的坑，然后放入直径为 20cm、深度为 30cm 的小桶，次日清晨收取桶中的食虫类；第二种方法为夹夜法，即在傍晚时分于栖息地每隔 5m 安放一个鼠铗，次日清晨收集鼠铗和观察记录捕获食虫类的情况。将捕获的食虫类带回室内进行种类和性别鉴定。

### 6.3.3　啮齿类调查方法

**1. 调查工具**

鼠铗、鼠笼、诱饵。

**2. 调查方法**

啮齿类主要以鼠类为主，常见的捕获方法包括夹夜法和笼捕法，夹夜法在前面已经介绍，这里重点介绍笼捕法，笼捕法就是傍晚在调查区域每隔 10m 安放一个长为 30cm、宽为 15cm、高为 20cm 的鼠笼，次日清晨收集鼠笼里的啮齿类，然后对动物进行分类鉴定。笼捕法的好处就是可以标记重捕动物，降低对动物的伤害。

## 6.4　小型兽类年龄鉴定方法

年龄组成是种群的重要特征，其既能影响种群出生率和死亡率的高低，又可预测种群的生长趋势。因此，鉴定兽类年龄就显得特别有意义。常用的小型兽类年龄鉴定方法，主要根据牙齿、体重和体长、阴茎骨和眼球的晶体等，现分别简介如下。

### 6.4.1　牙齿

由于牙齿的磨损随着年龄的增长而变化，所以臼齿的磨损程度也适用于鉴定鼠类的相对年龄，如鲍毅新和诸葛阳（1984）利用左侧第 3 上臼齿（$M^3$）磨损程度，对社鼠年龄组的划分。根据 $M^3$ 的磨损程度，可分为 8 期（图 6-10）。①$M^3$ 未长出，咀嚼面比 $M^1$ 和 $M^2$ 低，还没有达到同一平面，齿突 a、b、c、d 相互独立。②$M^3$ 已长出，与 $M^1$ 和 $M^2$ 成同一平面。咀嚼面有轻度磨损。齿突 b 和 c 开始连接。③齿突 b 和 c 完全愈合成横嵴。④齿突 b、c 所形成的横嵴之一端与齿突 d 相接成马蹄形，齿突 a 独立。⑤齿突 b、c 所形成的横嵴，其两端均与 d 相接而成一个封闭的环，齿突 a 仍独立。⑥齿突 a 与封闭环有一部分愈合。⑦齿突 a 与封闭环完全愈合，成为一个整体，但齿突 b、c、d 之间仍有空隙。⑧咀嚼面大部分磨平，没有任何齿突的痕迹存在。再根据所获头骨标本磨损期在各月的次数分配情况，可将社鼠种群分成 4 个年龄组。①幼年组：第 1、第 2 磨损期。②亚成体组：第 3、第 4 磨损期。③成年组：第 5、第 6 磨损期。④老年组：第 7、第 8 磨损期。

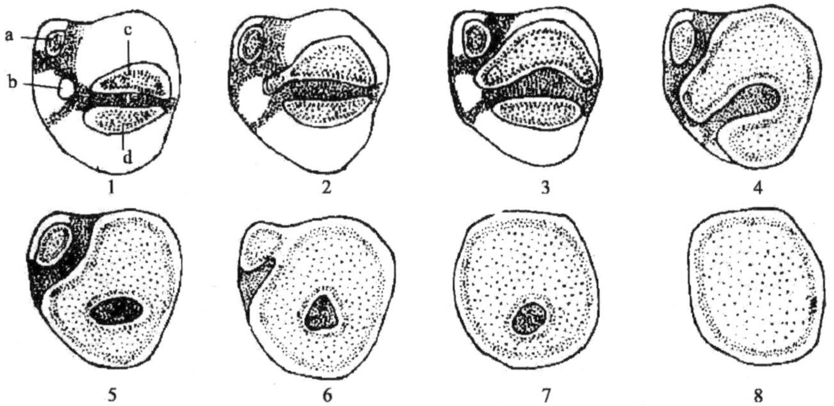


图 6-10 社鼠左侧第 3 上臼齿磨损期（鲍毅新和诸葛阳，1984）

## 6.4.2 体重和体长

对大多数动物来说，这一指标只适用于测定处于幼年期动物的年龄。因为许多动物在达到成年后，体重和体长不再增长。但对于寿命较短的动物，如黑线姬鼠（王岐山等，1984）、微尾鼩（廖文波等，2005）、社鼠（鲍毅新和诸葛阳，1984）等用此指标来进行年龄组的划分，则具有一定的实用性。如鲍毅新和诸葛阳（1984）对社鼠年龄组的划分：①幼年组，体长 110mm 以下；②亚成年组，体长 111～125mm；③成年组，体长 126～150mm；④老年组，体长 151mm 以上。

## 6.4.3 阴茎骨

幼年动物和成年动物的阴茎骨在形态上有显著差别，是鉴别雄性成幼体的有效指标，该方法主要适用于部分啮齿类动物。例如，刘少英（1994）利用阴茎骨近支基底高（height of base，HB）作为测量指标，对黑腹绒鼠指名亚种的年龄组成进行了划分（图 6-11），共分为 5 个年龄组。幼体组：HB≤0.38mm；亚成体组：0.38＜HB≤0.53mm；成体Ⅰ组：0.53＜HB≤0.63mm；成体Ⅱ组：0.63＜HB≤0.78mm；老年组：HB＞0.78mm。

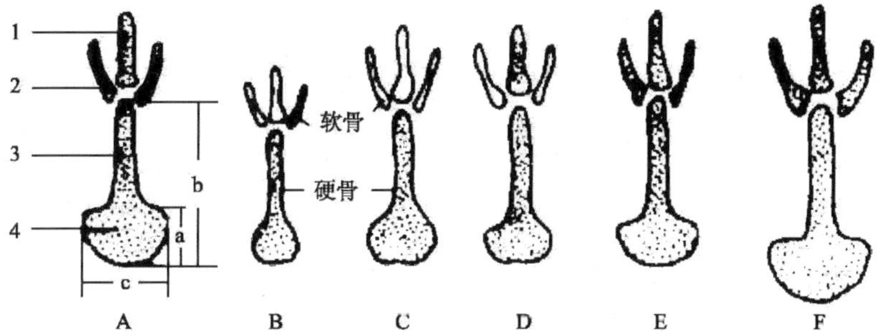


图 6-11 黑腹绒鼠指名亚种各年龄阶段阴茎骨形态示意图（刘少英，1994）
A. 模式图；B. 幼体阴茎骨；C、D. 亚成体阴茎骨；E. 成体阴茎骨；F. 老体阴茎骨。
a. 阴茎骨基底高；b. 阴茎骨近支长；c. 阴茎骨基底宽。1. 阴茎骨远支；2. 阴茎骨侧支；
3. 阴茎骨近支；4. 阴茎骨近支基底

### 6.4.4 眼球晶体

许多兽类眼球晶体的生长能持续一生，而且晶体的生长情况在个体之间差异极其微小，因此，用它来测定生命周期较短的兽类年龄是可行的（鲍毅新和诸葛阳，1984）。具体方法为：捕获个体经测量和解剖后，取出眼球，浸入10%的福尔马林溶液中，至少固定1周。剥出晶体，用清水冲洗。80℃恒温干燥24h，然后用电子天平（精确到0.1mg）进行称量。根据鲍毅新和诸葛阳（1984年）的研究结果，可将社鼠分为4个年龄组。幼年组：晶体干重在18mg以下；亚成年组：晶体干重为18.1～26mg；成年组：晶体干重为26.1～34mg；老年组：晶体干重在34.1mg以上。

上述几种方法中，用眼球晶体干重鉴定年龄，最接近实际年龄；利用阴茎骨来鉴定年龄具有一定的可行性，但仅限于雄性；臼齿磨损是一个连续的过程，很难用数量指标加以表示，因此会有一定的人为误差；体长、体重作为年龄划分指标，由于易受季节、营养状况、繁殖活动等影响，准确性较差，但该方法能反映种群年龄组成概况及数量变动趋势，有一定的实用性。

# 第7章　实习论文

实习论文的写作是培养学生独立思考、训练科学表达能力的一个重要的教学环节。在野外实习中，我们可能收集了很多的资料，看到了很多表面的现象，但从科学的角度出发，进行深入、综合分析，透过现象看本质，这才是我们实习中进行科研训练的最终目的。

## 7.1　实习论文题目的选择与实施

在实习之前可由教师提出一系列的实习论文题目，并介绍各选题的内涵，同学们可根据自己的兴趣进行选择。一旦选定题目以后，即可事先查阅相关的文献资料，熟悉相关的内容，并与相关的教师进行交流、探讨，提出自己的研究方案。

### 7.1.1　实习题目的选择

我们根据西南地区脊椎动物学野外实习的特点，设计了部分实习论文题目供参考。

(1) 实习地水域渔获物的组成分析。

(2) 实习地水域某种鱼类种群的性比与密度调查。

(3) 实习地水产市场鱼类的调查。

(4) 实习地某种两栖类的数量调查。

(5) 实习地某一生境（如稻田、河漫滩、小溪等）蛙类的组成与数量调查。

(6) 实习地两栖类蝌蚪的分类与鉴定。

(7) 实习地爬行类的种类与数量调查。

(8) 实习地鸟巢调查。

(9) 实习地不同生境鸟类的群落组成。

(10) 实习地某种（或某类，如目、科、属）鸟类的数量与分布调查。

(11) 实习地地栖小型兽类的群落组成。

(12) 实习地某种兽类的密度与分布。

### 7.1.2 实习论文的实施

实习论文的实施以小组的方式进行，每个小组 3～5 人，在一名教师的指导下，大家分工合作开展调查和实验。

## 7.2 实习论文的写作

实习结束后，应在教师的指导下，及时对获取的基础数据进行分析、整理。然后按照统一的格式要求进行论文的写作。实习论文的写作要求与学术论文的要求一致，主要包括以下几个方面。

1）*题目*（title） 题目应充分概括论文的内容和主题，要求做到简短、明确、有概括性。标题字数要适当，一般不宜超过 15 个字。严禁不切题，题目过大或过小。

2）*署名*（signature） 将参与该论文的所有小组成员及指导教师的名字列出。

3）*摘要*（abstract） 概述本工作的目的、对象、研究方法和主要结论。语言力求精练，一般不宜使用公式、图表，不标注引用文献。200 字左右。

4）*关键词*（key words） 为了便于文献检索，应注明 3～5 个论文的关键词。

5）*引言*（introduction） 叙述论文写作动机及立题背景，概述前人相关研究成果和本论文所做的发展。

6）*实习地自然概况*（natural environment condition of the field practice teaching bases） 主要描述实习地的地理位置、地质、地貌、气候、植被及人为活动状况等。让读者了解实习地点在动物历史进化过程中所处的地位。

7）*方法*（method） 包括调查方法与数据的统计分析方法。这里以某实习地鸟类资源调查为例，作一说明。

**调查方法**：如果是采用样线法进行鸟类调查，那么，样线的设置方法（包括每条样线的宽度、长度，样线的分布与数量等），样线调查的时间、重复的次数等都应作详细的介绍。

**数据统计分析**：对实习地鸟类组成特点可以从以下 6 个方面进行分析。①种类组成，通过野外调查、访问，结合参考书《中国鸟类分类与分布名录》（郑光美，2011），对实习地鸟类的目、科、种分别进行统计；②区系组成，可以通过查阅参考书，对鸟类的区系从属（古北界、东洋界或广布种）或地理分布型（张荣祖，1999）进行统计；③数量组成，根据某一鸟类占统计总只数的百分比来划分优势等级：≥10% 的为优势种；1%～10% 为常见种（或普通种）；小于 1% 为稀有种（盛和林和王岐山，1983）；④居留类型，分留鸟、夏候鸟、冬候鸟和旅鸟；⑤稀有性，分国家Ⅰ级重点保护野生动物，国家Ⅱ级重点保护野生动物和省级重点保护野生动物；⑥特有性，参考《中国鸟类分类与分布名录》（郑光美，2011）所列出的中国特有种。

8）结果（result）　结果是实习论文的核心，是对实习期间所做调查结果的总结和归纳。结果应尽可能通过表格和图的形式展现出来，按指标归类描述。例如，对于实习地鸟类组成的调查结果，我们就可以设计一个表格来展现其结果(表 7-1)。

**表 7-1　某实习地鸟类资源调查统计表**

| | 种类 | 学名 | 中国特有种② | 保护等级① | 居留类型④ | 区系组成③ | 相对数量⑥ | 调查情况⑤ |
|---|---|---|---|---|---|---|---|---|
| 一 | **䴙䴘目** | **PODICIPEDIFORMES** | | | | | | |
| (一) | 䴙䴘科 | Podicipedidae | | | | | | |
| 1 | 小䴙䴘 | *Tachybaptus ruficollis* | | ☆ | 留 | 东 | ＋＋ | ▲ |
| … | …… | … | | | | | | |
| 6 | 苍鹰 | *Accipiter gentilis* | | Ⅱ | 旅 | 古 | － | △ |
| | …… | … | | | | | | |
| 58 | 大杜鹃 | *Cuculus canorus* | | | 夏 | 东 | ＋＋ | ▲ |
| … | …… | … | | | | | | |
| 108 | 灰胸竹鸡 | *Bambusicola thoracica* | R | | 留 | 东 | ＋＋ | ● |

注：①保护等级：Ⅱ表示国家Ⅱ级重点保护动物，☆表示四川省重点保护动物；②R 表示中国特有种；③区系组成："古"表示古北界，"东"表示东洋界，"广"表示广布种；④居留类型："留"表示留鸟，"冬"表示冬候鸟，"夏"表示夏候鸟，"旅"表示旅鸟；⑤调查情况："▲"表示察见动物，"△"表示资料记载，"●"表示访问；⑥相对数量："＋＋＋"表示优势种，"＋＋"表示常见种，"＋"表示稀有种，"－"表示未见种。

然后在文字部分，结合表格内容，逐条论述其鸟类组成特点。

9）讨论（discussion）　讨论部分是对调查结果的解释与展开，主要包括以下内容：①背景材料，展开问题的提出及有关本研究的一些基本知识内容；②本研究结果分析，与相关文献的结果进行比较，结果说明什么了问题；③本工作的意义、结语或小结，进一步提出的新问题。

10）致谢（acknowledge）　感谢实习论文中曾经给予重要帮助的人员。

11）参考文献（references）　是对相关重要背景文献的全面引用。参考文献要与前文保持一致。注意以下 5 个方面。①引用的文献应为正式发表的学术论文或出版的专业书籍，一般的新闻报道不能作为文献进行引用。②引用文献要新。引用文献是否新颖，在某种程度上体现了论文的先进性。因此，撰写科研论文应尽可能引用最新的文献。③引用的文献质量要高。引用参考文献质量的高低在一定程度上反映了该论文学术水平的高低，从总体上体现了该论文的科学性、实用性和先进性。④引用文献要全面。尽可能全面地引用国内外相关的研究成果。⑤参考文献的书写应遵循一定的规范，脊椎动物学野外实习论文可参考本书的文献格式。

# 第 8 章　脊椎动物标本制作

脊椎动物的标本主要有 4 种类型：①浸制标本；②剥制标本；③骨骼标本；④玻片标本。下面主要针对前三类标本的制作方法进行介绍。

## 8.1　浸制标本的制作

浸制标本是利用防腐固定液（如福尔马林溶液、乙醇等）的固定作用，防止动物体的腐烂变质，以达到长期保存标本的目的。浸制标本是脊椎动物标本中的一种主要类型，在教学中应用很广。主要适应于鱼类、两栖类和爬行类的整体和内部器官以及局部标本的保存。

浸制标本包括整体浸制标本、胚胎发育标本、内脏器官解剖标本以及比较解剖标本等。这里主要介绍整体浸制标本的制作，即整个动物体不需要解剖，按原来的外部形态整理好姿态，直接浸渍在固定液中保存，此方法主要适用于鱼类、两栖类和爬行类动物的保存。

### 8.1.1　常用药品、工具及材料

#### 1. 药品

在野外实习中常用到的、用于脊椎动物浸制标本制作的药品主要是福尔马林和乙醇。

1）福尔马林（甲醛）　福尔马林是甲醛水溶液的商品名。为无色、有毒和有刺激性气味的液体。福尔马林具有强烈的杀菌能力，能在短时间内杀灭细菌的芽孢，且渗透力强，防腐性能好，固定速度快，且价格便宜。因此，是最常用的固定保存液。但经福尔马林固定的材料，往往有少许膨胀现象，而且如果浓度过高，标本材料还容易硬化。因此，对于一些较为精细的解剖材料，不宜单独采用福尔马林液固定保存，而需要与乙醇、甘油按比例混合使用。市场上出售的福尔马林含甲醛 37%～40%，作为固定保存液的浓度通常为 5%～10%（以市售福尔马林为 100% 计算）。

2）乙醇　乙醇有强烈的杀菌能力，渗透力强，有脱水作用，是一种良好的固定保存液。浓度一般 70%～80% 为宜。浓度过高，杀菌能力反而降低。其缺点是固定时容易使材料产生收缩。因此，在固定时，应从低浓度开始，逐渐转

入高浓度。此外，乙醇的价格较高，限制了其广泛地使用。配制固定液通常使用95% 的乙醇进行配制，如配 75% 的乙醇，用 95% 的乙醇 75ml 加 20ml 水即可。

3）乙醚　乙醚用于麻醉处死制作标本的小动物，如两栖类和爬行类。

**2. 工具与材料**

解剖盘、注射器、量筒、烧杯、标本瓶、针、棉线、白布（作标签）、大头针、玻璃板。

## 8.1.2　鱼类浸制标本的制作

作为浸制的标本应选择鳞片齐全、鳍条完整并且体型适中的新鲜鱼类。先用水将鱼类体表的黏液冲洗干净，然后进行编号、登记和记录，并用针线将布标签系于鱼左侧胸鳍的基部。根据鱼的体型大小，用注射器向鱼腹腔中注入适量的10% 的福尔马林以固定内脏器官。然后将背鳍、胸鳍和尾鳍适当展开，必要时将大头针插入各鳍基部固定，使其充分展开，酷似生活时的形态。整理好形态后将其放入解剖盘中。在解剖盘中加入 10% 福尔马林溶液，使标本浸没在溶液中固定。待标本硬化后，便可根据标本的大小和形态选取适当大小和形状的标本瓶，将标本装入标本瓶中，并加入适量新的 10% 的福尔马林溶液进行保存，注意应完全将标本浸没于溶液中。盖紧瓶盖。然后在标本瓶上部贴上标签，一般标签上应包括标本的拉丁种名、中文学名、采集日期、采集地点和编号等信息。尚需注意的是：若该标本日后要用于分子生物学分析，最好采用乙醇进行固定和保存。此外，如果是为了让标本不变形，且刺激性气味小，还可采用 2% 的福尔马林与50% 的乙醇等量混合来进行固定和保存。

## 8.1.3　两栖类浸制标本的制作

将两栖类用清水洗涤后置于解剖盘上，向腹腔注入适量 5%～10% 的福尔马林，注射后，用针线将编号标签系于左侧后肢的胫跗关节，并将标本登记，然后再放入盛有福尔马林液的另一容器内固定。固定时可将背部朝上，四肢整理成生活时的匍匐状态，并注意指、趾是否伸展得很好，若有卷曲，可用针拨好位置。固定时间数小时至一天。最后将标本保存在 5% 的福尔马林液或 70% 乙醇液内。

## 8.1.4　爬行类浸制标本的制作

将采得的爬行类标本，根据种类的不同、体形的大小等情况，以及采集者的目的和条件，来选择不的标本制作和保存方法。

1）50%～80%乙醇浸制法　对小型爬行类，可先用注射器向体腔内注入乙醇防腐，然后浸泡。稍大的种类可沿腹部中央纵划一刀，让浸液透进，使内脏器官也浸泡在乙醇里。经浓度逐级提高的50%～80%乙醇固定后，最后保存于80%的乙醇中。这样浸制的标本，虽经长期保存，也能保持躯体柔软不失原形，取出后仍可解剖和组织切片，供进一步研究之用。

2）10%福尔马林浸制法　先将捕捉的动物（尤其是蛇类）用乙醚麻醉，再将10%的福尔马林从后侧腹部分数处斜向注入体内，既可将动物杀死，又可使内脏不腐烂。用水洗涤污物后，在蛇的颈部系上布标签，再盘成螺旋状或折成"S"形整形固定在玻璃板上，保存于10%的福尔马林浸液中。

龟鳖类，可以从泄殖腔注入麻醉剂，待麻醉后将头和四肢拉出，向体腔注入福尔马林溶液杀死，然后固定形状，并保存于福尔马林浸液中。

## 8.2　剥制标本的制作

### 8.2.1　常用药品、工具及材料

#### 1. 常用药品

1）防腐药品

（1）三氧化二砷（$As_2O_3$），为一种白色、无味、无臭的粉末，剧毒，具有防腐功能。使用者皮肤有创伤时，应注意伤口防护，否则会引起剧痛。一般不宜单独使用，而是需与其他药品混合，以配制成各种类型的防腐剂后才能使用。

（2）明矾粉，硫酸铝钾，为无色透明的晶体，有酸味，溶于水。具有硝皮、防腐及吸收皮肤水分的功能。市售的明矾多为块状，需研磨成粉末后使用。

（3）樟脑，为无色透明的晶体，有特殊香味。具有驱除害虫，防止蛀蚀标本以及抑制动物中所产生的腥气和臭味的功能。

（4）苯酚（石炭酸），为无色晶体，有特殊气味，在空气中能被氧化而变成粉红色，易溶于乙醇，有消毒防腐的功能，常用它和乙醇配制成防腐液，涂擦在动物头骨和脚趾上，防止残留的肌肉腐烂变质。

2）防腐剂的配制

（1）三氧化二砷防腐粉，主要用于鱼类、两栖类、爬行类和哺乳类。成分为三氧化二砷2g，明矾粉7g，樟脑粉1g。配制方法：将药品研磨成粉末后，混合调匀即成。

（2）三氧化二砷防腐膏，主要用于鸟类。成分为三氧化二砷5g，樟脑粉1g，

甘油少许，肥皂 4g，水 10ml。配制方法：将肥皂削成薄片后，放入烧杯中，按比例加水，浸泡，并放在微火上煮化、搅拌（以防烧焦）溶解，待冷却后加入三氧化二砷和樟脑粉及甘油，搅匀成糊状即成防腐膏。使用日久变稠时，可稍加温水调稀。

（3）苯酚乙醇饱和液，具有消毒防腐功能。主要用于鸟类的头骨、裸区和脚趾等，效果较前二者为好。

**2. 常用工具和材料**

解剖刀、镊子、解剖剪、骨剪、钢丝钳、棉花、竹签、滑石粉、铅丝、针、线、义眼、台板、标签、解剖盘或蜡盘。

## 8.2.2　鸟类剥制标本制作

根据不同要求和标本材料情况，常见的剥制标本有两种类型：一种是生态标本，又叫真剥制标本、姿势标本或陈列标本，供陈列或展览之用，要求制成生活时的姿态；另一种是研究标本，又叫假剥制标本或教学标本，就是将动物皮张剥下后，不再进行严格地姿态还原和整形。现将剥制标本的制作步骤简述如下。

**1. 制作支撑**

1）假剥制标本支撑的制作　　取一竹签，先将其前端削成薄片状，然后在中间开一纵切口，将棉花缠在切口及外周构成一个叉，用于叉在眶间隔上，如图 8-1 所示。

图 8-1　鸟类假剥制标本支撑

2）真剥制标本支撑的制作　　通常用细的铅丝 3 根来制作支架，分别支撑头（4 端）、尾（2 端）、两翼（5 端、6 端）和后肢（1 端、3 端），如图 8-2 所示。

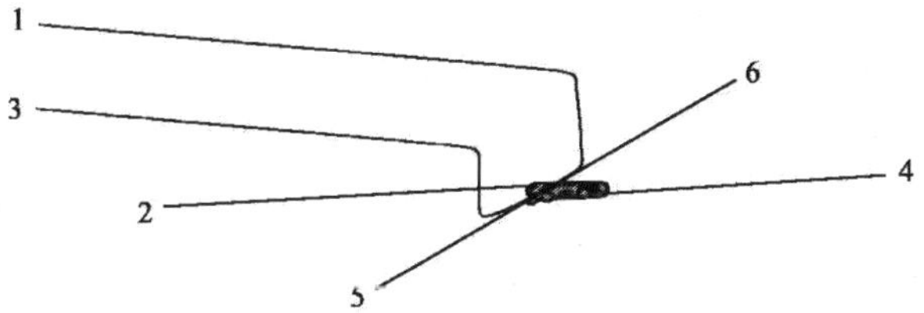


图 8-2　鸟类真剥制标本支架

**2. 剥皮**

通常根据剥皮时开刀的部位不同，分为胸剥法和腹剥法两种。下面以鸟类的剥制为例进行讲述。

1）胸剥法

（1）沿胸部前端正中，至胸部龙骨突起后缘用解剖刀割开皮肤。

（2）用镊子钝性分离皮肤与肌肉，直至两侧腋部。

（3）剪断颈部，剥离肱骨和肩部之间的皮肤。

（4）剪断肱骨。

（5）沿背部剥向腰部（注意腰部荐骨处的皮较薄，且羽轴紧附于荐骨，需慢慢用拇指指甲沿荐骨刮离皮肤）。

（6）剪断直肠和尾椎骨（仅保留尾综骨）。

（7）清理前肢肌肉，保留尺骨（因次级飞羽轴根牢牢长在尺骨上较难剥离，可以用拇指紧贴尺骨将皮肤推下）。

（8）清理后肢肌肉。

（9）往前翻出头骨至喙基部（注意眼睛、耳道处皮肤的剥离）。

（10）清除头部肌肉组织、去脑髓（可将枕骨大孔剪开扩大一些）及眼球。

2）腹剥法

该法适用于生态标本和小型假剥制标本，做出的标本胸部丰满美观。具体步骤如下。

（1）从龙骨突起后缘中央用解剖刀割开皮肤，至泄殖腔孔前缘。

（2）用镊子钝性分离皮肤与肌肉。

（3）用手将腿推出，剪断膝关节。

（4）剪断直肠及尾椎骨（注意仅保留尾综骨）。

（5）往前翻剥至前肢。

（6）剪断肱骨。

（7）继续往前翻出头骨，至喙基部（注意眼睛、耳道处皮肤的剥离）。

（8）齐枕骨孔后剪断颈椎。

（9）把四肢清理干净（后肢留胫骨及以下部分，前肢留尺骨及之后部分）。

（10）清除头部肌肉组织、去脑髓（可将枕骨大孔剪开扩大一些）及眼球。

**注意事项**：对于一些头大颈细的鸟类，如有些野鸭和啄木鸟，头颅不易从颈部翻出，可先剪去颈部，然后在头顶中间开一纵口，将头部翻出，剔肉，挖眼球，继而再把头皮小心缝合；在翻剥皮张时，可涂上适量的滑石粉，防止羽毛与皮肤粘在一起；剥完后，立即剖开腹部观察性别，并做记录。还可取下胃及嗉囊，留作食性分析。

### 3. 皮肤的防腐处理与还原

用防腐膏涂于鸟体各部的内皮。然后将棉花搓成与眼窝大小相当的棉球塞入眼窝。在胫骨和尺骨上缠以棉花，使之与原来带肌肉时的粗细相似。缠绕好后再翻转恢复原状，然后将涂有防腐膏的头骨由颈部塞入，另一手捏住喙尖，慢慢将头部翻出，复原头部。

**注意事项**：对皮肤的还原工作应及时进行，时间不能拖得太长，否则皮肤容易干燥、变硬，影响标本的填充和整形工作。

### 4. 填装

1）假剥制标本的填装　取前面已准备好的竹签支撑（长度约自嘴基至前胸），将竹签的分叉端从枕骨大孔插入，叉在眶间隔上，然后将竹签上的棉花轻轻前推，使竹签把眶间隔夹得更加牢固。竹签的另一端放在胸部，在它的背腹两面均铺上薄层棉花，稍加固定。小型鸟类也可不用竹签，而用一条棉花直接填入脑腔作为颈部。两翼的尺骨平放在两层棉花之间，勿使尺骨随意活动，这样可使两翼紧贴在体侧不致下垂。

较大的鸟类需用线将尺骨系紧，以增加其牢固性。然后再填棉花。如果采用的是胸剥法，先从尾部开始，逐渐向前填装，最后填装颈部。如果采用的是腹剥法，则先填装颈部和胸部，最好用一整团棉花，其大小要与鸟躯干部的大小相似，前端用镊子夹紧，直塞至颈的前端，然后在躯干两侧各塞一条棉花，至胸腹丰满。

2）真剥制标本的填装　取前面已准备好的、根据鸟体大小制作的铅丝骨架支撑，用铁钳将铅丝的端点均剪成尖形，便于插入。装填时，先将支架的 4 端从枕骨大孔处插入至鼻孔穿出，将穿出的一端用铁钳将其弯成一个钩，以免滑脱。将大小相当、虹彩颜色比较接近于该鸟的义眼填好，然后一手捏住喙尖，慢慢将头部翻出，复原头部。接着将相互平行的 1、3 两端，分别从两脚胫骨与跗跖骨关节间的后侧向脚跟方向旋转插入，由脚底掌部穿出。将 5 端、6 端分别从两翼沿尺骨插入，从翼角处插出，以支撑翅膀。最后，将 2 端插入尾部腹面中央，由尾部腹面穿出，以支持尾羽，避免下垂。骨架安装好后，先在骨架下方铺一层薄的棉花，然后在装填四肢的棉花时注意：应以胫骨（尺骨）及其支撑的铅丝为一整体同时缠上棉花。再按照假剥制标本的填充方法进行棉花的填充。

3）缝合　装填好后，开始进行缝合。注意：起针要从里到外，从前到后，前密后疏，慢慢收线。

4）整形

(1) 假剥制标本的整形。先用棉花擦净羽毛上所沾的污物，再用镊子将羽毛调顺，用线从两鼻孔穿过，系紧上下喙。将两翼摆好，两脚交叉摆平整，最后用一薄层药棉将整个标本裹起来固定，将尾羽略展开，以物压上。在未干之前，可检查形状是否合适，随时可纠正姿势，待标本干后取下棉花。假剥制标本做好后的最佳状态为：体形呈背面平直，胸部丰满，颈部稍短，脚趾舒展，尾呈半扇形。

(2) 真剥制标本的上架与整形。标本缝合好后，可将其固定在装板上（为方便，实习时装板可用硬纸板代替）。整理好鸟体的姿势，使其栖止或飞行的各种姿势力求与生活时相似。水鸟和陆栖鸟类可直接固定在装板上；树栖鸟类要选一合适的树枝，先将该树枝固定在装板上，再将鸟固定在树枝上。之后，与假剥制一样需要整形，用薄棉花包裹固定，待干后取下棉花。并在装板上贴上标签，将种名、采集地点、日期、性别及量度等一一填入。

## 8.2.3 兽类剥制标本制作

在兽类实习中，可能会捕到一些小型兽类，下面以鼠为例，简单介绍一下小型兽类假剥制标本的制作方法。

**1. 剥皮**

剥皮之前，先在鼠的口腔和肛门处各塞入一团棉花，以防污物流出；剥皮的方法类似鸟类的腹剥法，不同之处有二。其一，兽类通常有尾，需将其尾椎骨从皮肤中抽出（具体方法为：一只手用镊子夹住尾椎骨的基部，另一只手的拇指和食指的指甲紧夹尾椎旁的皮肤，将其抽出皮肤）；其二，兽类的头骨可以不装填在标本里。

**2. 皮肤的防腐处理**

皮肤的防腐处理同鸟类。

**3. 还原与装填**

小型兽类的装填，也需要一根竹签作为支撑，竹签长超过尾长，超出部分为头体长的1/3～1/2。竹签的一端要削得很细而光滑，这样才能插入到尾端，起到尾椎的作用。装填时，先将胫骨、尺骨用棉花缠上，大小如同原有的肌肉大小。然后插入事先涂有防腐剂的支撑，随即翻转皮肤进行复原。复原后，开始装填棉花，装填棉花前，先将竹签下方垫上一层棉花，然后用镊子以一整团鼠体大小的棉花进行装填，再视填充情况进行增减。

**4. 缝合方法**

缝合方法同鸟类。

**5. 整形**

在左后足系上该动物的标签后，开始进行整形。躯体和四肢呈伏卧状，前足背朝上，不宜拉出很长；后足拉直向后，掌心朝上，置于尾两侧，用大头针将四肢掌部固定在硬纸板或泡沫板上。将标本置于通风处晾干后取下。

## 8.3　骨骼标本的制作

### 8.3.1　常用药品、工具及材料

**1. 常用药品**

（1）腐蚀剂，用于腐蚀残留在骨骼上的肌肉，使骨骼构造清晰、洁净。常用的有 NaOH。

NaOH 为强碱，易潮解。有腐蚀肌肉的功能，也有一定的脱脂作用。一般常用 0.5%～2% 的浓度。对于不同的动物类群，可采用不同的浓度和腐蚀时间，如家兔（1%～1.5%，2 天以上），家鸽（0.8%～1%，2 天以上），青蛙（0.5%～0.8%，1 天以上），鲫鱼（0.5%～0.8%，1 天以上）。

（2）脱脂剂，用作溶解、清除骨骼和骨髓中脂肪的有机溶剂，如汽油、二甲苯（无色易燃液体，不溶于水）等。

（3）漂白剂，用于漂白骨骼的溶剂。过氧化氢（$H_2O_2$）常用于小型动物的漂白，一般浓度为 3%；漂白粉（次氯酸钙），常用浓度为 1%～3%。

**2. 常用工具和材料**

乙醚、解剖刀、解剖剪、镊子、钢丝钳、解剖盘、电池炉、乳白胶、搪瓷盆、量筒、烧杯、玻棒、铅（铜）丝、台板等。

### 8.3.2　鱼类骨骼标本的制作

这里以鲫鱼为例讲述鱼类骨骼标本的制作方法。

**1. 剔除肌肉**

（1）将鱼鳞刮去。

（2）由胸鳍后端把腹腔剖开，挖除内脏（腰带为一对相愈合的，剑状的无名骨，应将其取下，并剔除肌肉后另行保存，避免遗失），注意可以将鳔保留。

（3）取下完整的鳃弓（含咽喉齿）及舌弓：方法是先用刀片沿下颌内侧缘切开，将鳃弓腹侧前端与舌弓和下颌分离，用刀片切开鳃弓后侧与腹腔相接的地方，然后就可以将鳃弓和舌弓从后方掏出，单独进行处理。

（4）用解剖刀分别从头部背脊的两侧，向后纵行剖开，并向腹面方向剖割，逐渐地割去附在脊柱两侧的肌肉。

（5）剔除肋骨间的肌肉，再将脑和眼球挖出（头部和肩带上的肌肉不易剔净，尽可能把其剔除）。

（6）用针从枕骨大孔处去除脑髓。

（7）在剔除肌肉时，可采用热水烫的方法：用烧杯取水温 70～80℃的热水，浇淋肌肉（注意在各部分鳍的基部可稍多保留一点肌肉，并用冷水浸湿的棉花缠上以保护鳍条与肌肉的联系）。

**2. 腐蚀和脱脂**

用 0.5%～0.8% 的氢氧化钠浸没骨骼 1 天后取出。实习时，为加快进程，可以提高氢氧化钠溶液的浓度，减少腐蚀时间，至肌肉呈透明状后取出。用清水冲洗，去除残留的肌肉。骨骼晾干后，可浸入汽油或高浓度乙醇中脱脂。

**3. 漂白**

将骨骼浸入 0.5%～0.8% 的过氧化氢中 1～4 天，待骨骼洁白后取出。实习时，也可利用较高浓度的过氧化氢进行漂白，以缩短漂白时间。

**4. 整形和装架**

将骨骼在阳光下晒片刻，待骨骼稍微干燥后，整理成适当姿态（干燥过程中，背鳍、尾鳍和胸鳍等鳍棘、鳍条很容易卷曲和变形，须用洁净的厚纸或吹塑片把它夹住，待干燥后取下）。须用铜丝把腹鳍连接在第 6 肋骨位置的脊椎上，使无名骨和腹鳍悬吊在脊柱下面。最后，以两根金属丝分别支撑起头后和臀鳍前方的脊柱骨，并固定于台板上。

## 8.3.3 附韧带蛙骨骼标本的制作

**1. 剔除肌肉**

蛙骨骼的主要特点是头骨、脊柱、腰带和后肢骨各关节间均有韧带相连，剔除肌肉时，不要将各关节分离，应借助韧带保持各关节联系。

（1）将蛙置于密闭的容器中，采用乙醚麻醉致死。

（2）剥离皮肤。

（3）剪开腹腔，去除内脏（两肩胛骨无韧带与脊椎相连，所以应在第二、第三脊椎横突上，把左右肩胛骨连同肢骨与脊椎分离，使整体骨骼分成两部分）。

（4）沿下颌内侧剪一圈，留下完整的舌骨。

（5）在剔除肌肉时，也可采用热水烫的方法：用烧杯取水温 70～80℃的热水，浇淋肌肉（注意避免躯干与腰带相连的韧带分离，防止四肢的趾骨、指骨分离或弯曲）。

**2. 腐蚀和脱脂**

（1）将骨骼冲洗干净，浸入 0.5%～0.8% 的氢氧化钠中，1～3 天后取出。在实习中为了加快进程，可以提高氢氧化钠溶液的浓度，减少腐蚀时间。

（2）取出后，用清水冲洗，去除碱液。

**3. 漂白**

（1）将骨骼浸于 0.5%～0.8% 的过氧化氢中，1～4 天取出。实习时也可利用较高浓度的过氧化氢进行漂白，以缩短漂白时间。

（2）待骨骼洁白后取出，用清水漂洗干净。

**4. 整形和装架**

（1）用大头针固定在纸板（或泡沫板）上。

（2）下颌和胸椎骨下可用纸团垫起，使其呈生活时头部抬起的倾斜状。

（3）待骨骼干燥后，用白胶将肩胛骨与第二、第三椎骨横突粘住。

（4）前肢的腕骨和后肢的跖骨也用乳白胶粘在台板上。

# 主要参考文献


鲍毅新，诸葛阳．1984．社鼠的年龄鉴定与种群年龄组成．兽类学报，4（2）：127-137．

蔡永久，龚志军，秦伯强．2010．太湖大型底栖动物群落结构及多样性．生物多样性，18（1）：50-59．

陈宜瑜．1988．横断山区鱼类．北京：科学出版社．

陈宜瑜．1998．中国动物志·硬骨鱼纲·鲤形目（中卷）．北京：科学出版社．

丁瑞华．1994．四川鱼类志．成都：四川科学技术出版社．

费梁，叶昌媛，黄永昭，等．2005．中国两栖动物检索及图解．成都：四川科学技术出版社．

费梁，叶昌媛，江健平．2010．中国两栖动物彩色图鉴．成都：四川科学技术出版社．

费梁，叶昌媛．2001．四川两栖类原色图鉴．北京：中国林业出版社．

胡锦矗．2007．哺乳动物学．北京：中国教育文化出版社．

湖北省水生生物研究所鱼类研究室．1976．长江鱼类．北京：科学出版社．

季达明，温世生．2002．中国爬行动物图鉴．郑州：河南科学技术出版社．

李桂垣．1995．四川鸟类原色图鉴．北京：中国林业出版社．

李明德．1997．中国鱼类目、科、属、种总数．海洋通报，16（6）：68-79．

李思忠．1981．中国淡水鱼类分布区划．北京：科学出版社．

雷富民，卢汰春．2006．中国鸟类特有种．北京：科学出版社．

廖文波，胡锦矗，周材权，等．2005．微尾鼩种群繁殖的年龄和季节特征．应用与环境生物学报，11（6）：722-725．

刘少英．1994．应用阴茎骨形态指标划分黑腹绒鼠年龄的研究．兽类学报，14（4）：281-285．

罗泽珣．1963．大兴安岭及三江平原黑线姬鼠的种群年龄组成．动物学报，15（3）：382-396．

马敬能，菲利普斯，何芬奇，等．2000．中国鸟类野外手册．长沙：湖南教育出版社．

马世来．2001．中国兽类踪迹指南．北京：中国林业出版社．

潘清华，王应祥，岩崑．2007．中国哺乳动物彩色图鉴．北京：中国林业出版社．

钱燕文，中国野生动物保护协会．1995．中国鸟类图鉴．郑州：河南科学技术出版社．

盛和林，王岐山．1983．脊椎动物学野外实习指导．北京：高等教育出版社．

史密斯，解焱．2009．中国兽类野外手册．长沙：湖南教育出版社．

舒金华，黄文钰，吴延根．1996．中国湖泊营养类型的分类研究．湖泊科学，8（3）：193-200．

四川森林编辑委员会．1992．四川森林．北京：中国林业出版社．

四川省生物研究所两栖爬行动物研究室．1977．中国爬行动物系统检索．北京：科学出版社．

四川资源动物志编辑委员会．1984．四川资源动物志（第二卷兽类）．成都：四川科学技术出版社．

唐子英，唐子明，唐庆瑜．1985．脊椎动物标本制作．上海：复旦大学出版社．

王岐山，叶文虎，谭明文，等．1984．用体重和体长鉴定黑线姬鼠年龄方法的商榷．兽类学报，4（2）：117-126．

王酉之，胡锦矗．1999．四川兽类原色图鉴．北京：中国林业出版社．

夏霖，杨奇森，马勇，等．2006．兽类头骨测量标准Ⅲ：啮齿目、兔形目．动物学杂志，41（5）：68-71．

徐宏发，张恩迪．1998．野生动物保护原理及管理技术．上海：华东师范大学出版社．

杨安峰，房利祥．1988．中国13种鼠科啮齿类动物的阴茎形态学及其分类学意义的探讨．兽类学报，8（4）：275-287．

杨奇森，夏霖，马勇，等．2005．兽类头骨测量标准Ⅰ：基本量度．动物学杂志，40（3）：50-56．
张俊范．1997．四川鸟类鉴定手册．北京：中国林业出版社．
张荣祖．1999．中国动物地理．北京：科学出版社．
章宗涉，黄祥飞．1991．淡水浮游生物研究方法．北京：科学出版社．
赵尔宓．2003．四川爬行类原色图鉴．北京：中国林业出版社．
赵尔宓．2006．中国蛇类．合肥：安徽科学技术出版社．
郑光美．2011．中国鸟类分类与分布名录2版．北京：科学出版社．
郑作新．1987．中国动物图谱（鸟类）．北京：科学出版社．
周云龙．1984．淡水水域浮游植物调查的方法．生物学通报，19（2）：17-20．
朱松泉．1995．中国淡水鱼类检索．南京：江苏科学技术出版社．
Frost D R. 2011. Amphibian Species of the World: an Online Reference. Version 5.5 (31 January, 2011). Electronic Database accessible at http://research.amnh.org/vz/herpetology/amphibia/ (American Museum of Natural History, New York, USA.).
Helfman G S, Collette B B, Facey D E, et al. 2009. The Diversity of Fishes. 2th ed. Oxford: Wiley-Blackwell.
Nelson J S. 2006. Fishes of the World. 4th ed. New York: Wiley & Sons.
Wilson D E, Reeder D M. 2005. Mammal Species of the World. 3rd ed. Baltimore: Johns Hopkins University Press.
Zhao E M, Kraig A. 1993. Herpetology of China. Oxford: SSAR&CSSAR.

## 主要参考网址

http://121.31.126.102/jpkc/09qu/ywhx/database/hxx-pic1/displayimage.php? album=2&pos=693
http://www.lafermetropicale.com/boutique/img_store/a/a1156929057.jpg
http://www.zoocon.com/Herps/Venomous/Ovophis_monticola_orientalis_10.jpg
http://www.scubavision.de/images/large/treich-20110328-2698/wild-duck-anas-platyrhynchos-2190.jpg
http://ibc.lynxeds.com/files/pictures/Anas_acuta_22.jpg
http://upload.wikimedia.org/wikipedia/commons/4/41/Aythya-fuligula_Tufted-Duck.jpg
http://i.pbase.com/o3/60/469160/1/133488250.OIwx9TMy.Morettatabaccata16.jpg
http://www.biolib.cz/IMG/GAL/14830.jpg
http://farm4.staticflickr.com/3360/3447930482_a97cef3942.jpg
http://ibc.lynxeds.com/files/pictures/2123962199_bcee5654dd_o.jpg
http://tupian.hudong.com/s/%E8%99%8E%E7%BA%B9%E4%BC%AF%E5%8A%B3/xgtupian/1/2

## 常用网址

世界哺乳动物数据库：http://vertebrates.si.edu/msw/mswcfapp/msw/index.cfm
国际鸟类收藏：http://ibc.lynxeds.com
爬行类数据库：http://www.reptile-database.org/db-info/SpeciesStat.html
香港观鸟会（鸟鸣集）：http://www.hkbws.org.hk/web/chi/bird_call.htm
中国鸟类图库：http://www.wwfchina.org/birdgallery
IUCN 红色名录：http://www.iucnredlist.org
物种2000：http://www.sp2000.org

# 附录Ⅰ　国家重点保护野生动物名录

| 目 | 科 | 中文名 | 学名 | 保护级别 |
|---|---|---|---|---|
| | | 一、兽纲 MAMMALIA | | |
| 灵长目 PRIMATES | 懒猴科 Lorisidae | 蜂猴（所有种） | *Nycticebus* spp. | Ⅰ |
| | 猴科 Cercopithecidae | 短尾猴（红面短尾猴） | *Macaca arctoides* | Ⅱ |
| | | 熊猴 | *Macaca assamensis* | Ⅰ |
| | | 台湾猴 | *Macaca cyclopis* | Ⅰ |
| | | 猕猴 | *Macaca mulatta* | Ⅱ |
| | | 豚尾猴 | *Macaca nemestrina* | Ⅰ |
| | | 藏酋猴 | *Macaca thibetana* | Ⅱ |
| | | 叶猴（所有种） | *Presbytis* spp. | Ⅰ |
| | | 金丝猴（所有种） | *Rhinopithecus* spp. | Ⅰ |
| | 长臂猿科 Hylobatidae | 长臂猿（所有种） | *Hylobates* spp. | Ⅰ |
| 鳞甲目 PHOLIDOTA | 鲮鲤科 Manidae | 穿山甲（所有种） | *Manis* spp. | Ⅱ |
| 食肉目 CARNIVORA | 犬科 Canidae | 豺 | *Cuon alpinus* | Ⅱ |
| | 熊科 Ursidae | 黑熊 | *Ursus thibetanus* | Ⅱ |
| | | 棕熊 | *Ursus arctos* | Ⅱ |
| | | 马来熊 | *Helarctos malayanus* | Ⅰ |
| | 小熊猫科 Ailuridae | 小熊猫 | *Ailurus fulgens* | Ⅱ |
| | 大熊猫科 Ailuropodidae | 大熊猫 | *Ailuropoda melanoleuca* | Ⅰ |
| | 鼬科 Mustelidae | 石貂 | *Martes foina* | Ⅱ |
| | | 紫貂 | *Martes zibellina* | Ⅰ |
| | | 青鼬 | *Martes flavigula* | Ⅱ |
| | | 貂熊 | *Gulo gulo* | Ⅰ |
| | | 水獭（所有种） | *Lutra* spp. | Ⅱ |
| | | 小爪水獭 | *Amblonyx cinerea* | Ⅱ |
| | 灵猫科 Viverridae | 斑灵狸 | *Prionodon pardicolor* | Ⅱ |
| | | 大灵猫 | *Viverra zibetha* | Ⅱ |

续表

| 目 | 科 | 中文名 | 学名 | 保护级别 |
|---|---|---|---|---|
| 食肉目 CARNIVORA | 灵猫科 Viverridae | 小灵猫 | *Viverricula indica* | Ⅱ |
| | | 熊狸 | *Arctictis binturong* | Ⅰ |
| | 猫科 Felidae | 野猫（草原斑猫） | *Felis silvestris* | Ⅱ |
| | | 荒漠猫 | *Felis bieti* | Ⅱ |
| | | 丛林猫 | *Felis chaus* | Ⅱ |
| | | 猞猁 | *Lynx lynx* | Ⅱ |
| | | 兔狲 | *Otocolobus manul* | Ⅱ |
| | | 金猫 | *Catopuma temminckii* | Ⅱ |
| | | 渔猫 | *Prionailurus viverrinus* | Ⅱ |
| | | 云豹 | *Neofelis nebulosa* | Ⅰ |
| | | 金钱豹 | *Panthera pardus* | Ⅰ |
| | | 虎 | *Panthera tigris* | Ⅰ |
| | | 雪豹 | *Uncia uncia* | Ⅰ |
| | 海狮科 Otariidae | 北海狗 | *Callorhinus ursinus* | Ⅱ |
| | | 北海狮 | *Eumetopias jubatus* | Ⅱ |
| | 海豹科 Phocidae | 斑海豹 | *Phoca largha* | Ⅱ |
| | | 环斑小头海豹 | *Pusa hispida* | Ⅱ |
| | | 髯海豹 | *Erignathus barbatus* | Ⅱ |
| 海牛目 SIRENIA | 儒艮科 Dugongidae | 儒艮 | *Dugong dugon* | Ⅰ |
| 鲸目 CETACEA | 白鳍豚科 Lipotidae | 白鳍豚 | *Lipotes vexillifer* | Ⅰ |
| | 海豚科 Delphinidae | 中华白海豚 | *Sousa chinensis* | Ⅰ |
| | | 其他鲸类 | | Ⅱ |
| 长鼻目 PROBOSCIDEA | 象科 Elephantidae | 亚洲象 | *Elephas maximus* | Ⅰ |
| 奇蹄目 PERISSODACTYLA | 马科 Equidae | 蒙古野驴 | *Equus hemionus* | Ⅰ |
| | | 藏野驴 | *Equus kiang* | Ⅰ |
| | | 野马 | *Equus przewalskii* | Ⅰ |
| 偶蹄目 ARTIODACTYLA | 骆驼科 Camelidae | 野双峰驼 | *Camelus ferus* | Ⅰ |
| | 鼷鹿科 Tragulidae | 威氏小鼷鹿 | *Tragulus williamsoni* | Ⅰ |
| | 麝科 Moschidae | 麝（所有种） | *Moschus* spp. | Ⅰ |
| | 鹿科 Cerviae | 牙獐（河麂） | *Hydropotes inermis* | Ⅱ |
| | | 黑麂 | *Muntiacus crinifrons* | Ⅰ |

续表

| 目 | 科 | 中文名 | 学名 | 保护级别 |
|---|---|---|---|---|
| 偶蹄目 ARTIODACTYLA | 鹿科 Cerviae | 白唇鹿 | *Przewalskium albirostris* | Ⅰ |
| | | 马鹿 | *Cervus elaphus* | Ⅱ |
| | | 梅花鹿 | *Cervus nippon* | Ⅰ |
| | | 坡鹿 | *Rucervus eldi* | Ⅰ |
| | | 豚鹿 | *Axis porcinus* | Ⅰ |
| | | 水鹿 | *Rusa unicolor* | Ⅱ |
| | | 麋鹿 | *Elaphurus davidianus* | Ⅱ |
| | | 驼鹿 | *Alces alces* | Ⅱ |
| | 牛科 Bovidae | 印度野牛 | *Bos gaurus* | Ⅰ |
| | | 野牦牛 | *Bos grunniens* | Ⅰ |
| | | 黄羊 | *Procapra gutturosa* | Ⅱ |
| | | 普氏原羚 | *Procapra przewalskii* | Ⅰ |
| | | 藏原羚 | *Procapra picticaudate* | Ⅱ |
| | | 鹅喉羚 | *Gazella subgutturosa* | Ⅱ |
| | | 藏羚 | *Pantholops hodgsoni* | Ⅰ |
| | | 高鼻羚羊（赛加羚羊） | *Saiga tatarica*（中国已绝迹） | Ⅰ |
| | | 扭角羚 | *Budorcas taxicolor* | Ⅰ |
| | | 中华鬣羚 | *Capricornis milneedwardsii* | Ⅱ |
| | | 台湾鬣羚 | *Capricornis crispus* | Ⅰ |
| | | 赤斑羚 | *Naemorhedus baileyi* | Ⅰ |
| | | 藏南斑羚 | *Naemorhedus goral* | Ⅱ |
| | | 中华斑羚 | *Naemorhedus caudatus* | Ⅱ |
| | | 川西斑羚 | *Naemorhedus griseus* | Ⅱ |
| | | 喜马拉雅塔尔羊 | *Hemitragus jemlahicus* | Ⅰ |
| | | 北山羊 | *Capra sibirica* | Ⅰ |
| | | 岩羊 | *Pseudois nayaur* | Ⅱ |
| | | 矮岩羊 | *Pseudois schaeferi* | Ⅱ |
| | | 盘羊 | *Ovis ammon* | Ⅱ |
| 兔形目 LAGOMORPHA | 兔科 Leporidae | 海南兔 | *Lepus hainanus* | Ⅱ |
| | | 雪兔 | *Lepus timidus* | Ⅱ |
| | | 塔里木兔 | *Lepus yarkandensis* | Ⅱ |

续表

| 目 | 科 | 中文名 | 学名 | 保护级别 |
|---|---|---|---|---|
| 啮齿目 RODENTLA | 松鼠科 Sciuridae | 巨松鼠 | *Ratufa bicolor* | Ⅱ |
| | 河狸科 Castoridae | 河狸 | *Castor fiber* | Ⅰ |
| | | **二、鸟纲 AVES** | | |
| 䴙䴘目 PODICIPEDIFORMES | 䴙䴘科 Podicipedidae | 角䴙䴘 | *Podiceps auritus* | Ⅱ |
| | | 赤颈䴙䴘 | *Podiceps grisegena* | Ⅱ |
| 鹱形目 PROCELLARIIFORMES | 鹱科 Procellariidae | 短尾信天翁 | *Diomedea albatrus* | Ⅰ |
| 鹈形目 PELECANIFORMES | 鹈鹕科 Pelecanidae | 鹈鹕（所有种） | *Pelecanus* spp. | Ⅱ |
| | 鲣鸟科 Sulidae | 鲣鸟（所有种） | *Sula* spp. | Ⅱ |
| | 鸬鹚科 Phalacrocoracidae | 海鸬鹚 | *Phalacrocorax pelagicus* | Ⅱ |
| | | 黑颈鸬鹚 | *Phalacrocorax niger* | Ⅱ |
| | 军舰鸟科 Fregatidae | 白腹军舰鸟 | *Fregata andrewsi* | Ⅰ |
| 鹳形目 CICONIIFORMES | 鹭科 Ardeidae | 黄嘴白鹭 | *Egretta eulophotes* | Ⅱ |
| | | 岩鹭 | *Egretta sacra* | Ⅱ |
| | | 海南鳽 | *Gorsachius magnificus* | Ⅱ |
| | | 小苇鳽 | *Ixobrychus minutus* | Ⅱ |
| | 鹳科 Ciconiidae | 白头鹮鹳（彩鹳） | *Mycteria leucocephala* | Ⅱ |
| | | 白鹳 | *Ciconia ciconia* | Ⅰ |
| | | 黑鹳 | *Ciconia nigra* | Ⅰ |
| | 鹮科 Threskiornithidae | 黑头白鹮 | *Threskiornis melanocephalus* | Ⅱ |
| | | 白肩黑鹮 | *Pseudibis davisoni* | Ⅱ |
| | | 朱鹮 | *Nipponia nippon* | Ⅰ |
| | | 彩鹮 | *Plegadis falcinellus* | Ⅱ |
| | | 白琵鹭 | *Platalea leucorodia* | Ⅱ |
| | | 黑脸琵鹭 | *Platalea minor* | Ⅱ |
| 雁形目 ANSERIFORMEA | 鸭科 Anatidae | 红胸黑雁 | *Branta ruficollis* | Ⅱ |
| | | 白额雁 | *Anser albifrons* | Ⅱ |
| | | 天鹅（所有种） | *Cygnus* spp. | Ⅱ |
| | | 鸳鸯 | *Aix galericulata* | Ⅱ |
| | | 中华秋沙鸭 | *Mergus squamatus* | Ⅰ |

续表

| 目 | 科 | 中文名 | 学名 | 保护级别 |
| --- | --- | --- | --- | --- |
| 隼形目 FALCONIFORMES | 鹰科 Accipitridae | 金雕 | *Aquila chrysaetos* | Ⅰ |
| | | 白肩雕 | *Aquila heliaca* | Ⅰ |
| | | 玉带海雕 | *Haliaeetus leucoryphus* | Ⅰ |
| | | 白尾海雕 | *Haliaeetus albicilla* | Ⅰ |
| | | 虎头海雕 | *Haliaeetus pelagicus* | Ⅰ |
| | | 拟兀鹫（白背兀鹫） | *Gyps bengalensis* | Ⅰ |
| | | 胡兀鹫 | *Gypaetus barbatus* | Ⅰ |
| | | 其他鹰类 | | Ⅱ |
| | 隼科 Falconidae | 隼科所有种 | | Ⅱ |
| 鸻形目 CHARADRIIFORMES | 水雉科 Jacanidae | 铜翅水雉 | *Metopidius indicus* | Ⅱ |
| | 鹬科 Scolopacidae | 小杓鹬 | *Numenius minutus* | Ⅱ |
| | | 小青脚鹬 | *Tringa guttifer* | Ⅱ |
| | 燕鸻科 Glareolidae | 灰燕鸻 | *Glareola lactea* | Ⅱ |
| | 鸥科 Laridae | 遗鸥 | *Larus relictus* | Ⅰ |
| | | 小鸥 | *Larus minutus* | Ⅱ |
| | | 黑浮鸥 | *Chlidonias niger* | Ⅱ |
| | | （黄嘴）河燕鸥 | *Sterna aurantia* | Ⅱ |
| | | 黑嘴端凤头燕鸥 | *Thalasseus bernsteini* | Ⅱ |
| 沙鸡目 PTEROCLIFORMES | 沙鸡科 Pteroclididae | 黑腹沙鸡 | *Pterocles orientalis* | Ⅱ |
| 鸡形目 GALLIFORMES | 松鸡科 Tetraonidae | 黑嘴松鸡（细嘴松鸡） | *Tetrao parvirostris* | Ⅰ |
| | | 黑琴鸡 | *Lyrurus tetrix* | Ⅱ |
| | | 柳雷鸟 | *Lagopus lagopus* | Ⅱ |
| | | 岩雷鸟 | *Lagopus mutus* | Ⅱ |
| | | 镰翅鸡 | *Dendragapus falcipennis* | Ⅱ |
| | | 花尾榛鸡 | *Bonasa bonasia* | Ⅱ |
| | | 斑尾榛鸡 | *Bonasa sewerzowi* | Ⅰ |
| | 雉科 Phasianidae | 雪鸡（所有种） | *Tetraogallus* spp. | Ⅱ |
| | | 红喉雉鹑 | *Tetraophasis obscurus* | Ⅰ |
| | | 黄喉雉鹑 | *Tetraophasis szechenyii* | Ⅰ |
| | | 四川山鹧鸪 | *Arborophila rufipectus* | Ⅰ |

续表

| 目 | 科 | 中文名 | 学名 | 保护级别 |
|---|---|---|---|---|
| 鸡形目 GALLIFORMES | 雉科 Phasianidae | 海南山鹧鸪 | *Arborophila ardens* | Ⅰ |
| | | 血雉 | *Ithaginis cruentus* | Ⅱ |
| | | 黑头角雉 | *Tragopan melanocephalus* | Ⅰ |
| | | 红胸角雉 | *Tragopan satyra* | Ⅰ |
| | | 灰腹角雉 | *Tragopan blythii* | Ⅰ |
| | | 红腹角雉 | *Tragopan temminckii* | Ⅱ |
| | | 黄腹角雉 | *Tragopan caboti* | Ⅰ |
| | | 虹雉（所有种） | *Lophophorus* spp. | Ⅰ |
| | | 藏马鸡 | *Crossoptilon harmani* | Ⅱ |
| | | 蓝马鸡 | *Crossoptilon auritum* | Ⅱ |
| | | 褐马鸡 | *Crossoptilon mantchuricum* | Ⅰ |
| | | 黑鹇 | *Lophura leucomelanos* | Ⅱ |
| | | 白鹇 | *Lophura nycthemera* | Ⅱ |
| | | 蓝鹇 | *Lophura swinhoii* | Ⅰ |
| | | 原鸡 | *Gallus gallus* | Ⅱ |
| | | 勺鸡 | *Pucrasia macrolopha* | Ⅱ |
| | | 黑颈长尾雉 | *Syrmaticus humiae* | Ⅰ |
| | | 白冠长尾雉 | *Syrmaticus reevesii* | Ⅱ |
| | | 白颈长尾雉 | *Syrmaticus ellioti* | Ⅰ |
| | | 黑长尾雉 | *Syrmaticus mikado* | Ⅰ |
| | | 锦鸡（所有种） | *Chrysolophus* spp. | Ⅱ |
| | | 灰孔雀雉 | *Polyplectron bicalcaratum* | Ⅰ |
| | | 绿孔雀 | *Pavo muticus* | Ⅰ |
| 鹤形目 GRUIFORMES | 鹤科 Gruidac | 灰鹤 | *Grus grus* | Ⅱ |
| | | 黑颈鹤 | *Grus nigricollis* | Ⅰ |
| | | 白头鹤 | *Grus monacha* | Ⅰ |
| | | 沙丘鹤 | *Grus canadensis* | Ⅱ |
| | | 丹顶鹤 | *Grus japonensis* | Ⅰ |
| | | 白枕鹤 | *Grus vipio* | Ⅱ |
| | | 白鹤 | *Grus leucogeranus* | Ⅰ |
| | | 赤颈鹤 | *Grus antigone* | Ⅰ |
| | | 蓑羽鹤 | *Anthropoides virgo* | Ⅱ |

续表

| 目 | 科 | 中文名 | 学名 | 保护级别 |
|---|---|---|---|---|
| 鹤形目 GRUIFORMES | 秧鸡科 Rallidae | 长脚秧鸡 | *Crex crex* | Ⅱ |
| | | 姬田鸡 | *Porzana parva* | Ⅱ |
| | | 棕背田鸡 | *Porzana bicolor* | Ⅱ |
| | | 花田鸡 | *Cotrunicops exquisitus* | Ⅱ |
| | 鸨科 Otidae | 鸨（所有种） | *Otis* spp. | Ⅰ |
| 鸽形目 COLUMBIFO-RMES | 鸠鸽科 Columbidae | 绿鸠（所有种） | *Treron* spp. | Ⅱ |
| | | 黑颏果鸠 | *Ptilinopus leclancheri* | Ⅱ |
| | | 皇鸠（所有种） | *Ducula* spp. | Ⅱ |
| | | 斑尾林鸽 | *Columba palumbus* | Ⅱ |
| | | 鹃鸠（所有种） | *Macropygia* spp. | Ⅱ |
| 鹦形目 PSITTACIFO-RMES | 鹦鹉科（所有种）Psittacidae | | | Ⅱ |
| 鹃形目 CUCULIFOR-MES | 鸦鹃科 Centropodidae | 鸦鹃（所有种） | *Centropus* spp. | Ⅱ |
| 鸮形目 STRIGIFOR-MES | 草鸮科 Tytonidae | 所有种 | | Ⅱ |
| | 鸱鸮科 Strigidae | 所有种 | | |
| 雨燕目 APODIFORMES | 雨燕科 Apodidae | 灰喉针尾雨燕 | *Hirundapus cochinchinensis* | Ⅱ |
| | 凤头雨燕科 Hemiprocnidae | 凤头雨燕 | *Hemiprocne coronata* | Ⅱ |
| 咬鹃目 TROGONIFO-RMES | 咬鹃科 Trogonidae | 橙胸咬鹃 | *Harpactes oreskios* | Ⅱ |
| 佛法僧目 CORACIIFO-EMES | 翠鸟科 Alcedinidae | 蓝耳翠鸟 | *Alcedo meninting* | Ⅱ |
| | | 鹳嘴翡翠 | *Pelargopsis capensis* | Ⅱ |
| | 蜂虎科 Meropidae | 栗头蜂虎 | *Merops leschenaulti* | Ⅱ |
| | | 绿喉蜂虎 | *Merops orientalis* | Ⅱ |
| | 犀鸟科 Bucerotidae | 所有种 | | Ⅱ |
| 䴕形目 PICIFORMES | 啄木鸟科 Picidae | 白腹黑啄木鸟 | *Dryocopus javensis* | Ⅱ |
| 雀形目 PASSERIFOR-MES | 阔嘴鸟科 Eurylaimidae | 所有种 | | Ⅱ |
| | 八色鸫科 *Pittidae* | 所有种 | | Ⅱ |

续表

| 目 | 科 | 中文名 | 学名 | 保护级别 |
|---|---|---|---|---|
| | | **三、爬行纲 REPTILIA** | | |
| 龟鳖目 TESTUDOFORMES | 淡水龟科 Bataguridae | 地龟 | *Geoemyda spengleri* | Ⅱ |
| | | 三线闭壳龟 | *Cuora trifasciata* | Ⅱ |
| | | 云南闭壳龟 | *Cuora yunnanensis* | Ⅱ |
| | 陆龟科 Testudinidae | 四爪陆龟 | *Testudo horsfieldii* | Ⅰ |
| | | 凹甲陆龟 | *Manouria impressa* | Ⅱ |
| | 海龟科 Cheloniidae | 蠵龟 | *Caretta caretta* | Ⅱ |
| | | 海龟 | *Chelonia mydas* | Ⅱ |
| | | 玳瑁 | *Erectmochelys imbricata* | Ⅱ |
| | | 丽龟 | *Lepidochelys olivacea* | Ⅱ |
| | 棱皮龟科 Dermochelyidae | 棱皮龟 | *Dermochelys coriacea* | Ⅱ |
| | 鳖科 Trionychidae | 鼋 | *Pelochelys cantorii* | Ⅰ |
| | | 山瑞鳖 | *Palea steindachneri* | Ⅱ |
| 有鳞目 SQUAMATA | 壁虎科 Gekkonidae | 大壁虎 | *Gekko gecko* | Ⅱ |
| | 鳄蜥科 Shinisauridae | 鳄蜥 | *Shinisaurus crocodilurus* | Ⅰ |
| | 巨蜥科 Varanidae | 巨蜥 | *Varanus salvator* | Ⅰ |
| | 蟒科 Boidae | 蟒蛇 | *Python molurus* | Ⅰ |
| 鳄目 CROCODILIFORMES | 鼍科 Alligatoridae | 扬子鳄 | *Alligator sinensis* | Ⅰ |
| | | **四、两栖纲 AMPHIBIA** | | |
| 有尾目 CAUDATA | 隐鳃鲵科 Cryptobranchidae | 大鲵 | *Andrias davidianus* | Ⅱ |
| | 蝾螈科 Salamandridae | 细痣棘螈 | *Echinotriton asperrimus* | Ⅱ |
| | | 镇海棘螈 | *Echinotriton chinhaiensis* | Ⅱ |
| | | 贵州疣螈 | *Tylototriton kweichowensis* | Ⅱ |
| | | 大凉疣螈 | *Tylototriton taliangensis* | Ⅱ |
| | | 红瘰疣螈 | *Tylototriton shanjing* | Ⅱ |
| 无尾目 ANURA | 蛙科 Ranidae | 虎纹蛙 | *Rana rugulosa* | Ⅱ |
| | | **五、鱼纲 PLSCES** | | |
| 鲈形目 PERCIFORMES | 石首鱼科 Sciaenidae | 黄唇鱼 | *Bahaba taipingensis* | Ⅱ |

续表

| 目 | 科 | 中文名 | 学名 | 保护级别 |
| --- | --- | --- | --- | --- |
| 鲉形目 SCORPAENIFORMES | 杜父鱼科 Cottidae | 松江鲈鱼 | *Trachidermus fasciatus* | Ⅱ |
| 刺鱼目 GASTEROSTEIFORMES | 海龙科 Syngnathidae | 克氏海马鱼 | *Hippocampus kelloggi* | Ⅱ |
| 鲤形目 CYPRINIFORMES | 胭脂鱼科 Catostomidae | 胭脂鱼 | *Myxocyprinus asiaticus* | Ⅱ |
| | 鲤科 Cyprinidae | 唐鱼 | *Tanichthys albonubes* | Ⅱ |
| | | 大头鲤 | *Cyprinus pellegrini* | Ⅱ |
| | | 金线鲃指名亚种 | *Sinocyclocheilus grahami grahami* | Ⅱ |
| | | 扁吻鱼（新疆大头鱼） | *Aspiorhynchus laticeps* | Ⅰ |
| | | 大理裂腹鱼 | *Schizothorax taliensis* | Ⅱ |
| 鳗鲡目 ANGUILLIFOMES | 鳗鲡科 Anguillidae | 花鳗鲡 | *Anguilla marmorata* | Ⅱ |
| 鲑形目 SALMONIFORMES | 鲑科 Salmonidae | 川陕哲罗鲑 | *Hucho bleekeri* | Ⅱ |
| | | 秦岭细鳞鲑 | *Brachymystax lenok tsinlingensis* | Ⅱ |
| 鲟形目 ACIPENSERIFORMES | 鲟科 Acipenseridae | 中华鲟 | *Acipenser sinensis* | Ⅰ |
| | | 达氏鲟 | *Acipenser dabryanus* | Ⅰ |
| | 匙吻鲟科 Polyodontidae | 白鲟 | *Psephurus gladius* | Ⅰ |

注：以上名录与保护等级主要参考1988年12月国务院批准的《国家重点保护野生动物名录》及国家林业局2003年2月第7号令发布的《国家重点保护野生动物名录（调整部分）》。

# 附录Ⅱ　中国鸟类特有种

| 序号 | 中文名 | 拉丁名 | 特有性 |
|---|---|---|---|
| 1 | 海南鳽 | *Gorsachius magnificus* | R |
| 2 | 朱鹮 | *Nipponia nippon* | R |
| 3 | 斑尾榛鸡 | *Bonasa sewerzowi* | R |
| 4 | 红喉雉鹑 | *Tetraophasis obscurus* | R |
| 5 | 黄喉雉鹑（四川雉鹑） | *Tetraophasis szechenyii* | R |
| 6 | 大石鸡 | *Alectoris magna* | R |
| 7 | 四川山鹧鸪 | *Arborophila rufipectus* | R |
| 8 | 白眉山鹧鸪 | *Arborophila gingica* | R |
| 9 | 海南山鹧鸪 | *Arborophila ardens* | R |
| 10 | 台湾山鹧鸪 | *Arborophila crudigularis* | R |
| 11 | 灰胸竹鸡 | *Bambusicola thoracica* | R |
| 12 | 血雉 | *Ithaginis cruentus* | M |
| 13 | 黄腹角雉 | *Tragopan caboti* | R |
| 14 | 白尾梢虹雉 | *Lophophorus sclateri* | M |
| 15 | 绿尾虹雉 | *Lophophorus lhuysii* | R |
| 16 | 白马鸡 | *Crossoptilon crossoptilon* | R |
| 17 | 藏马鸡 | *Crossoptilon harmani* | M |
| 18 | 蓝马鸡 | *Crossoptilon auritum* | R |
| 19 | 褐马鸡 | *Crossoptilon mantchuricum* | R |
| 20 | 蓝鹇 | *Lophura swinhoii* | R |
| 21 | 白冠长尾雉 | *Syrmaticus reevesii* | R |
| 22 | 白颈长尾雉 | *Syrmaticus ellioti* | R |
| 23 | 黑长尾雉 | *Syrmaticus mikado* | R |
| 24 | 白腹锦鸡 | *Chrysolophus amherstiae* | M |
| 25 | 红腹锦鸡 | *Chrysolophus pictus* | R |
| 26 | 黑颈鹤 | *Grus nigricollis* | M |
| 27 | 黑嘴端凤头燕鸥（中华凤头燕鸥） | *Thalasseus bernsteini* | M |

续表

| 序号 | 中文名 | 拉丁名 | 特有性 |
|---|---|---|---|
| 28 | 大紫胸鹦鹉 | *Psittacula derbiana* | R |
| 29 | 四川林鸮 | *Strix davidi* | R |
| 30 | 长嘴百灵 | *Melanocorypha maxima* | M |
| 31 | 领雀嘴鹎 | *Spizixos semitorques* | M |
| 32 | 台湾鹎 | *Pycnonotus taivanus* | R |
| 33 | 栗背短脚鹎 | *Hemixos castanonotus* | R |
| 34 | 黑头噪鸦 | *Perisoreus internigrans* | R |
| 35 | 台湾蓝鹊 | *Urocissa caerulea* | R |
| 36 | 黑尾地鸦 | *Podoces hendersoni* | M |
| 37 | 白尾地鸦 | *Podoces biddulphi* | R |
| 38 | 棕头歌鸲 | *Luscinia ruficeps* | R |
| 39 | 金胸歌鸲 | *Luscinia pectardens* | M |
| 40 | 台湾林鸲 | *Tarsiger johnstoniae* | R |
| 41 | 贺兰山红尾鸲 | *Phoenicurus alaschanicus* | R |
| 42 | 台湾紫啸鸫 | *Myophonus insularis* | R |
| 43 | 棕背黑头鸫 | *Turdus kessleri* | R |
| 44 | 褐头鸫 | *Turdus feae* | M |
| 45 | 宝兴歌鸲 | *Turdus mupinensis* | R |
| 46 | 宝兴鹛雀 | *Chrysomma poecilotis* | R |
| 47 | 大草鹛 | *Babax waddelli* | M |
| 48 | 棕草鹛 | *Babax koslowi* | R |
| 49 | 褐胸噪鹛 | *Garrulax maesi* | M |
| 50 | 山噪鹛 | *Garrulax davidi* | R |
| 51 | 黑额山噪鹛 | *Garrulax sukatschewi* | R |
| 52 | 斑背噪鹛 | *Garrulax lunulatus* | R |
| 53 | 白点噪鹛 | *Garrulax bieti* | R |
| 54 | 大噪鹛 | *Garrulax maximus* | R |
| 55 | 棕噪鹛 | *Garrulax poecilorhynchus* | R |
| 56 | 画眉 | *Garrulax canorus* | M |
| 57 | 橙翅噪鹛 | *Garrulax elliotii* | R |
| 58 | 灰腹噪鹛 | *Garrulax henrici* | R |
| 59 | 玉山噪鹛（台湾噪鹛） | *Garrulax morrisonianus* | R |

续表

| 序号 | 中文名 | 拉丁名 | 特有性 |
| --- | --- | --- | --- |
| 60 | 灰胸薮鹛 | *Liocichla omeiensis* | R |
| 61 | 黄痣薮鹛 | *Liocichla steerii* | R |
| 62 | 灰头斑翅鹛 | *Actinodura souliei* | R |
| 63 | 台湾斑翅鹛 | *Actinodura morrisoniana* | R |
| 64 | 金额雀鹛 | *Alcippe variegaticeps* | R |
| 65 | 高山雀鹛（中华雀鹛） | *Alcippe striaticollis* | R |
| 66 | 棕头雀鹛 | *Alcippe ruficapilla* | M |
| 67 | 白耳奇鹛 | *Heterophasia auricularis* | R |
| 68 | 白领凤鹛 | *Yuhina diademata* | M |
| 69 | 褐头凤鹛 | *Yuhina brunneiceps* | R |
| 70 | 三趾鸦雀 | *Paradoxornis paradoxus* | R |
| 71 | 白眶鸦雀 | *Paradoxornis conspicillatus* | R |
| 72 | 褐翅（缘）鸦雀 | *Paradoxornis brunneus* | M |
| 73 | 暗色鸦雀 | *Paradoxornis zappeyi* | R |
| 74 | 灰冠鸦雀 | *Paradoxornis przewalskii* | R |
| 75 | 震旦鸦雀 | *Paradoxornis heudei* | M |
| 76 | 山鹛 | *Rhopophilus pekinensis* | R |
| 77 | 台湾短翅莺 | *Bradypterus alishanensis* | R |
| 78 | 细纹苇莺 | *Acrocephalus sorghophilus* | M |
| 79 | 峨眉柳莺 | *Phylloscopus emeiensis* | R |
| 80 | 海南柳莺 | *Phylloscopus hainanus* | R |
| 81 | 台湾戴菊 | *Regulus goodfellowi* | R |
| 82 | 峨眉鹟莺 | *Seicercus omeiensis* | R |
| 83 | 凤头雀莺 | *Lophobasileus elegans* | R |
| 84 | 棕腹大仙鹟 | *Niltava davidi* | M |
| 85 | 海南蓝仙鹟 | *Niltava hainana* | M |
| 86 | 台湾黄山雀 | *Parus holsti* | R |
| 87 | 黄腹山雀 | *Parus venustulus* | R |
| 88 | 白眉山雀 | *Parus superciliosus* | R |
| 89 | 红腹山雀 | *Parus davidi* | R |
| 90 | 地山雀 | *Pseudopodoces humilis* | R |
| 91 | 银脸长尾山雀 | *Aegithalos fuliginosus* | R |

续表

| 序号 | 中文名 | 拉丁名 | 特有性 |
| --- | --- | --- | --- |
| 92 | 黑头䴓 | *Sitta villosa* | R |
| 93 | 滇䴓 | *Sitta yunanensis* | R |
| 94 | 白腰雪雀 | *Montifringilla taczanowskii* | M |
| 95 | 棕颈雪雀 | *Montifringilla ruficollis* | M |
| 96 | 桂红头岭雀（褐头岭雀） | *Leucosticte sillemi* | R |
| 97 | 酒红朱雀 | *Carpodacus vinaceus* | R |
| 98 | 曙红朱雀 | *Carpodacus eos* | R |
| 99 | 斑翅朱雀 | *Carpodacus trifasciatus* | R |
| 100 | 藏雀 | *Kozlowia roborowskii* | R |
| 101 | 朱鹀 | *Urocynchramus pylzowi* | R |
| 102 | 栗斑腹鹀 | *Emberiza jankowskii* | M |
| 103 | 藏鹀 | *Emberiza koslowi* | R |
| 104 | 蓝鹀 | *Emberiza siemsseni* | R |

注：该名录主要依据《中国鸟类特有种》（雷富民和卢汰春，2006），但原名录中的四川柳莺 *Phylloscopus sichuanensis* 已被确定为云南柳莺 *Phylloscopus yunnanensis* 的同物异名，该物种在东南亚有分布，故本名录中将其删除。R 表示仅分布于国内；M 表示主要分布于国内，并偶见于我国邻近地区。

# 附录Ⅲ 中国特有兽类名录

| 序号 | 中文名 | 拉丁名 | 分布 | 备注 |
| --- | --- | --- | --- | --- |
| 1 | 海南（新）毛猬 | *Neohylomys hainanensis* | 海南 | |
| 2 | 小齿猬 | *Mesechinus miodon* | 内蒙古、山西、陕西、甘肃 | |
| 3 | 林猬 | *Mesechinus hughi* | 山西、陕西、四川、甘肃 | |
| 4 | 甘肃鼩鼱 | *Sorex cansulus* | 甘肃南部 | |
| 5 | 陕西鼩鼱 | *Sorex sinalis* | 甘肃、四川、陕西 | |
| 6 | 纹背鼩鼱 | *Sorex cylindricauda* | 云南西北部、四川中部、甘肃南部、陕西南部 | |
| 7 | 灰腹长尾鼩鼱 | *Episoriculus sacratus* | 四川峨眉山、云南贡山 | |
| 8 | 台湾长尾鼩鼱 | *Episoriculus fumidus* | 台湾地区特有种 | |
| 9 | 小缺齿鼩鼱（滇北长尾鼩） | *Chodsigoa parva* | 云南西北部、贵州西部 | |
| 10 | 川西缺齿鼩鼱（川西长尾鼩） | *Chodsigoa hypsibia* | 西藏（东南部）、云南（西北部）、四川（西部）、青海（南部、东南部）、陕西（南部）、河北、北京 | |
| 11 | 细尾缺齿鼩鼱（阿里山长尾鼩） | *Chodsigoa sodalis* | 台湾地区 | |
| 12 | 斯氏缺齿鼩鼱（缺齿鼩） | *Chodsigoa smithii* | 四川（西部）、湖北（西南部）、重庆、陕西（南部） | |
| 13 | 甘肃缺齿鼩鼱（甘肃长尾鼩鼱） | *Chodsigoa lamula* | 甘肃（南部）、四川（西部）、云南、福建 | |
| 14 | 大缺齿鼩鼱（大长尾鼩） | *Chodsigoa salenskii* | 贵州、云南（西北部）、陕西、四川 | |
| 15 | 黑齿鼩鼱 | *Blarinella quadraticauda* | 甘肃、陕西、四川、云南 | |
| 16 | 台湾鼹鼩（台湾短尾鼩） | *Anourosorex yamashinai* | 台湾地区 | |
| 17 | 台湾长尾麝鼩 | *Crocidura tadae* | 台湾地区 | |
| 18 | 台湾灰麝鼩 | *Crocidura tanakae* | 台湾地区 | |
| 19 | 贡山鼩鼹（怒江鼩鼹） | *Uropsilus investigator* | 云南（贡山） | |
| 20 | 峨眉鼩鼹 | *Uropsilus andersoni* | 峨眉山及其邻近区域 | |
| 21 | 鼩鼹 | *Uropsilus soricipes* | 甘肃、四川、云南、陕西 | |
| 22 | 甘肃鼹 | *Scapanulus oweni* | 陕西、四川、青海、湖北、重庆 | |

续表

| 序号 | 中文名 | 拉丁名 | 分布 | 备注 |
|---|---|---|---|---|
| 23 | 宽齿鼹（巨鼹） | *Euroscaptor grandis* | 四川、云南 | * |
| 24 | 鱼岛鼹 | *Mogera uchidai* | 台湾地区（钓鱼岛） | |
| 25 | 麝鼹 | *Scaptochirus moschatus* | 中国中部到东北部（内蒙古、黑龙江、辽宁、河北、北京、山东、河南、江苏、山西、湖北、陕西、甘肃、宁夏） | |
| 26 | 丽江菊头蝠（奥氏菊头蝠） | *Rhinolophus osgoodi* | 云南（丽江） | |
| 27 | 单角菊头蝠（台湾小蹄鼻蝠） | *Rhinolophus monoceros* | 台湾地区 | |
| 28 | 台湾菊头蝠（台湾大蹄鼻蝠） | *Rhinolophus formosae* | 台湾岛 | |
| 29 | 贵州菊头蝠 | *Rhinolophus rex* | 四川、重庆、广西、广东和贵州 | |
| 30 | 台湾蹄蝠（台湾叶鼻蝠） | *Hipposideros terasensis* | 台湾地区 | |
| 31 | 中华山蝠 | *Nyctalus plancyi* | 广泛分布于中国 | △ |
| 32 | 黄喉黑伏翼 | *Arielulus torquatus* | 台湾地区 | |
| 33 | 台湾长耳蝠（台湾大耳蝠） | *Plecotus taivanus* | 台湾地区 | |
| 34 | 戴维鼠耳蝠（大卫鼠耳蝠） | *Myotis davidii* | 北京、河北、湖北、内蒙古、陕西、山西、香港 | |
| 35 | 毛腿鼠耳蝠 | *Myotis fimbriatus* | 浙江、江苏、安徽、江西、福建、广东、香港、广西、云南、贵州、重庆、湖南、陕西、四川 | |
| 36 | 宽吻鼠耳蝠 | *Myotis latirostris* | 台湾地区 | |
| 37 | 北京鼠耳蝠 | *Myotis pequinius* | 北京、河北、山东、河南、江苏 | |
| 38 | 台湾鼠耳蝠 | *Myotis taiwanensis* | 台湾地区 | |
| 39 | 金黄鼠耳蝠 | *Myotis flavus* | 台湾、江西 | |
| 40 | 台湾管鼻蝠 | *Murina puta* | 台湾地区 | |
| 41 | 台湾猴 | *Macaca cyclopis* | 台湾地区 | |
| 42 | 藏酋猴 | *Macaca thibetana* | 云南（东北部）、重庆、贵州、四川（西部）、甘肃（南部）、陕西（南部）、湖北、湖南、安徽、江西、福建 | |
| 43 | 川金丝猴 | *Rhinopithecus roxellana* | 四川（西部）、甘肃（南部）、陕西（南部）、湖北（西部）、重庆（巫山） | |
| 44 | 滇金丝猴 | *Rhinopithecus bieti* | 云南（西北部）和西藏（芒康）的澜沧江和金沙江之间 | |
| 45 | 黔金丝猴 | *Rhinopithecus brelichi* | 贵州（梵净山） | |
| 46 | 大熊猫 | *Ailuropoda melanoleuca* | 四川、甘肃、陕西 | |

续表

| 序号 | 中文名 | 拉丁名 | 分布 | 备注 |
| --- | --- | --- | --- | --- |
| 47 | 缺齿伶鼬 | *Mustela aistoodonnivalis* | 陕西（秦岭）、四川（西北部） | |
| 48 | 白鳍豚 | *Lipotes vexillifer* | 长江中下游干流、洞庭湖、鄱阳湖、钱塘江 | |
| 49 | 安徽麝 | *Moschus anhuiensis* | 安徽（南部） | |
| 50 | 小麂 | *Muntiacus reevesi* | 安徽、江苏、浙江、护肩、台湾、江西、广东、香港、广西、云南、贵州、重庆、四川、湖南、湖北、陕西、甘肃 | |
| 51 | 黑麂 | *Muntiacus crinifrons* | 江苏、安徽、浙江、江西、福建 | |
| 52 | 白唇鹿 | *Przwalskium albirostris* | 西藏、四川、青海、甘肃 | |
| 53 | 麋鹿 | *Elaphurus davidianus* | 历史记载分布于辽宁、华北、长江中下游地区。大约在1000年前野生种群灭绝。1980年从国外重引入国内 | |
| 54 | 普氏原羚 | *Procapra przewalskii* | 仅分布于青海湖地区 | |
| 55 | 中华鬣羚 | *Capricornis milneedwardsii* | 四川、云南、西藏、重庆、贵州、甘肃、陕西、广西、广东、湖北、湖南、江西、福建、浙江、安徽 | |
| 56 | 台湾鬣羚 | *Capricornis swinhoei* | 台湾地区 | |
| 57 | 矮岩羊 | *Pseudois schaeferi* | 四川（巴塘）、西藏（芒康） | |
| 58 | 红腿长吻松鼠 | *Dremomys pyrrhomerus* | 贵州、重庆、湖北、湖南、广西、海南、广东、江西、福建、浙江、安徽 | |
| 59 | 岩松鼠 | *Sciurotamias davidianus* | 四川、云南、贵州、重庆、湖北、湖南、安徽、宁夏、甘肃、陕西、山西、河南、河北、天津、北京、辽宁 | |
| 60 | 侧纹岩松鼠（白喉岩松鼠） | *Sciurotamias forresti* | 四川（西部）、云南、广西（西南部） | |
| 61 | 阿拉善黄鼠 | *Spermophilus alachanicus* | 内蒙古（中部）、宁夏、甘肃、青海 | |
| 62 | 复齿鼯鼠 | *Trogopterus xanthipes* | 四川、贵州、重庆、云南、甘肃、陕西、山西、河北、河南、北京、青海、西藏 | |
| 63 | 灰鼯鼠 | *Petaurista xanthotis* | 四川、西藏、云南、青海、甘肃、陕西 | |
| 64 | 黑龙江鼯鼠 | *Petaurista watasei* | 黑龙江 | |

续表

| 序号 | 中文名 | 拉丁名 | 分布 | 备注 |
| --- | --- | --- | --- | --- |
| 65 | 沟牙鼯鼠 | *Aeretes melanopterus* | 四川、甘肃、河北 | |
| 66 | 拟黝仓鼠 | *Cricetulus pseudogriseus* | 内蒙古（西部） | |
| 67 | 藏仓鼠（康藏仓鼠） | *Cricetulus kamensis* | 西藏、青海、甘肃、新疆 | △ |
| 68 | 甘肃仓鼠 | *Cansumys canus* | 甘肃、宁夏、陕西、山西、河南 | |
| 69 | 郑氏沙鼠 | *Meriones chengi* | 新疆、内蒙古、甘肃 | |
| 70 | 短耳沙鼠 | *Brachiones przewalskii* | 新疆、内蒙古、甘肃 | |
| 71 | 山西䶄（山西绒鼠） | *Myodes shanseius* | 四川、内蒙古、北京、河北、河南、陕西、山西、甘肃 | |
| 72 | 天山林䶄 | *Myodes frater* | 新疆 | |
| 73 | 滇绒鼠 | *Eothenomys eleusis* | 四川、云南、贵州、重庆、湖北、湖南 | |
| 74 | 大绒鼠 | *Eothenomys miletus* | 四川（西南部）、云南 | |
| 75 | 丽江绒鼠 | *Eothenomys fidelis* | 四川（西南部）、云南（西北部） | |
| 76 | 昭通绒鼠 | *Eothenomys olitor* | 云南 | |
| 77 | 玉龙绒鼠 | *Eothenomys proditor* | 四川（西南部）、云南（西北部） | |
| 78 | 中华绒鼠 | *Eothenomys chinensis* | 四川（西部） | |
| 79 | 德钦绒鼠 | *Eothenomys wardi* | 云南（西北部）、四川（西部） | |
| 80 | 西南绒鼠 | *Eothenomys custos* | 云南（西北部）、四川（西南部） | |
| 81 | 苛岚绒䶄 | *Caryomys inez* | 四川、河北、陕西、山西、河南、安徽、宁夏、青海、甘肃 | |
| 82 | 洮州绒䶄 | *Caryomys eva* | 四川、甘肃、陕西、湖北 | |
| 83 | 高原松田鼠 | *Neodon irene* | 四川、甘肃、青海、西藏、云南 | |
| 84 | 沟牙田鼠 | *Proedromys bedfordi* | 四川（北部）、甘肃 | |
| 85 | 川西田鼠（马瑟川田鼠） | *Volemys musseri* | 四川（西部：邛崃山） | |
| 86 | 四川田鼠 | *Volemys millicens* | 四川（西部）、云南（东南部） | |
| 87 | 台湾田鼠 | *Microtus kikuchii* | 台湾地区 | |
| 88 | 青海毛足田鼠 | *Lasiopodomys fuscus* | 青海、西藏 | |
| 89 | 中华鼢鼠 | *Eospalax fontanierii* | 四川、内蒙古、河北、陕西、山西、甘肃、宁夏、青海 | |
| 90 | 秦岭鼢鼠 | *Eospalax rufescens* | 四川、陕西、甘肃、宁夏 | ⊕ |
| 91 | 斯氏鼢鼠 | *Eospalax smithi* | 陕西、甘肃、宁夏 | |
| 92 | 罗氏鼢鼠 | *Eospalax rothschildi* | 四川、河南、湖北、陕西、甘肃、重庆 | |
| 93 | 景东树鼠 | *Chiropodomys jingdongensis* | 云南（景东） | |

续表

| 序号 | 中文名 | 拉丁名 | 分布 | 备注 |
|---|---|---|---|---|
| 94 | 台湾姬鼠 | *Apodemus semotus* | 台湾地区 | |
| 95 | 澜沧江姬鼠 | *Apodemus ilex* | 云南（澜沧江流域） | |
| 96 | 高山姬鼠 | *Apodemus chevrieri* | 四川、云南、贵州、陕西、湖北、甘肃 | |
| 97 | 云南壮鼠 | *Hadromys yunnanensis* | 云南（西部：梁河） | |
| 98 | 斑胸鼠 | *Rattus yunnanensis* | 云南、贵州、广西 | |
| 99 | 台湾社鼠 | *Niviventer culturatus* | 台湾地区 | |
| 100 | 川西白腹鼠 | *Niviventer excelsior* | 四川、云南 | |
| 101 | 安氏白腹鼠 | *Niviventer andersoni* | 四川、西藏（东南部）、云南、陕西、甘肃 | |
| 102 | 台湾白腹鼠 | *Niviventer coninga* | 台湾地区 | |
| 103 | 四川毛尾睡鼠 | *Chaetocauda sichuanensis* | 四川（北部） | |
| 104 | 四川林跳鼠 | *Eozapus setchuanus* | 四川、云南、陕西、甘肃、宁夏、青海 | |
| 105 | 突颅鼠兔（柯氏鼠兔） | *Ochotona koslowi* | 青海、西藏和新疆交接地区的昆仑山脉 | |
| 106 | 喜马拉雅鼠兔 | *Ochotona himalayana* | 西藏（喜马拉雅北坡） | |
| 107 | 伊利鼠兔 | *Ochotona iliensis* | 新疆（伊犁） | |
| 108 | 宁夏鼠兔 | *Ochotona argentata* | 宁夏 | |
| 109 | 高黎贡鼠兔 | *Ochotona gaoligongensis* | 云南（高黎贡山） | * |
| 110 | 黑鼠兔 | *Ochotona nigritia* | 云南（泸水） | |
| 111 | 黄河鼠兔 | *Ochotona huangensis* | 四川、青海、甘肃、陕西、湖北 | |
| 112 | 间颅鼠兔 | *Ochotona cansus* | 四川（西北部）、河南、陕西、山西、甘肃、青海 | |
| 113 | 狭颅鼠兔 | *Ochotona thomasi* | 四川（西北部）、甘肃、青海 | |
| 114 | 木里鼠兔 | *Ochotona muliensis* | 四川（木里） | |
| 115 | 川西鼠兔 | *Ochotona gloveri* | 四川、青海、西藏、云南（西北部） | |
| 116 | 红耳鼠兔 | *Ochotona erythrotis* | 四川（西部）、青海、甘肃、云南（西北部） | |
| 117 | 海南兔 | *Lepus hainanus* | 海南 | |
| 118 | 塔里木兔 | *Lepus yarkandensis* | 新疆（塔里木盆地） | |

注：该名录主要依据《中国哺乳动物彩色图鉴》（潘清华等，2007）和《中国兽类野外手册》（史密斯和解焱，2009）整理得到；⊕．潘清华等（2007）将秦岭鼢鼠列为独立种，但有学者将秦岭鼢鼠并入中华鼢鼠（史密斯和解焱，2009）；* 表示缅甸可能有分布（史密斯和解焱，2009）；△表示潘清华等（2007）认为该物种主要分布于中国，但史密斯和解焱（2009）认为其为中国特有种。